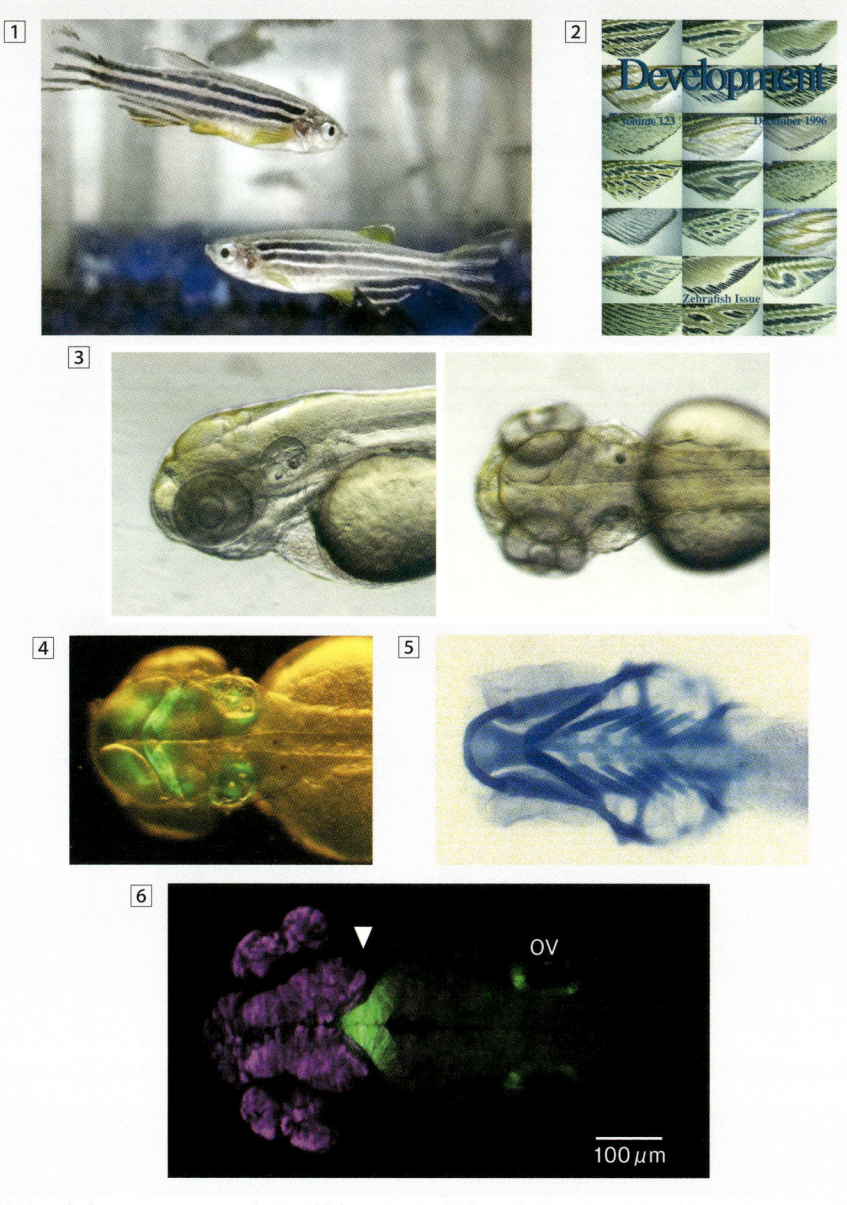

1 : ゼブラフィッシュ．左上は雄魚，右下は雌魚．（提供：津田佐知子博士，埼玉大学）
2 : Development 誌・ゼブラフィッシュ特集号の表紙．（図 1.3B 参照）
3 : ゼブラフィッシュ 56 時間（hpf）胚の頭部．左は側面像，右は背面像．
4 : 頭部で蛍光を発する遺伝子導入系統魚胚．*fgf8a* エンハンサーの働きにより，峡部，内耳原基などで EGFP の緑色蛍光を発現する（3 日胚）．（図 3.3 参照）
5 : ゼブラフィッシュ 4 日胚の頭部軟骨（アルシアンブルー染色）．（図 1.14 参照）
6 : 脳領域特異的エンハンサーの働きにより，前脳，中脳，眼胞で DsRed（赤色蛍光），後脳前方（峡部，矢じり）と耳胞（OV）では EGFP（緑色蛍光）を発現する 33 hpf ゼブラフィッシュ胚の頭部．（写真提供：津田佐知子博士，埼玉大学）（DsRed 導入魚提供：相澤慎一博士，理化学研究所；黒川大輔博士，東京大学）

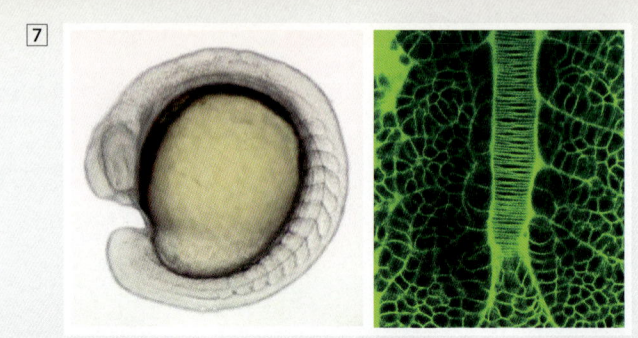

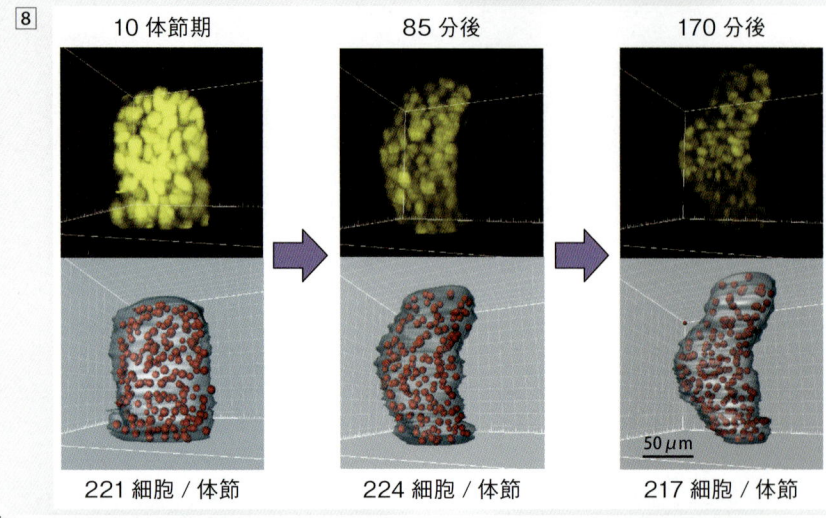

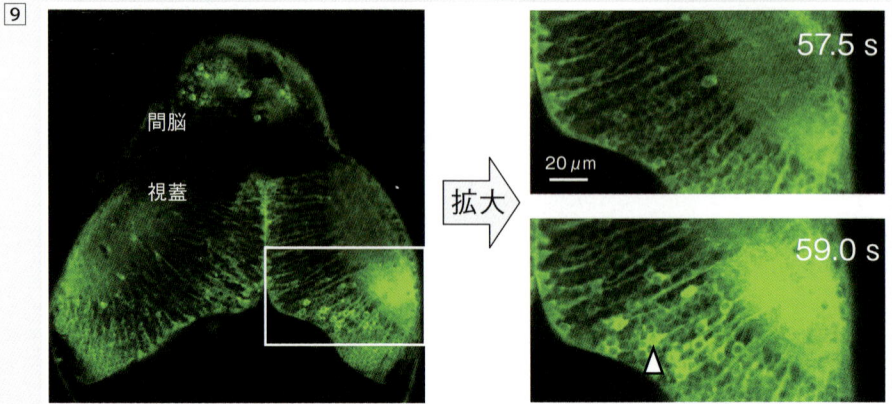

7：ゼブラフィッシュ体節形成期胚（左：14体節期，側面像）の細胞膜をBODIPYで蛍光染色し，共焦点レーザー顕微鏡で観察した（右：背面像で中央が脊索，両側に体節が見られる）．（提供：武田洋幸博士，東京大学）

8：ゼブラフィッシュ胚（10体節期）における体節のダイナミックな形態変化．体節は約3時間の間に直方体から楔形に形態を変化させるが，細胞分裂は伴わない（黄色は体節内の細胞核，赤は細胞核の中心を示す）．（提供：鈴木初実氏；武田洋幸博士，東京大学）

9：Caセンサー蛍光タンパク質G-CaMPを利用して行ったゼブラフィッシュ中脳視蓋での神経活動のライブイメージング．（図3.13参照）（提供：中井淳一博士，埼玉大学）

新・生命科学シリーズ

# ゼブラフィッシュの発生遺伝学

弥益 恭／著

太田次郎・赤坂甲治・浅島 誠・長田敏行／編集

裳華房

# Developmental Genetics of Zebrafish

by

Kyo Yamasu

SHOKABO

TOKYO

## 「新・生命科学シリーズ」刊行趣旨

　本シリーズは，目覚しい勢いで進歩している生命科学を，幅広い読者を対象に平易に解説することを目的として刊行する．

　現代社会では，生命科学は，理学・医学・薬学のみならず，工学・農学・産業技術分野など，さまざまな領域で重要な位置を占めている．また，生命倫理・環境保全の観点からも生命科学の基礎知識は不可欠である．しかし，奔流のように押し寄せる生命科学の膨大な情報のすべてを理解することは，研究者にとっても，ほとんど不可能である．

　本シリーズの各巻は，幅広い生命科学を，従来の枠組みにとらわれず，新しい視点で切り取り，基礎から解説している．内容にストーリー性をもたせ，生命科学全体の中の位置づけを明確に示し，さらには，最先端の研究への道筋を照らし出し，将来の展望を提供することを目標としている．本シリーズの各巻はそれぞれまとまっているが，単に独立しているのではなく，互いに有機的なネットワークを形成し，全体として生命科学全集を構成するように企画されている．本シリーズは，探究心旺盛な初学者および進路を模索する若い研究者や他分野の研究者にとって有益な道標となると思われる．

新・生命科学シリーズ<br>
編集委員会

# はじめに

　動物の発生生物学は，過去30年間で大きな飛躍を遂げてきた．引き金となったできごとはおそらく2つであろう．1つは1970年代に確立した分子生物学の到来であり，もう1つはショウジョウバエでの発生遺伝学の実現である．動物の発生が核内遺伝子により制御されることは，20世紀初頭から中盤にかけて活躍したT. H. Morgan，C. H. Waddingtonらにより概念としては提唱されている．しかし，この問題に正面から取り組むことは，上述の研究基盤が整えられて初めて可能となったといえる．

　脊椎動物への遺伝学的手法の導入には多くの困難があったが，その状況を打破したのが本書で扱うゼブラフィッシュである．発生遺伝学の導入は他の脊椎動物種でも現在実現しつつあるが，この小型魚の重要性はますます高まりつつある．海外ではこの分野について多数の総説があり，発生生物学教科書でも，詳細な紹介がされている．しかし，筆者の知る限り，ゼブラフィッシュの発生遺伝学に関し，学部学生や若い大学院生を対象とした日本語のまとまった教科書は，未だほとんどないようである．この小型魚を対象とした発生遺伝学に関わってきた人間の一人として，残念な思いをしていた折，平成22年の4月，5年以上前になるが，本シリーズの編集委員のお一人である赤坂甲治先生より，ゼブラフィッシュを用いた発生遺伝学について，執筆しないかというお誘いを受けた．筆者自身ゼブラフィッシュの発生学について，勉強途上だったこともあり，他にふさわしい研究者が多数おられる中で果たして任に堪えるか，正直非常に不安を感じた．しかし，日頃，大学において，生物学を志してはいるが，先端発生生物学，そしてゼブラフィッシュにあまりなじみがない若い学生の人たちと接し，本分野での学生向け書籍の必要性を痛感する立場では，大変でも取り組むべきであると考え，お引き受けすることとなった次第である．

　もっとも，実際に書き始めてみて，予想以上に大変な作業であることが，

徐々にわかってきた．当初，ゼブラフィッシュについて，発生過程と研究手法の基本，そしてこの魚でわかった脊椎動物の発生制御機構に関する様々な知見を，広く概説するつもりでいた．しかし，ゼブラフィッシュの特徴はその研究モデルとしてのアドバンテージであり，得られる結論は本質的には他の脊椎動物と一致点が多い．それを，ゼブラフィッシュに限定して記述すると，むしろ違いを強調する結果になるという落とし穴にはまりそうであった．

最終的に採用した執筆方針は，若い学生の人たちが，「ゼブラフィッシュを用いた脊椎動物発生生物学の特徴，強みを理解」し，さらに「ゼブラフィッシュに関する学術論文を読める」ようになるための基盤を提供する，というものである．そこで，ゼブラフィッシュの発生過程と各種研究法の紹介を，前半の3つの章の主要テーマとして重視し，ページを割いた．一方，4〜6章では，この実験系で大きな成果をすでに上げ，さらなる発展が期待される脳・神経発生と神経機能研究，そして心臓血管系の発生に，話題を絞ることにした．最後の章では，医療，創薬分野で期待が高まりつつある疾患モデルとしての現状について紹介を試みている．

紹介した研究手法の多くは他種を用いた研究でも同様であるが，あくまでもゼブラフィッシュ分野での使われ方とお考えいただきたい．また，手法の詳細は研究者により異なっており，紹介した方法は，筆者の比較的小規模な研究室で可能なものである．ただし，本書の前半は実験書的な面があるが，現実の実験には不十分であり，この分野に興味を持たれた方にはさらに優れた成書を見ていただくことをお願いする．

なお，ゼブラフィッシュの発生遺伝学においても研究の進展は非常に速い．最新の知見も盛り込むべきではあったろうが，教科書としての限界があり，特に重要かつ基本的な内容を優先した．さらに，上に述べたように，執筆開始からすでに5年が過ぎており，記述内容が古くなりつつあること，蓄積しつつある重要な研究成果の紹介について，一部の分野に限定せざるを得なかったことなど，残念な思いが多々ある．本書を手に取る機会を持たれた方には，これをきっかけとしてさらに深くこの分野について勉強していただきたい．引用文献は，重要なものは巻末に示しており，その他の出典も文献

リスト中の総説に含まれているが，教科書という性質上限界があった点お詫びしたい．その他の記載についても決して十分なものとなっておらず，筆者までお問い合わせいただければできる限り対応したいと考えている．

　本書を執筆するにあたり，多くの方々にお世話になっている．赤坂先生には，原稿全体に丁寧に目を通していただき，貴重なご助言，励ましのお言葉をいただいた．村上柳太郎博士には，執筆方針を考える上で多くの示唆をいただいた．本書を通じての記述の正確性，妥当性については筆者に責任が帰せられるものであるが，磯貝純夫博士，岡本 仁博士，日比正彦博士，川原敦雄博士，和田浩則博士，川村哲規博士には，本書の原稿作成や校正の段階で，関連の深い章，項目について貴重な時間を割いて眼を通し，コメントをいただいた．相澤慎一博士，平良眞規博士，武田洋幸博士，成瀬 清博士，中井淳一博士，黒川大輔博士，菊池 潔博士，水野直樹氏，北野 潤博士，二階堂昌孝博士，新屋みのり博士，亀井保博士，津田佐知子博士には様々な貴重な情報，あるいは貴重な写真等をご供与いただいた．C. Nüsslein-Volhard 博士と R. Kelsh 博士には Development 誌特集号の表紙使用のご許可をいただいた．裳華房の野田昌宏氏と筒井清美氏には，5 年もの間お待たせした上，原稿，図表作成では様々なアドバイス，コメントをいただき，修正にもお骨折りいただくなど，ひとかたならぬご苦労をおかけしており，心よりの感謝を申し上げたい．

　執筆に当たっては，改めて自分の能力の限界が痛感された．意図したものの一端だけでも窺えるものになっていれば最低限の目標は達成したといえるのかもしれない．本書がこれから動物発生生物学・遺伝学，とりわけゼブラフィッシュの発生遺伝学に興味を持たれた方々にとって，多少なりともお役に立てれば望外の喜びである．

2015 年 8 月

弥益 恭

# 目　次

## ■1章　ゼブラフィッシュ―脊椎動物発生研究における優れたモデル―　1
- 1.1　脊椎動物への発生遺伝学の導入　1
- 1.2　ゼブラフィッシュとは　5
- 1.3　ゼブラフィッシュシステムでの課題　7
- 1.4　ゼブラフィッシュの発生　13
  - 1.4.1　ゼブラフィッシュの正常発生過程　13
  - 1.4.2　原基分布図（予定運命図）　32
- 1.5　ゼブラフィッシュの交配と採卵　33
  - 1.5.1　成魚の飼育システム　33
  - 1.5.2　成魚の飼育法　33
  - 1.5.3　雌雄の区別　36
  - 1.5.4　胚および稚魚の飼育　36
  - 1.5.5　人工授精と精子の凍結保存　38
- 1.6　ゼブラフィッシュ胚の観察　38
  - 1.6.1　生体胚の観察　38
  - 1.6.2　顕微鏡観察と写真撮影　39
- 1.7　研究リソース　40
  - 1.7.1　データベース　40
  - 1.7.2　各種研究リソースの入手法　40

## ■2章　ゼブラフィッシュにおける変異体作製　43
- 2.1　突然変異の導入と変異体スクリーニング　43
  - 2.1.1　ゼブラフィッシュの変異体スクリーニング　43
  - 2.1.2　突然変異の導入：ミュータジェネシス　45
  - 2.1.3　3世代スクリーニング　46
  - 2.1.4　変異体系統の維持　47

2.2　スクリーニングのストラテジー　　　　　　　　　　　48
　　2.2.1　顕微鏡観察による視覚的な形態スクリーニング　　49
　　2.2.2　特異的スクリーン　　　　　　　　　　　　　　　49
　　2.2.3　特殊な変異体スクリーニング　　　　　　　　　　49
　2.3　特殊なストラテジーに基づくスクリーニング　　　　　50
　　2.3.1　ハプロイドスクリーン　　　　　　　　　　　　　51
　　2.3.2　単為発生2倍体スクリーン　　　　　　　　　　　51
　　2.3.3　母性変異体スクリーニング　　　　　　　　　　　51
　2.4　原因遺伝子の同定：ポジショナルクローニング　　　　52
　　2.4.1　相補性テスト　　　　　　　　　　　　　　　　　53
　　2.4.2　遺伝的地図と連鎖解析　　　　　　　　　　　　　54
　　2.4.3　連鎖解析の実際　　　　　　　　　　　　　　　　56
　　2.4.4　原因遺伝子の特定と確認　　　　　　　　　　　　59
　2.5　表現型解析－遺伝子機能の検討－　　　　　　　　　　62
　　2.5.1　表現型の出現頻度　　　　　　　　　　　　　　　62
　　2.5.2　機能の重複した複数遺伝子の機能解析　　　　　　62
　　2.5.3　遺伝子相互作用の解析　　　　　　　　　　　　　63
　2.6　ゼブラフィッシュ順遺伝学の課題　　　　　　　　　　64

## ■ 3章　様々な発生遺伝学的研究手法　　　　　　　　　　65
　3.1　基本的な胚操作技術　　　　　　　　　　　　　　　　65
　　3.1.1　胚への顕微注入　　　　　　　　　　　　　　　　65
　　3.1.2　胚細胞移植　　　　　　　　　　　　　　　　　　68
　3.2　個体レベルでの遺伝子操作　　　　　　　　　　　　　69
　　3.2.1　遺伝子導入法　　　　　　　　　　　　　　　　　69
　　3.2.2　BAC/PACクローンを利用した特異的発現コンストラクト　73
　3.3　個体レベルでの転写制御の研究　　　　　　　　　　　74
　　3.3.1　トランジエント発現とステーブル発現　　　　　　74
　　3.3.2　レポーター遺伝子　　　　　　　　　　　　　　　76

|   |   |   |
|---|---|---|
| 3.3.3 | 比較ゲノム的手法の利用 | 76 |
| 3.4 | 発生における遺伝子の機能解析 | 78 |
| 3.4.1 | 遺伝子強制発現 | 78 |
| 3.4.2 | 遺伝子の機能阻害 | 82 |
| 3.5 | バイオイメージングとゼブラフィッシュ | 95 |
| 3.5.1 | 蛍光色素を利用した細胞系譜の追跡 | 95 |
| 3.5.2 | 蛍光タンパク質を利用したバイオイメージング | 95 |
| 3.5.3 | 導入遺伝子を発現する細胞の蛍光標識 | 97 |
| 3.5.4 | 個体における神経活動の可視化 | 99 |
| 3.6 | 個体レベルでの細胞機能の操作 | 101 |
| 3.6.1 | 個体における神経活動の操作：光遺伝学 | 101 |
| 3.6.2 | 特定細胞の機能阻害 | 102 |
| 3.6.3 | レーザー照射による遺伝子発現誘導：IR-LEGO | 103 |
| 3.7 | 今後の課題 | 103 |

## ■ 4章　ゼブラフィッシュ胚での脳神経系の発生　104

|   |   |   |
|---|---|---|
| 4.1 | 神経誘導と神経細胞の分化 | 104 |
| 4.2 | 中枢神経系のパターン形成と領域化 | 109 |
| 4.3 | 発生初期の神経発生と逃避反応 | 115 |
| 4.4 | ゼブラフィッシュ脳の構造，機能，そしてその発生 | 116 |
| 4.4.1 | 終脳 | 116 |
| 4.4.2 | 間脳 | 122 |
| 4.4.3 | 中脳および視蓋 | 125 |
| 4.4.4 | 小脳 | 126 |
| 4.4.5 | 後脳およびその周辺に生じる脳神経 | 126 |
| 4.5 | 末梢神経系の発生 | 129 |
| 4.5.1 | 頭部および脊髄の感覚神経節 | 129 |
| 4.5.2 | 自律神経系 | 130 |

## ■ 5章　ゼブラフィッシュにおける脳神経系の機能とその発達　　131

- 5.1　感覚系　　131
- 5.2　運動制御系と統合センター　　132
- 5.3　モノアミン作動性ニューロンによる制御系　　132
  - 5.3.1　カテコールアミン作動性ニューロン　　133
  - 5.3.2　セロトニン作動性ニューロンとコリン作動性ニューロン　　135
- 5.4　情動と認知　　136
  - 5.4.1　報酬，情動，そして動機付け　　138
  - 5.4.2　学習と記憶　　139
  - 5.4.3　不安　　142
  - 5.4.4　攻撃性　　142
- 5.5　神経系の可塑性　　143
  - 5.5.1　ニューロンおよびシナプスの可塑性　　143
  - 5.5.2　成体での神経発生　　144
  - 5.5.3　損傷を受けた神経の可塑性と再生　　145

## ■ 6章　ゼブラフィッシュにおける心臓血管系の発生遺伝学　　147

- 6.1　ゼブラフィッシュでの心臓血管系の発生　　147
  - 6.1.1　心臓血管系研究の新たなモデル　　147
  - 6.1.2　ゼブラフィッシュ胚での心臓発生　　148
- 6.2　ゼブラフィッシュ心臓血管系の発生変異体スクリーニング　　152
  - 6.2.1　心臓血管系の発生異常変異体　　152
  - 6.2.2　心臓の機能に異常をもつ変異体　　155
- 6.3　内皮細胞の分化と血管形成　　155
  - 6.3.1　内皮細胞の発生　　155
  - 6.3.2　動脈と静脈の形成　　156
  - 6.3.3　血管芽細胞の細胞移動と血管パターンの形成　　158
  - 6.3.4　血管系の発達　　159

 6.4 ゼブラフィッシュ心臓血管系の再生  159
  6.4.1 血管の再生  159
  6.4.2 心臓の再生  160

## ■7章 疾患研究モデルとしてのゼブラフィッシュ  161
 7.1 先天性疾患のゼブラフィッシュモデル  161
  7.1.1 順遺伝学的アプローチ  161
  7.1.2 逆遺伝学的アプローチ  165
  7.1.3 遺伝子導入系統魚アプローチ  166
 7.2 後天性疾患のゼブラフィッシュモデル  166
  7.2.1 腫瘍形成  166
  7.2.2 感染と炎症  167
 7.3 創薬とゼブラフィッシュ  168
  7.3.1 ケミカルスクリーニングによる新薬の開発  168

 別表  170
 参考文献・引用文献  179
 索　引  187

| コラム1章① | 様々な魚類モデル | 9 |
| --- | --- | --- |
| コラム1章② | ニューロメア | 20 |
| コラム1章③ | ゼブラフィッシュ胚における血管系の発生と血管新生 | 28 |
| コラム3章 | CRISPR/Casシステム：バクテリアの獲得免疫機構 | 91 |
| コラム4章① | 神経分化機構：プロニューラルクラスターと神経前駆細胞プール | 106 |
| コラム4章② | 局所オーガナイザー | 111 |
| コラム4章③ | 硬骨魚の胚発生における終脳形成の遺伝子支配 | 118 |
| コラム4章④ | ゼブラフィッシュと哺乳類の小脳は構造的に酷似する | 127 |
| コラム5章 | ゼブラフィッシュで実現した意思決定プログラムの解析 | 136 |
| コラム6章 | ゼブラフィッシュの心臓血管系変異体は各種心血管疾患のモデルである | 153 |

# 1章 ゼブラフィッシュ
## 脊椎動物発生研究における優れたモデル

　動物の発生生物学における遺伝学的手法の重要性は，まずショウジョウバエなどの無脊椎動物で明らかとなった．次に期待されたのが脊椎動物における発生遺伝学であったが，従来の脊椎動物モデルでは困難が多い．長らく，ショウジョウバエでの遺伝子機構が脊椎動物でも成り立つことを確認するに留まっていたが，この手詰まり状態を打破したのが，1980年代に発生遺伝学モデルとして登場したゼブラフィッシュ（*Danio rerio*）である．
　本章では，発生遺伝学モデルとしてのゼブラフィッシュの特徴を述べた上，正常発生を解説し，最後に，この動物を使って発生遺伝学の研究を行う上での実際的なノウハウを紹介したい．

## 1.1　脊椎動物への発生遺伝学の導入

　すべての動物は，単純な1個の細胞に過ぎない卵から出発し，複雑な構造をもつ成体に発生する．この際，核内に存在する数万もの遺伝子の発現が，時間的，空間的に厳密に制御されることが必要となる．
　発生における遺伝子の役割の研究は，1970年代の遺伝子工学の発展により活性化された．まず，様々な生体物質の生化学的精製，タンパク質のアミノ酸配列の決定，そしてこれに基づいた遺伝子のクローン化が行われた．その後，発生生物学への分子生物学的手法の導入に伴い，遺伝子強制発現法，遺伝子機能阻害法が開発され，同定された遺伝子各々について，胚発生における機能の解析が可能となったのである．こうした研究手法は，特定遺伝子に注目して人工的に変異体を作製し，解析する，という意味で突然変異に始まる古典的遺伝学とは逆であり，逆遺伝学とよばれる（図1.1）．
　近年の大規模ゲノム解析による膨大な塩基配列情報の取得により，逆遺伝学的手法は発生の理解において引き続き重要となっている．しかし，この手

■1章 ゼブラフィッシュ―脊椎動物発生研究における優れたモデル―

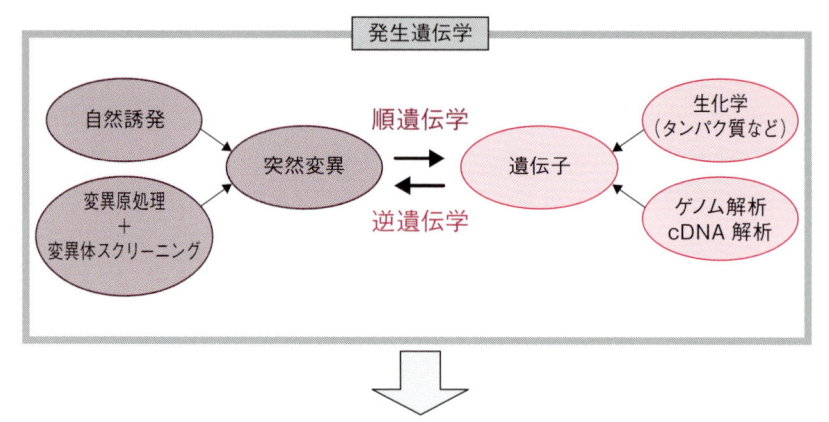

[発生遺伝学の図:
自然誘発、変異原処理＋変異体スクリーニング → 突然変異 ←順遺伝学／逆遺伝学→ 遺伝子 ← 生化学（タンパク質など）、ゲノム解析 cDNA 解析]

↓

動物発生制御の遺伝子機構の解明

**図 1.1　発生遺伝学のストラテジー：順遺伝学と逆遺伝学**
動物の発生制御機構の遺伝子レベルでの解明においては，生体物質の生化学的手法による精製と対応するタンパク質のアミノ酸配列決定，cDNA クローニングと塩基配列決定，あるいは近年の大規模・網羅的ゲノム解析から得られる塩基配列情報により，まず遺伝子を同定，単離し，これに続く強制発現，機能阻害実験などにより各遺伝子の発生における機能の解明に到る逆遺伝学が先行した．しかし，ショウジョウバエや線虫に始まる大規模変異体作製研究の到来の結果，まず発生異常突然変異を同定した上で対応する遺伝子に到る順遺伝学も主要なストラテジーとなった．現在，これらのいずれもが発生遺伝学では欠かすことのできない手法となっている．

法はまず遺伝子ありきであり，既知の遺伝子情報を必要とするため，未知の発生制御遺伝子の同定には貢献できない．これを補う点で大きなインパクトを与えたのが，ショウジョウバエ，あるいは線虫で実現した大規模変異体スクリーニングである．これらの大規模研究プロジェクトの結果，発生の様々なプロセスに異常を起こす多様な突然変異体が同定され，表現型が解析された．さらに，こうした動物への分子・発生遺伝学的手法の導入により，原因となる遺伝子の同定が実現し，新たな発生制御遺伝子が次々と明らかにされた．

　突然変異の同定が基本になることから，こうしたアプローチは順遺伝学とよばれ，動物発生の遺伝子レベルでの理解に大きく貢献した（図 1.1）．実際，ショウジョウバエと線虫は，1980 年代以降の活発な発生遺伝学研究により，遺伝子レベルでの発生制御機構が最も詳細にわかった動物となっている．し

かし，影響はそれだけにはとどまらなかった．動物の発生を制御する基本的な遺伝子制御機構は，長い進化の過程で高度に保存されてきたことが広く受け入れられるようになり，これらの無脊椎動物を用いて行われた発生遺伝学研究の成果は，ヒトを含む脊椎動物の発生を理解する上で，非常に大きなインパクトを与えてきたのである．

その一方で，脊椎動物に特有の発生現象，そしてその制御機構があることも明らかである．体の基本的な構造（ボディプラン）の決定，そして，脳・神経系，心臓，腎臓などの各種器官系の発生は，無脊椎動物とは異なる進化を遂げたものである．顕著な例として，脊椎動物の頭部，あるいは末梢神経系は，神経堤とよばれる脊椎動物特有の細胞群に由来する．こうしたことから，脊椎動物独自の発生遺伝学モデルの登場が切望されていた．

米国オレゴン州ユージーンにあるオレゴン大学でバクテリオファージの分子遺伝学に取り組んでいたストライジンガー（George Streisinger）（図 1.2）は，分子生物学的な研究手法を脊椎動物の遺伝と発生の研究に導入することを目的として，淡水性小型熱帯魚のゼブラフィッシュ（図 1.3A）を用いた個体発生研究に着手し，この魚において変異体スクリーニング系を確立した．ストライジンガー自身は 1984 年，56 歳の若さで世を去るが，オレゴン大での同僚であるキンメル（Charles Kimmel）がゼブラフィッシュの発生遺伝学研究をさらに発展させた結果，この動物は発生生物学の優れたモデルとして広く認知されることになる．

これとは別に，ショウジョウバエを用いた発生遺伝学で 1996 年にノーベル医学生理学賞を受賞することになるニュスライン＝フォルハルト（Christiane Nüsslein-Volhard）（マックスプランク研究所，ドイツ）は，ショウジョ

図 1.2 ゼブラフィッシュ研究のパイオニア：ジョージ・ストライジンガー（1927 - 1984）
（http://www.neuro.uoregon.edu/k12/george_streisinger.html より許可を得て掲載）

■1章　ゼブラフィッシュ—脊椎動物発生研究における優れたモデル—

ウバエで確立した方法論を魚に適用し，発生遺伝学的手法を脊椎動物で発展させるべく，1990年代初頭，テュービンゲンにおいてゼブラフィッシュを用いた大規模変異体スクリーニングに着手した．彼女の研究室出身であるドリーバー（Wolfgang Driever）（米国マサチューセッツ総合病院，現フライ

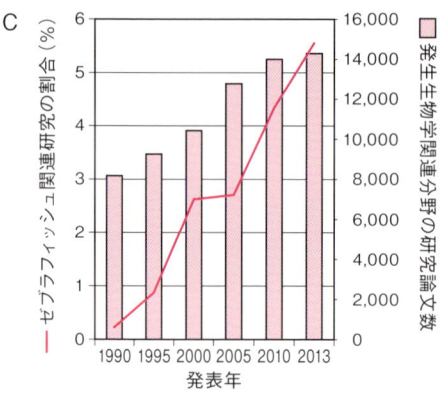

図1.3　ゼブラフィッシュを用いた発生生物学研究
A：ゼブラフィッシュの雄魚（左上）と雌魚（右下）（口絵①）．
B：Development誌・ゼブラフィッシュ特集号の表紙．1996年12月に出版されており（123巻），ニュスライン＝フォルハルトとドリーバーが個々に主導した2つのゼブラフィッシュ大規模変異体スクリーンの成果，すなわち合計約2000もの発生異常変異体に関する37の論文が掲載された．なお，この表紙では，スクリーニングで得られたゼブラフィッシュ変異体の成体しりびれの模様が示されていた．(Haffter *et al.*, 1996；Kelsh *et al.*, 1996)（口絵②）
C：ゼブラフィッシュを用いた発生生物学研究の発展．1990年以降，発生生物学関連分野の論文数（棒線，右縦軸）に対するゼブラフィッシュ関連論文数の割合は急激に増加している（折れ線，左縦軸）．'embryo'と出版年，あるいはこれらにさらに'zebrafish'を加えてキーワードとし，PubMedデータベース（http://www.ncbi.nlm.nih.gov/pubmed）を検索した結果を示す．

ブルク大学，ドイツ）もまた，同僚のフィッシュマン（Mark Fishman）の協力のもと，ボストンで独立に同様の大規模スクリーニングを開始した．

1996年12月，発生生物学において画期的な出来事があった．この分野における国際的一流誌 Development の特集号は(図 1.3B)，ニュスライン＝フォルハルトとドリーバーが独立に主導した2つの大規模変異体スクリーンの成果，すなわちゼブラフィッシュで得られた合計約2000もの発生異常変異体に関する37の論文を掲載したのである．ゼブラフィッシュの胚発生に関するこれらの遺伝学的解析は，以前にショウジョウバエでニュスライン＝フォルハルトとヴィーシャウス（Eric Wieschaus）により行われた飽和変異体スクリーンにも匹敵しており，その後の脊椎動物発生生物学における貢献はきわめて大きい．

こうした一連のチャレンジングで独創的な研究以降，ゼブラフィッシュは発生生物学の主要モデル動物として広く用いられるに至っている(図 1.3C)．

## 1.2　ゼブラフィッシュとは

突然変異の同定とその解析が強力な研究手段であることは，ショウジョウバエ，そして線虫での発生遺伝学研究によりすでに示されてきた．その一方で，脊椎動物での発生遺伝学研究を，これらの無脊椎動物と同様に進める上では，比較的長い世代時間，飼育規模の限界，煩雑な生体胚の観察など，問題も多い．それではストライジンガーらは，どのような理由でゼブラフィッシュに注目するに至ったのであろうか．

ゼブラフィッシュは，硬骨魚類条鰭綱の真骨魚類（コイ目コイ科ダニオ属）に属し，インド，バングラデシュ，ネパールなどの南アジア諸国を流れる河川を原産地とする．体長は成魚でも4～5 cm程度の小型魚であり，大量飼育が可能である．世代時間が短く（2～3か月），1回で100～300個もの卵を産むなど多産であり，各発生段階での胚の観察，そして遺伝学的研究に適している．また，ゼブラフィッシュ胚は透明性が高く，しかも体外で発生するため，内部構造の生体胚での発生観察がきわめて容易である(口絵参照)．これらの特徴は，母体内で発生する哺乳類，卵殻内で発生する鳥類，胚が不

■1章　ゼブラフィッシュ―脊椎動物発生研究における優れたモデル―

**表1.1　脊椎動物の発生生物学・発生遺伝学で用いられる主要モデル動物の比較**

| | ゼブラフィッシュ | メダカ | アフリカツメガエル | ネッタイツメガエル | マウス |
|---|---|---|---|---|---|
| 学名 | *Danio rerio* | *Oryzias latipes* | *Xenopus laevis* | *Xenopus tropicalis*[*1] | *Mus musculus* |
| 成体の体長 | 4〜5 cm | 3〜4 cm | 10 cm | 4〜5 cm | 6〜8 cm |
| 染色体数（半数体） | 25 | 24 | 18 | 10 | 20 |
| ゲノムサイズ | $1.7 \times 10^9$ bp | $8 \times 10^8$ bp | $3.1 \times 10^9$ bp | $1.7 \times 10^9$ bp | $2.7 \times 10^9$ bp |
| 孵化(出産)までの期間 | 2〜3日 | 7〜10日 | 2日 | 2日 | 19〜20日（出産） |
| 成熟期間 | 2〜3か月 | 2〜3か月 | 1〜2年 | 4〜5か月 | 2〜3か月 |
| 透明性 | 透明 | 透明 | 不透明 | 不透明 | 不透明 |
| 発生の場 | 体外 | 体外 | 体外 | 体外 | 体内 |
| 発生温度 | 23〜32℃ | 14〜34℃ | 14〜23℃ | 18〜28℃ | 37℃ |
| 産卵頻度（出産頻度） | 週1日 | 毎日 | 数か月に一度 | 数か月に一度 | 数か月に一度 |
| 産卵数(出産数) | 100〜300 | 20〜30 | 300〜1,000 | 1,000〜3,000 | 6〜8 |

\*1　ネッタイツメガエルは，分類学上は *Silurana* 属とされるが，しばしば *Xenopus* が属名として使われている．

透明で生きた状態での内部構造観察が困難な両生類など，他の脊椎動物と比べた場合の大きなメリットである（表1.1）．

　実際，変異体スクリーニングにおいて，体表はもちろん体内についての表現型解析もゼブラフィッシュの生体胚では容易であるため，発生異常変異体の同定に有利である．また，ゼブラフィッシュ胚は構造が比較的単純で細胞数も少なく，細胞レベルの操作に適している．トレーサー色素を用いて生体胚で細胞を追跡することにより，細胞系譜の決定，ニューロンの軸索伸長など，様々な細胞の挙動を解析することも可能である．さらに，細胞レベルでの除去，移植により，細胞間相互作用の精細な検討が行われている．特に近年，蛍光タンパク質を利用した分子，細胞の可視化技術が開発され，強力な武器となりつつあり，透明なゼブラフィッシュ胚では，こうしたイメージング技術の能力を最大限に活用できることになる．

　こうした特徴に加え，ゲノムデータベースの整備，染色体DNAにおける多型マーカーの同定，そして多数の遺伝子の同定と位置決定について，近年

大きな進展があり，発生異常突然変異体の原因遺伝子，すなわち発生制御遺伝子の同定が格段に容易になった．なお，小型魚類の大量飼育に必要な飼育設備はマウスのものに比べると著しく安価であり，マウス変異体スクリーンがビッグプロジェクトとなるのに対し，通常の大学レベルの研究室でもその規模と研究目的に応じた適正規模の変異体スクリーンが可能である．

## 1.3　ゼブラフィッシュシステムでの課題

　上述のように，ゼブラフィッシュには脊椎動物の発生生物学モデルとして様々なアドバンテージがある．しかしその一方で念頭に置くべき課題も知られる．一般に，発生のしくみを遺伝子レベルで明らかにするためには遺伝子の機能阻害実験が不可欠であるが，ゼブラフィッシュでは，次世代の個体を作りうる ES 細胞がまだ開発されておらず，マウスでは一般的な相同組換えに基づく遺伝子破壊法が実現していない．また，ショウジョウバエや線虫で有効な RNAi 法の利用も今のところは限定的である．

　一方で，ゼブラフィッシュでは，これらの手法に代わるものとして，モルフォリノオリゴによるアンチセンス法が広く行われており，限界はあるものの非常に簡便な研究法となっている．また，突然変異原処理した魚の子孫において，目指す標的遺伝子の変異体を効率的に同定する TILLING 法も導入された．さらに，近年の大きな進歩として，配列特異的な人工ヌクレアーゼ遺伝子により，特定遺伝子を破壊する，あるいは特定配列をゲノムに導入する技術が開発されており（ZFN 法，TALEN 法，CRISPR/Cas 法），今後，ゼブラフィッシュの発生遺伝学研究をさらに発展させるものと期待される（3 章参照）．

　ゼブラフィッシュに関する別の問題として，他の脊椎動物とはゲノム進化について，やや違いがあることに留意する必要がある．脊椎動物の進化の過程では 2 回にわたりゲノム全体の重複が起き（全ゲノム重複），遺伝子が 4 倍に増大したと推定されているが，ゼブラフィッシュを含む真骨魚類が出現する過程でさらにもう一度全ゲノム重複が起きており（R3），このために遺伝子の冗長さが増大している（図 1.4）．したがって，多くの遺伝子から構成

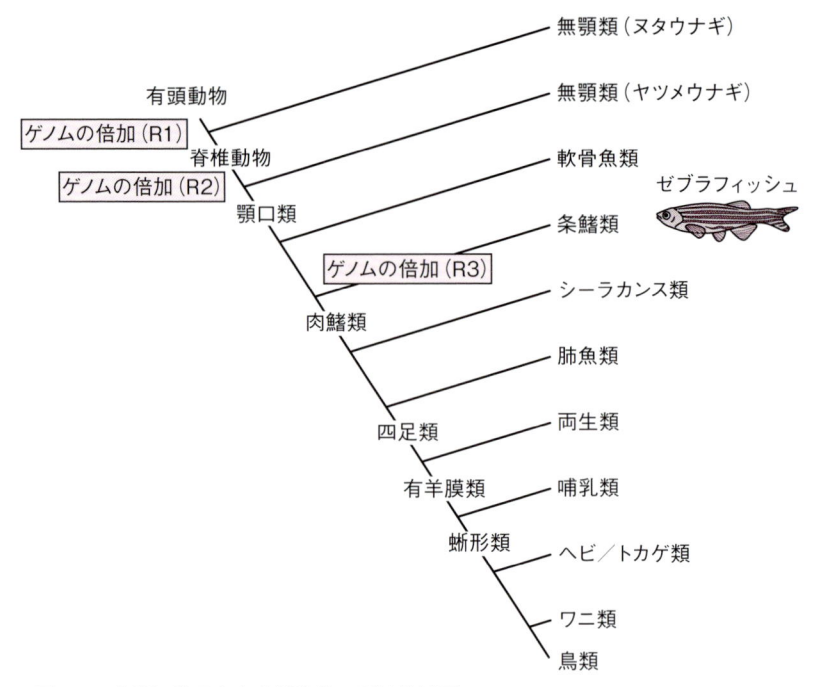

## ■1章 ゼブラフィッシュ—脊椎動物発生研究における優れたモデル—

**図1.4 魚類に注目した脊椎動物の系統分岐図**
ゲノム進化については，現在提唱されている2R仮説によると，脊索動物内で脊椎動物が出現した際に全ゲノム重複が2回起きている．有力な考え方の1つでは，第1回重複（R1）は無顎類と顎口類の共通祖先，第2回重複（R2）は顎口類共通の祖先で起きたとする．その後，条鰭類の進化の過程で，ゼブラフィッシュを含めて多くの魚類が属する真骨魚類において，さらに1回全ゲノム重複が起きたと推定されている（R3）．（Wullimann & Mueller, 2004を改変）

される発生制御ネットワークに関し，四足類との間で若干違いが見られることがある．また，特定遺伝子の機能阻害が冗長さのため，表現型として現れにくくなっている可能性もある．

　ただし，ゲノム重複による遺伝子の増大はゼブラフィッシュを用いる上での利点ともなっている．実際，四足類では，多様な発生過程における制御機能が1つの遺伝子により実行されることが多く，その遺伝子の機能阻害が非常に複雑な効果を生み出すことが珍しくないが，魚類ではこれらの機能が異なる相同遺伝子に割り振られているため，個々の遺伝子の機能解析がむしろ

容易になることも知られる．

なお，現在ゼブラフィッシュのほかにも，メダカなどの様々な小型魚がモデル動物となっており，各々独自の特徴を生かして生物学研究の様々な分野で利用されている（コラム1章①）．

### コラム1章①
### 様々な魚類モデル

現在，魚類は様々な生物学分野において，各々の特性を生かしたモデル動物として活躍している．以下，代表的なモデル魚を挙げてみたい．

① メダカ：日本発の小型魚モデル

メダカはダツ目メダカ科に属する体長4 cmほどの淡水性小型魚である．一般の日本人にもなじみ深い動物であるが（図1.5A），生物学の分野でも古くより広く使われている．山本時男らによる性決定の研究，富田英夫による自然発生突然変異体の収集と保存が有名である．近年，ゲノムサイズがゼブラフィッシュより小さく，純系が確立されている，などの理由で注目されるようになり，バイオリソースとして保存する事業も2002年より始まっている．BACクローンライブラリー，多型マーカーなども充実している．2007年には全ゲノムのドラフト配列が発表され，真骨魚類としてはトラフグ，ミドリフグに次いで3番目の全ゲノム解析となった．これにより，魚類，そして脊椎動物進化に関してゲノムレベルでの理解が飛躍的に進んだと言える．

なお，メダカには従来から南日本メダカと北日本メダカが知られていたが，近年になり，これらの間には遺伝的に大きな違いがあることがわかり，別種であると考えられるようになった．現在これらは各々ミナミメダカ（*Oryzias latipes*：従来のメダカの学名を引き継ぐ），キタノメダカ（*Oryzias sakaizumii*）と命名されている．両者の分岐は比較的新しく，約500万年前と見積もられており，実際交配が可能である．従来の研究の多くはミナミメダカで行われており，ゲノム解析についてもこのメダカが基本であるが，キタノメダカについても並

行して行われており，現在，学術的に両者はメダカと総称されている．
　メダカはゼブラフィッシュと多くの特徴を共有しており，同様の手法で多数の変異体が同定されているが，おもしろいことに，ゼブラフィッシュとは性質の異なる変異体が多数得られている．また，メダカゲノム解析では純系が用いられたため，現時点ではゼブラフィッシュで入手できるゲノム配列より正確な場合もあり，両者を補完的に用いることで，脊椎動物の発生生物学に大きく貢献するものと期待されている．
　② トラフグとミドリフグ：脊椎動物ゲノム進化のモデル動物
　トラフグ（*Takifugu rubripes*）はフグ目，フグ科に属し，全長70 cmに達する大型魚であり，北海道以南の日本海・太平洋，東シナ海，黄海などに分布する（図1.5B）．日本などでは高級食用魚であり，近年は養殖も盛んである．ゲノムが他の脊椎動物に比べてきわめて小さく（ヒトゲノムの8分の1），いわゆるジャンクDNA（がらくたDNA）が少ないと見なされたため，初期ゲノムプロジェクトの対象として注目され，ヒトに続く2番目の脊椎動物モデルとして2002年に解読結果が公表された．
　ミドリフグ（*Tetraodon nigroviridis*）は，体長が最大で17 cm程度とトラフグよりは小型のフグの1種で，観賞魚としてポピュラーである（図1.5C）．南アジア，東南アジアなどに分布する汽水性熱帯魚であり，淡水域に遡上する．ミドリフグもトラフグ同様にゲノムが脊椎動物の中で非常に小さく，他の脊椎動物との比較の対象としての期待から，やはり早い時期（2004年）にゲノム配列が解読された．
　これら2種のフグとヒトのゲノムを比較することで，それまで未知だったヒト遺伝子が900個ほど新たに見いだされたほか，真骨魚類において，他の脊椎動物から分岐した後で独自の全ゲノム重複が起きたとする仮説が強く支持された．さらに，古生代に生きていたヒトと魚類の共通祖先におけるゲノム構造とその後のゲノム進化について，重要なヒントが得られている．

東京大学の菊池 潔，基礎生物学研究所の成瀬 清らは，ゼブラフィッシュ，メダカ，ミドリフグ，そしてトラフグの間で各染色体上の遺伝子の分布を比較することにより，魚類における染色体の進化過程を詳細に解析した（Kai *et al.*, 2011）．トラフグとミドリフグとの間では18本の染色体が1対1の関係にあるなど，ゲノム構造は良く保存されていたが，一部の染色体において分離，あるいは融合が起こったと推定された．やや遠縁となるメダカとの間でも染色体構造は比較的よく保たれていたが，真骨魚類の中で比較的原始的とされるコイ科のゼブラフィッシュとでは，対応関係が大幅に低下しており，進化の過程で染色体構造が大きく変化したと考えられている．

③ トゲウオ：動物の多様性と環境適応に関するモデル魚

トゲウオは，雄による独特な巣作りや卵塊の保護，求愛および子育てなど，よく発達した繁殖行動を示すことで有名であり，進化学，生理学，動物行動学などの研究対象として利用される．代表的なトゲウオであるイトヨ（*Gasterosteus aculeatus*）（図 1.5D-D"）の本能行動についてはオランダの動物行動学者であるティンバーゲン（Nikolaas Tinbergen）により詳細な研究が行われ，1973年のノーベル医学生理学賞の対象となった．トゲウオには少なくとも5属8種が知られるが，1つの「種」の中に多様な生態と形態学的特徴を示す個体群が存在しており，環境適応，種分化のモデルとしても注目される．

近年，イトヨにおける多様な形態と環境の関わりについて大規模ゲノム解析が行われた（Jones *et al.*, 2012）．イトヨの場合，海に適応した海水性集団が祖先型であるが，氷河時代の終了とともに世界各地で川や湖に隔離されたため，こうした淡水性集団は現在，各地で独自の適応，形態的特殊化を示す．そこで，各集団から計20個体分について次世代シーケンサーによるゲノム解読を行い，イトヨの標準的な全ゲノム配列上に，各個体の配列をマップすることで，海水性個体，淡水性個体に見られる DNA 上の変異に関して網羅的な解析が行われた．その結果わかったのは，淡水性集団と海水性集団の分岐と密接な関わ

りをもつゲノム部位が多数見られるということである．おもしろいことに，これらゲノム上の変異の多くは，イトヨのゲノムにもともと存在したゲノム多型を再利用したものと推定された．こうした適応関連多型の多くは非コード領域で見られており，この場合の適応の主役は，タンパク質自体の変化ではなく，その発現制御の変化であったと考えられる．

　以上の結果が何を意味するのかは今後の課題であるが，適応進化を考える上でのヒントが得られたということはいえそうである．

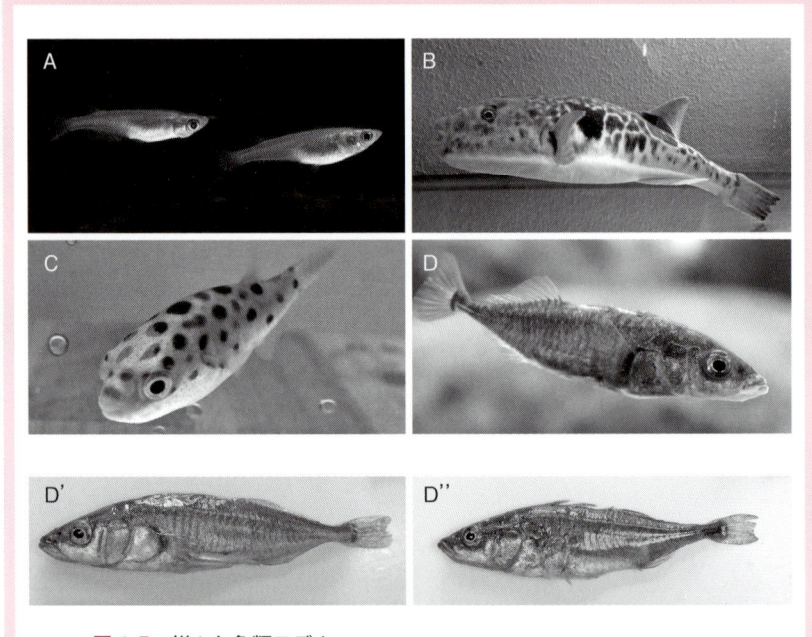

**図1.5　様々な魚類モデル**
A：メダカ（成瀬 清博士［基礎生物学研究所］より提供）．B：トラフグ（水野直樹氏，菊池 潔博士［東京大学大学院農学生命科学研究科 附属水産実験所］より提供）．C：ミドリフグ（PIXTA）．D〜D''：イトヨ．D：遊泳中の個体（PIXTA）．D'：海水性集団の個体．D''：淡水性集団の個体．（D'とD''は北野 潤博士［国立遺伝学研究所］より提供）

## 1.4 ゼブラフィッシュの発生

ゼブラフィッシュの発生についてはキンメルらにより詳述されている (Kimmel *et al.*, 1995)．以下にその概略を述べるが，当然，基本的には脊椎動物の共通過程に従う．一般的な脊椎動物の発生については成書を参照されたい．

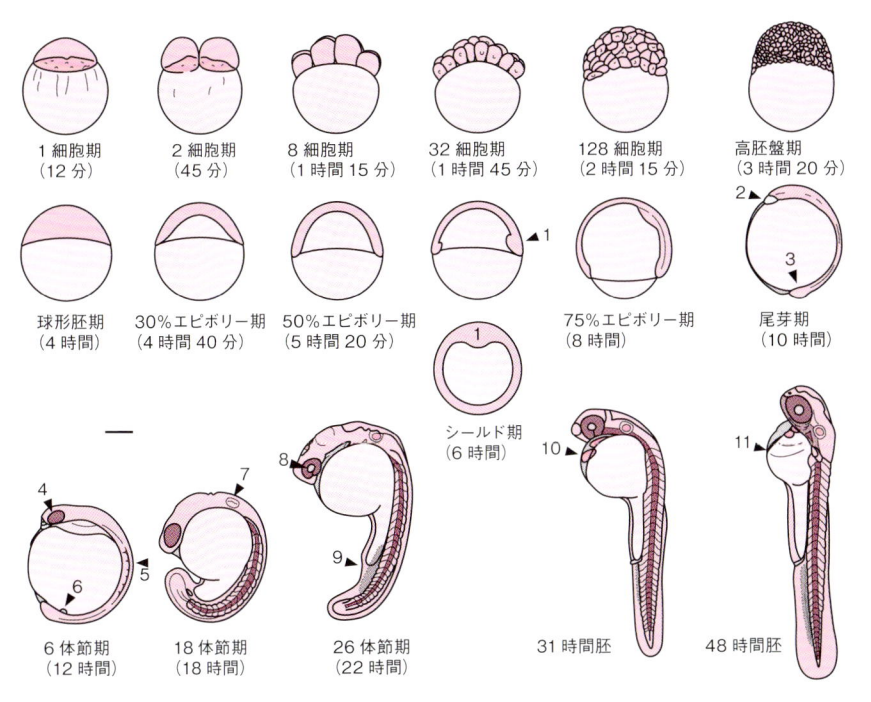

### 1.4.1 ゼブラフィッシュの正常発生過程（図1.6，表1.2，別表1）

#### a．卵成熟と受精

ゼブラフィッシュの卵母細胞は形態的，生理学的，生化学的特徴により5つのステージに区別される．ステージIでは，卵母細胞は卵黄をもたず，卵

**図 1.6 ゼブラフィッシュの正常発生**
　シールド期（上）とそれ以降の発生段階については右が背側，上が前方を示す．シールド期（下）は動物極から見た図で上が背側である．1：胚循，2：ポルスター，3：尾芽，4：眼胞，5：体節，6：クッパー胞，7：耳胞，8：レンズ，9：総排泄口，10：心臓，11：孵化線．スケールバー，250 μm．（Kimmel *et al.*, 1995 より改変）

■ 1章　ゼブラフィッシュ─脊椎動物発生研究における優れたモデル─

表 1.2　ゼブラフィッシュ初期発生の概略[*1]

| 発生段階 | 時間[*2] (h) | 記述 |
|---|---|---|
| 受精卵 | 0 | 受精後第一卵割まで. |
| 卵割期 | 3/4 | 第2～7卵割は同調的かつ速やかに進行する. |
| 胞胚期 | 2 1/4 | MBT期に細胞分裂は同調性を失い, 細胞周期も長くなる. ひきつづきエピボリー (epiboly) が始まる. |
| 原腸胚 | 5 1/4 | エピボリーが完了するまでの発生段階. 巻き込み運動 (involution), 収斂 (conversion), 伸長 (extension) などの形態形成運動の結果, 胚盤葉上層 (epiblast), 胚盤葉下層 (hypoblast) が生じるとともに, 胚体軸が形成される. |
| 体節形成期 | 10 | 体節, 咽頭弓原基, 神経節が形成され, 初期の器官形成が見られる. 胚体の運動が開始し, 尾部が生じる. |
| 咽頭胚 | 24 | 脊椎動物の胚に共通の形態をもつ時期にあたる. この時期まで卵黄細胞に巻きついていた体軸が直線的になる. メラノサイトの分化, 循環系, および, ひれの発生が始まる. |
| 孵化 | 48 | 急速に進行してきた第一次器官系の形態形成が完了する. 頭部および胸びれの軟骨が生じる. 孵化は非同調的に起きる. |
| 初期幼生期 | 72 | うきぶくろが膨らむ. 求餌行動, 能動的な回避行動が始まる. |

[*1]　Kimmel, C. B. et al. (1995)
[*2]　ゼブラフィッシュ発生研究での標準飼育温度である 28.5℃ における発生時間を示す.

核胞 (GV) は透明な卵細胞質の中央に見られる. ステージⅡとⅢでは, 卵母細胞は卵黄の取り込みにより成長するが, GV は相変わらず中央に位置する. ステージⅣに達した卵母細胞は2時間ほどで成熟を終了する. すなわち, GV が卵母細胞の一方 (動物極) に移動し, さらに崩壊する. その後, 卵母細胞は卵巣内空隙に放出され (排卵), 受精可能となる (ステージⅤ). この時点でゼブラフィッシュ卵の直径は約 0.7 mm であり, 卵黄顆粒が細胞質に分散している. 受精すると, すみやかに卵殻が膨潤して持ち上がり, 卵細胞との間に囲卵腔が生じる. 10分以内に細胞質運動が始まる結果, 動物極に透明な卵細胞質が集まり, 植物極側の不透明な卵黄領域から分離する.

### b. 卵割期 (0.75-2.25 hpf [*1-1]) (図 1.7)

上述のように, 受精後, 卵黄顆粒が細胞質と分離し, 卵の一端に透明な細

---

[*1-1]　受精後の発生時間 (hours post-fertilization). 通常 標準飼育温度 (28.5℃) における hpf で発生段階を示す. なお, 受精後の日数は dpf (days post-fertilization) で示す.

1.4 ゼブラフィッシュの発生

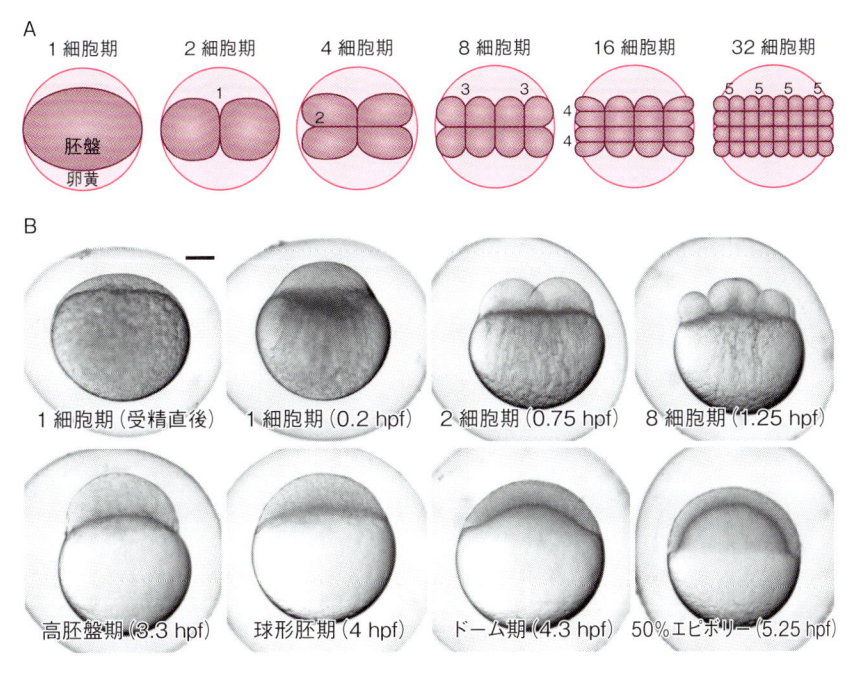

**図1.7 ゼブラフィッシュの初期卵割と胞胚形成**
A：初期卵割期のゼブラフィッシュ胚における盤割のパターンを動物極側から見た模式図．数字は卵割面と卵割の順を表す．（Kimmel *et al.*, 1995 より改変）
B：卵割期および胞胚期のゼブラフィッシュ胚側面像であり，上が動物極（胚盤），下が植物極（卵黄）．ここで見られる 8 細胞期胚では中央における割球の境界が不明瞭となっている．スケールバー，200 μm．（大貫穂乃佳氏撮影）

胞質が出現するが，ここがゼブラフィッシュ胚における動物極である．この後，急速かつ同調的な細胞分裂，いわゆる卵割がこの細胞質のみで進行することから，典型的な盤割と言える．なお，この結果卵黄上に生じる細胞塊を胚盤とよぶ．ゼブラフィッシュは熱帯魚であり，23〜32°Cで発生するが，その進行は高温ほど速くなるため，28.5°Cを標準飼育温度としており，発生段階は，この温度での発生時間で示される（表1.2，別表1）．

卵割は15分に1回の速度で進行する．8細胞期まで各割球と卵黄細胞の間には細胞質連絡があるが，16細胞期以降になると胚盤周縁部をのぞいて両者は隔離される．通常32細胞期まで細胞は一層であり（卵割面は動植物

15

軸と平行），第6分裂で卵割面は初めて水平となるため，64細胞期に胚盤は重層するようになるが，32細胞期で2層になる場合も見られる．なお，胚盤は動物極から見ると楕円形であり，以後その形状を保ちつつ卵割する．

### c. 胞胚期（2.25-5.25 hpf）

胚盤が半球状に盛り上がる128細胞期以降，原腸形成開始(30%エピボリー期)までの時期が胞胚期に相当する（表1.2, 図1.7B）．ゼブラフィッシュ胚では明確な胞胚腔が見られず，細胞の配置は不規則であるが，初期の細胞分裂は引き続き同調的である．3 hpfで約1000細胞に達するが(1000細胞期)，この時期に核遺伝子の発現が開始するとともに，卵割の同調性が消失し，さらに胚細胞は運動性を獲得する．したがって，この時期がゼブラフィッシュ胚における中期胞胚変移（Midblastula Transition, MBT）[1-2]とされている．

この時期，胚盤が卵黄に接する領域で胚細胞が卵黄細胞と融合し，卵黄細胞の上端に多数の核が分布するようになるが，この領域を卵黄多核層（Yolk Syncytial Layer, YSL）とよぶ（図1.8A）．これは，引き続いて進行する胚形成に直接には参加しない胚体外組織であり，外部YSL（胚盤周縁部直下にあり，後述するエピボリーを推進する）と内部YSL（胚盤と卵黄細胞の境界面全体に分布）に区別される．なお，YSLは，接する胚盤から中胚葉と内胚葉を誘導することが知られている（図4.1A 参照）．

胚盤はその後，表層の上皮組織と内部の細胞塊に区別できるようになり，各々 被覆層（Enveloping Layer, EVL），内部細胞層（deep layer）とよぶ（図1.8A）．この中で実際に胚体に発生するのは内部細胞層であり，これより胚体を構成する外胚葉，中胚葉，内胚葉のすべてが生じる．

胚胚はその後，形状に基づいて順に，高胚盤期，楕円胚期，球形胚期と区別される．この過程でいったん胚盤－卵黄の境界面はほぼ平面となるが，その後，卵黄細胞の中央が胚盤を押し上げてドームを形成する（ドーム期，4.3

---

[1-2] 中期胞胚変移：様々な動物の発生において，中期胞胚で劇的な変化が起きることが知られる．典型的なものがアフリカツメガエル，ゼブラフィッシュなどで観察されており，核遺伝子の活性化，細胞の運動性獲得，そして卵割の同調性の喪失が起きる．

1.4 ゼブラフィッシュの発生

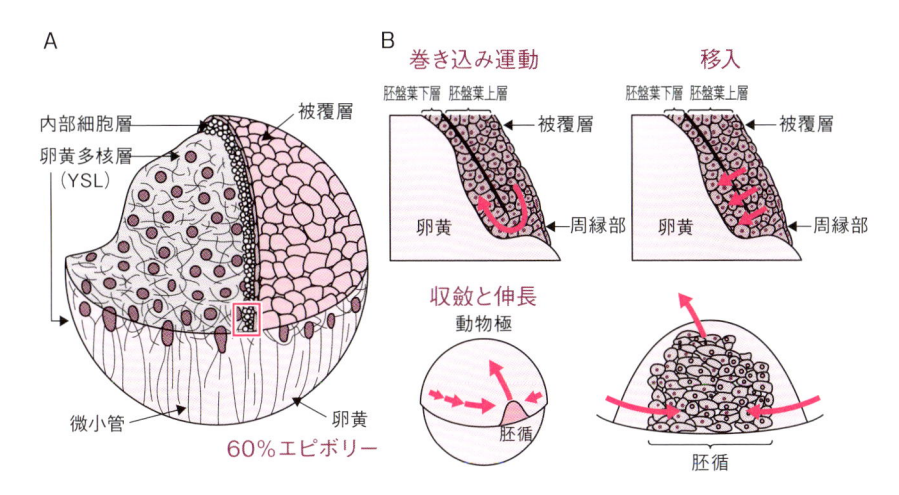

**図1.8 原腸形成期における細胞運動**
A：60％エピボリー期胚の内部構造．最表層には被覆層が存在するが，この胚組織は胚体には取り込まれず，その内側に存在する内部細胞層が胚体を形成する．内部細胞層の直下には卵黄細胞があり，胚盤葉との境界面付近には卵割過程で取り込まれた核が分布する（卵黄多核層）．赤枠内をBで拡大して示す．
B：胚盤葉周縁部における細胞運動．胚盤葉の周縁部では胚盤葉細胞が巻き込み運動，あるいは移入により内層に移動し，胚盤葉下層となる．また，胚盤葉の細胞は背側に収斂し，胚循の位置で前後に伸長して胚体をつくる．(Solnica-Krezel *et al*., 1995 より改変)

hpf）（図1.7）．引き続き，胚盤は卵黄の表層を植物極方向に向けて包み込むように広がり，最終的に卵黄細胞を完全に覆い尽くす．この細胞運動をエピボリー（epiboly, 被覆）とよぶ．エピボリー過程での発生段階は，エピボリーの進行の程度，すなわち胚盤周縁部が植物極に到達した時点を100％とした時の周縁部の相対的位置（30〜100％）で表現する．エピボリーはYSLと胚盤の協調作用であり，外部YSLがEVLとデスモソームで接着し，牽引する．これと平行して，内部細胞層深部の細胞が表層に向かって（放射方向に）移動し，相互に再配置する結果，胚盤は盛り上がった状態から均一の厚さをもった薄い重層性細胞層となる．また，内部YSLは卵黄細胞がつくるドーム構造の天井部に配置される．通常30％エピボリー以降の胚体細胞層を胚盤葉（blastoderm）とよぶ．

### d. 原腸胚期（5.25-10 hpf）

エピボリーが50％の位置に到達後，胚盤葉の周縁部では胚盤葉細胞が深層へ移動を始めることから，この時期以降エピボリー終了期（尾芽期[*1-3]）までを原腸胚とよぶ．胚盤葉周縁部での細胞の内部移動は，巻き込み運動（involution）および移入（ingression）によっており（図1.8B），これらの細胞運動がエピボリー運動とともにゼブラフィッシュ胚での原腸形成に相当する．この運動の結果，内部細胞層は外層と内層に分かれるが，これらを各々胚盤葉上層（hypoblast），胚盤葉下層（epiblast）とよぶ．胚盤葉上層は後の外胚葉であり，主として中枢神経系と表皮に分化するのに対し，胚盤葉下層はその後，中胚葉と内胚葉に分離する[*1-4]．

なお，50％エピボリーに達した胚では，上述のように細胞の内層への移動が始まる結果，胚盤葉周縁部が肥厚するため，動物極から見た場合，環状構造が見える．この構造を胚環，この時期を胚環期（5.7 hpf）とよぶ．ゼブラフィッシュ胚の場合，典型的な原腸や原口は見られないが，胚盤葉周縁部は細胞が内部移行する部位であるため，周縁部全体を原口と見なすことが可能である．引き続き，胚環の一端がさらに肥厚するが，これを胚楯とよぶ（図1.6，図1.8B）．胚楯は将来の背側中軸に相当しており，胚盤の腹側，そして側方にある細胞がこの中軸部に収斂するために生じるもので，カエルで知られるシュペーマンのオーガナイザーに相当する（図4.1C 参照）．

その後，エピボリー期を通じて背側への細胞の収斂運動が進行し，さらに前後に伸長運動を行う結果，胚の中軸構造が形成される．以上の収斂伸長運動は外胚葉でも中・内胚葉でも進行する．エピボリーの進展につれ，中軸中胚葉は沿軸中胚葉と区別ができるようになる（各々 脊索と未分節中胚葉）．なお，脊索より前方の中軸中胚葉，つまり脊索前板中胚葉は神経板前端でポルスター（polster）とよばれる組織を形成する（後に孵化腺などに分化する）．

---

[*1-3] カエルでも同じ名称の発生段階があるが，これはむしろ咽頭胚期に相当しており，ゼブラフィッシュでの尾芽期とはまったく異なることに注意する．
[*1-4] 胚盤葉上層および胚盤葉下層という名称はマウス，ニワトリ胚でも使われるが，これらの場合，胚本体を構成する3胚葉のすべてが胚盤葉上層に由来するとされる．

エピボリー後期になると背側外胚葉が肥厚し，神経板を形成する（図 1.9）．

エピボリーが終了し，後端で尾芽とよばれる突起構造が形成されるまでを，前述したように原腸胚とするが，原腸形成自体は尾芽においてその後も進行する．

### e. 体節形成期（10-24 hpf）

原腸胚期が終了する尾芽期以降，中軸で脊索が生じるとともにその両側では体節形成が起きるため，この時期を体節形成期とよぶ．その初期では，胚体は球状の卵黄表層に沿って形成される．頭部も当初は卵黄に沿って腹側に屈曲しているが，徐々に直線的になるとともに，尾芽では尾部形成が進行する．さらに，胴部，そして尾部において，体節が前から後ろへ順次形成される結果，胚体は後方に徐々に伸長する．

この時期に様々な形態形成運動が進行し，各種器官の形成が始まる．脊索細胞も前方から後方に向けて分化し，胞状構造をとって膨潤する結果，脊索は胚体の支柱構造となる．なお，神経管形成が体節形成に先行する両生類と異なり，ゼブラフィッシュでは両過程がほぼ並行して進行することから，神経胚という発生段階名は使われない．

体節形成は上述のように前方から後方へ順番に進行する．最初の 5，6 体節は 1 時間で約 3 個の速度で形成されるが，その後は 30 分で 1 個という間隔で周期的に分節が起き，最終的には 30 ～ 34 対の体節が形成される．

上述したように，エピボリー後期にはすでに外胚葉の背側が肥厚し，脳および脊髄から構成される中枢神経系の原基として，神経板が形成されるが，体節形成期になると，ゼブラフィッシュでも他の脊椎動物同様に神経板から神経管が形成される．しかし，その過程は，後述するように，神経ひだの形成と融合による典型的な神経管形成（一次神経管形成）とはやや異なる（図 1.9）．

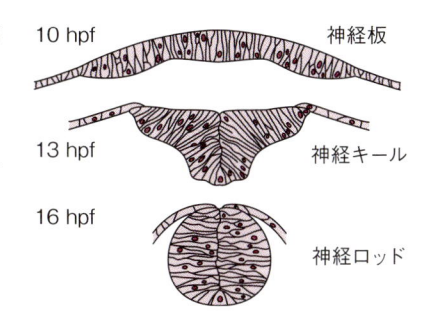

**図 1.9　背側外胚葉における中枢神経系原基の形成**
ゼブラフィッシュ胚において，神経板，そして神経管の形成は，体節形成期における背側外胚葉の肥厚と内部への折れ込みにより形成される．（Kimmel et al., 1995 より改変）

## コラム1章②
## ニューロメア

　ニューロメアは，発生過程の脊椎動物脳において，一過的に出現し，形態的，分子的に識別できる一連の分節構造であり，後脳（菱脳）においては菱脳節（ロンボメア）として明瞭に見ることができる（図1.10, 1.11）．また，中脳を構成するメソメア，前脳を構成するプロソメアが想定されている．これらの構造単位は，前後に沿って一列に配列する．また，ニューロメア間の境界は細胞移動のバリアとなる一方で，しばしば局所オーガナイザーとして機能することが知られる（コラム4章②）．

　菱脳節の形成については最も研究が進んでおり，ゼブラフィッシュでは通常第1から第7菱脳節まで7個存在するとされている（r1〜r7）．後脳領域の分節自体にはephrin-Ephシグナルを介した細胞間相互作用が重要であり，形成された菱脳節の構造は，各々で発現する *hox* 遺伝子，そして *egr2b/krox20* 遺伝子などの働きにより決定される．

　プロソメアは脊椎動物の前脳領域化に関する分節構造モデルである．当初，マウス胚での *Dlx1*, *Dlx2*, *Gbx2*, そして *Wnt3* の発現に基づいてルーベンスタイン（John Rubenstein）らにより提唱された際には，前脳は6個のプロソメア（前脳の後方から順にp1〜p6）から形成され，さらに背側と腹側に区分されるとした．視床下部を除く間脳がp1からp3に対応するのに対し，p4〜p6は二次前脳であり，その背側が終脳，腹側は視床下部となる．しかし，このモデルにはその後修正が加えられ（図1.10），前方にある二次前脳は1つの領域と見なされるようになった．二次前脳には視床下部と終脳が含まれるのに対し，後方前脳は，最初に想定されたとおり，後方から順に，p1（視蓋前域など），p2（視床，視床上部など），p3（腹側視床など）により構成される．プロソメアモデルについては今でも議論があり，詳細については必ずしも決着していない．しかし前脳の発生と機能的構造を考える上で有用な概念的フレームワークであることは間違いない．

　これらの分節構造は，異なる独自性と機能をもつ一方で，すべて共通の背腹パターンをもつとされる．この考え方により，すべての脊椎

1.4 ゼブラフィッシュの発生

動物脳は，同一のプランにより理解される．特に，神経管内で直交する背腹境界と前後境界による格子状パターンを考えることで，神経発生の系統的記載，比較神経解剖学，そして保存されつつも多様化した脳の形態形成に関し，統一的な説明が可能となっている．

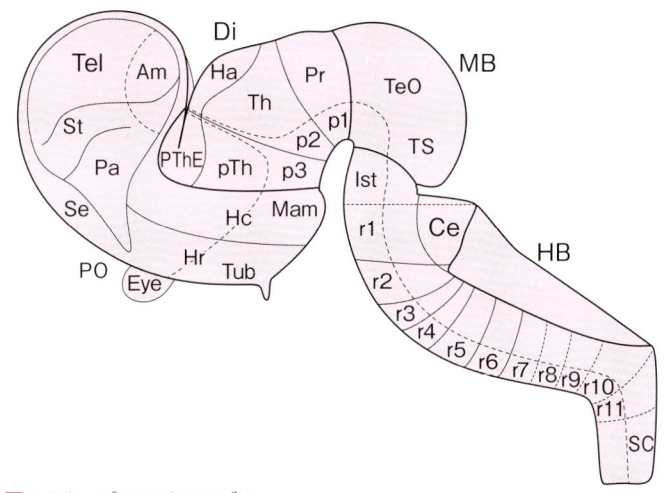

**図 1.10　プロソメアモデル**
　Puelles と Rubenstein（2003）の提唱した改訂プロソメアモデルの概略図であり，左が前方，上が背側となる．頭屈曲により前後軸が湾曲するが，神経管の背腹パターンは前後すべてで同様であり，背側領域（翼板）と腹側領域（基板）の境界が神経管の側方を前後に走る（破線）．例外は Zona limitans intrathalamica（ZLI）であり，これは前後の翼板・基板境界と比べて背側に突出する．二次前脳が前端にある最も複雑な構造単位であり，終脳（Tel），眼（Eye），視床下部から構成される．終脳腹側には中隔（Se），線条体（St），淡蒼球（Pa），視索前野（PO），扁桃体（Am）が位置する．前方視床下部（Hr）と後方視床下部（Hc）の基底側には各々 隆起部（Tub）と乳頭体（Mam）がある．後方前脳，つまり間脳の本体は 3 つのプロソメア（p1-p3）から構成され，その翼板領域には，後方から順に，視蓋前域（Pr）（p1），視床（Th）と手綱（Ha）（以上 r2），腹側視床（pTh）と prethalamic eminence（PThE）（以上 r3）が存在する．中脳は 1 つのニューロメアとされ，その翼板領域は，視蓋（上丘）と半円堤(TS, 下丘)に区分される．後脳は菱脳節に区分され(r1-r11)，小脳は峡部（Ist）と第 1 菱脳節（r1）の背側に位置する．菱脳節の数は動物種により異なっており，ゼブラフィッシュでは通常 7 個の菱脳節が観察される．（略称については別表 6 も参照）（Puelles, 2009 より改変）

■1章　ゼブラフィッシュ―脊椎動物発生研究における優れたモデル―

　神経板領域はまず，さらに肥厚して神経キール（neural keel：keelは本来船底を前後を走る竜骨を指す）とよばれるようになる．生じた神経キールの表層（上皮頂端部）が合わさって胚体の内部に沈み込む結果，内腔のない棒状構造，すなわち神経ロッド（neural rod）が生じる．その後，神経ロッド内の左右の神経上皮が中心部で再度分離する結果，神経腔が生じ，神経管が完成する．上皮構造を維持している点で，本質的には一次神経管形成と同じであり＊1-5，神経板の中央部と外側部は各々神経管の腹側と背側に対応する．

　神経管形成とともに神経分化が始まる．最初に生じるのは大きな細胞体をもつ一次ニューロンであり，比較的長い軸索投射を生じる．一次感覚ニューロンは触覚の伝達を司るものであり，頭部では神経節（三叉神経節など）を形成するのに対し，体幹部では，脊髄背側の外側部に沿って前後に分布し（ローハン・ベアード細胞），不連続的なカラム構造を形成する．

　16 hpfになると，末梢感覚ニューロン軸索は皮膚に投射し，中枢側の軸索は脊髄背側外側部に達する．やや遅れて運動神経ニューロンが神経管腹側で分化し（両側にある体節1個分の脊髄領域に片側あたり3～4個），個々の運動ニューロン軸索が神経管から出て筋節の筋細胞に投射する結果，筋収縮が始まる．投射先の筋節内領域は，各運動ニューロンごとに厳密に決まっている．これに続き，脳原基や神経管において，介在神経が，ニューロメアなどの内部くり返し構造に対応して分化する（コラム1章②参照）．

　最初に形成される一次介在ニューロンは，直交して格子を作るように配置する．実際，左右一対の腹側縦束が脳から脊髄を前後に走る一方，両側で生じる交連神経軸索が中軸を横断して連結する結果，これらの介在神経は，定型化されたネットワークを形成する．この頃から神経系は機能をもつようになる．その例として，18 hpfになると，第4菱脳節（後述，図1.11）に生じる介在ニューロン（マウスナーニューロン）の樹状突起が発達するとともに，三叉神経節感覚ニューロンがこれに投射するようになり，結果として数時間

---

＊1-5　マウスなどでは胚の後方において，間充織細胞から神経管が形成されるが，これを二次神経管形成とよぶ．

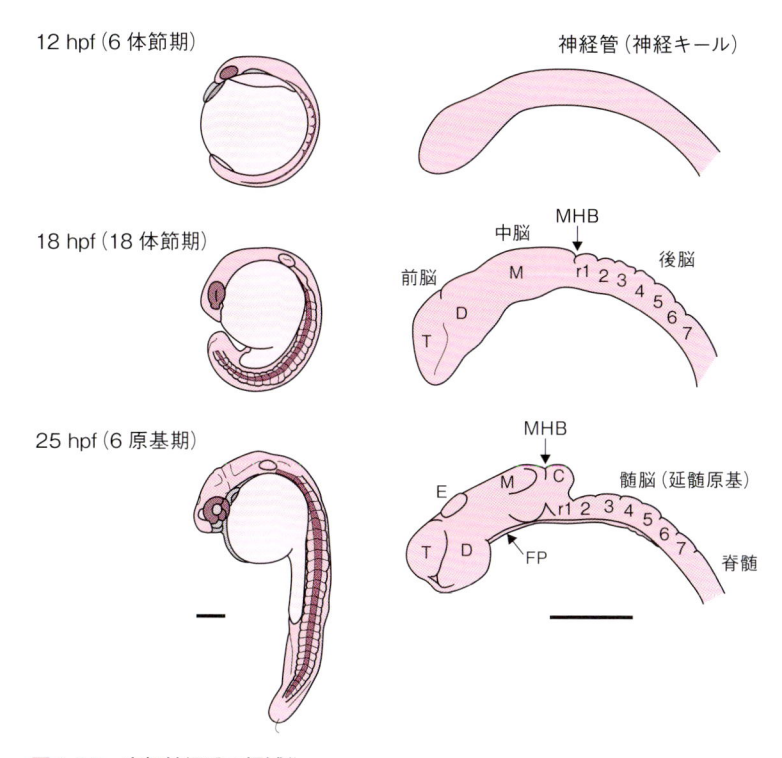

**図 1.11　中枢神経系の領域化**
体節形成期から咽頭胚期にかけての中枢神経系の領域化．C；小脳，D：間脳，E：松果体，FP：底板，M：中脳，MHB：中脳後脳境界，r1～r7：第1～7菱脳節，T：終脳．スケールバー，200 μm．（Kimmel *et al.*, 1995 より改変）

後には接触刺激に対する反射反応が観察される．

　4，5体節期には，神経板前方が肥厚して脳原基となり，眼の原基が前方神経板の側方に観察されるようになる．胴部での神経キール形成はやや遅れて6～10体節期に見られる．また，クッパー胞とよばれる小胞構造が尾芽の腹側基部で観察されるようになるが，これはマウス胚で見られるノードに対応しており，この内部にある繊毛の運動が左右の決定を行うことが知られる．8体節期になると，微分干渉顕微鏡により前腎の初期原基が観察されるようになり，頭部神経堤細胞の移動も始まる．第3体節下方の左右に前腎が形成され，これより前腎管が後方へ伸長する．これは卵黄伸長部の終端部で

腹側に向きを変え，総排泄腔に融合するとともに内腔が生じる．

　体節形成中期には，尾部原基の伸長が始まり，脳では，終脳，間脳，中脳，そして後脳（菱脳ともよばれる）が形態的に区別できるようになる．後脳では，前方で第4脳室が拡大するとともに，7つの菱脳節（r1〜7）も識別可能となる（図1.11）（r8があるとする考えもある）．後脳の両側では三叉神経プラコードと内耳プラコードが出現する．間脳腹側で視床下部が生じ，背側では松果体，中脳背側で視蓋，腹側で被蓋，そして後脳前端では小脳が発達する．中脳と小脳の境界領域はくびれ構造を取るようになり，峡部とよばれるようになる．胴部では，前述のように神経キールが棒状となって神経ロッドとなるが，内腔はまだ見られない．また，神経堤細胞の移動が頭部と胴部で進行する．

　体節形成初期に形成された前方体節は，筋節に分化し始めている．これらは各々先端が前方を向いたV字型構造を形成し，さらに背側（epaxial）と腹側（hypaxial）の筋に分化する（図1.6，口絵⑦，⑧）．筋節の背腹境界はV字型構造の頂点と一致しており，この位置には結合組織性の水平筋中隔（horizontal myoseptum）が形成される．脊索はさらに発達して明瞭となり，コインが重なったような形状を呈する．

　体節形成後期には，腎臓や心臓などの主要内臓器官の発生が進行するほか，胴尾部後端の縁にある表皮組織からは，初期の運動に関わる後方ひれ（caudal fin）の形成が始まる．胴部の腹側で生じる前腎管後端部の後方背側では，間充織細胞が集合して造血器官である中間細胞塊（intermediate cell mass；血島）を形成する．体節形成終了期になると，中間細胞塊で活発に分裂，分化を行う血球前駆細胞が見られるようになり，その一部は，前方，あるいは背側で形成中の血管に移動した後，血管系を循環するようになる．

　脳原基の腹側外側部，眼胞の後方では咽頭弓の原基が形成される．咽頭内胚葉の内側裏打ち上皮を含め，咽頭弓は三胚葉をすべて含んでおり，主として頭部神経堤細胞が咽頭弓間充織を構成する．咽頭壁の形態形成と分化は，この後の孵化期において活発となる．体幹部，尾部では体節が分節構造であるのと対応して，咽頭弓と菱脳節が頭部の分節構造を構成する．

### f. 咽頭胚期 (25-48 hpf)

咽頭胚期とは，脊椎動物のボディプランを示すファイロティピック段階[*1-6]であり，他の脊椎動物との共通性が高い．脊索がさらに発達し，体節が尾部まで完成する一方，神経管には内腔が形成され，前方で脳が発達，脳は終脳，間脳，中脳，小脳，髄脳が明瞭になる（図1.11）．咽頭弓形成が本格化し（7つ），前方の第1，第2咽頭弓は各々 顎とえらぶた，後方咽頭弓はえらなどを形成する．また，孵化腺が心臓より前方の卵黄表層に形成される．

体節形成中期に始まった体軸の急速な伸長は，咽頭胚期開始後の数時間さらに進行した後，ペースを落とす．これと平行して，屈曲していた頭部は前後に短縮してコンパクトになるとともに，その前後軸は胚体の前後軸と一致するようになる．発生段階の決定においては頭部胴部角（Head-Trunk Angle, HTA）が1つの目安となる（別表1）．頭部の短縮は後脳領域で顕著であり，眼胞と耳胞がこの過程で近接する．そのため，この時期には，眼胞と耳胞の間に耳胞がいくつ入るかを表す耳胞長（Otic Vesicle Length, OVL）も発生段階の指標として用いられる．

なお，体節形成後期に表皮プラコードとして耳胞後方に生じた側線原基が，この時期に一定速度で後方に移動（水平筋中隔の位置の皮膚内）する（1.7筋節／時間）．側線原基先端部の筋節に対する位置をもって正式な発生段階とするが（原基段階；prim-stage），側線原基を見るには通常微分干渉顕微鏡を必要とする．側線原基は移動過程で一定の間隔をおいて細胞集団を残すが，これがその後，側線の感覚受容器（感丘，neuromast）を形成する．

この時期，胴尾部後端では，コラーゲン性の後方ひれ原基からの後方ひれの発達が明瞭となる．胸部の左右では間充織細胞が凝集して鰭芽となり，その先端には外胚葉性頂堤が生じる結果，胸びれが形成される．なお，咽頭胚後期になると，統合された遊泳運動が見られるほか，接触刺激に対して特異的な逃避行動を取るようになる．また，神経堤細胞からのメラノサイトの移

---

[*1-6] 動物の「門（phylum）」に特徴的なボディプランを示す発生段階であり，その分類群の中で非常に保存的な形態を示す．

■ 1章　ゼブラフィッシュ―脊椎動物発生研究における優れたモデル―

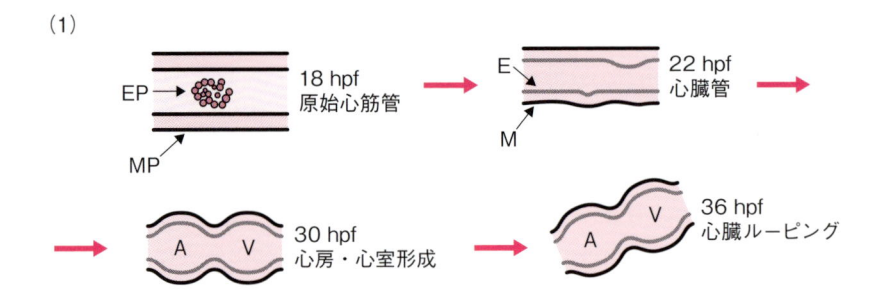

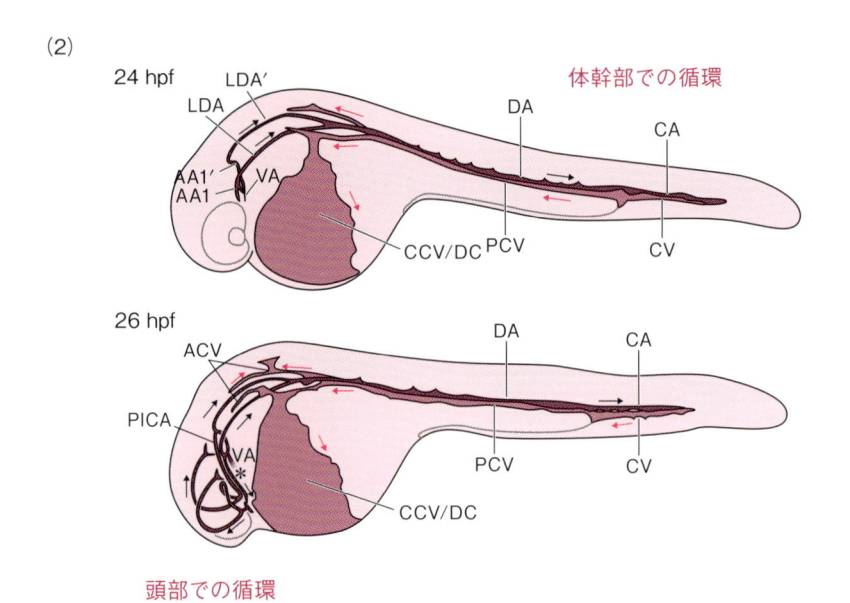

**図 1.12　心臓の発生と初期の血管系**
(1) 心臓原基からの心臓の形成．A：心房，E：心内膜，EP：心内膜前駆細胞，M：心筋層，MP：原始心筋管，V：心室．（Vogel & Weinstein, 2000 より）
(2) 体節形成終了期における血管系の形成．24 hpf では主として体幹部で循環が見られるが，26 hpf になると，頭部での循環が始まる．黒矢印は動脈，赤矢印は静脈での血流の向きを示す．AA1：第 1 咽頭弓動脈，ACV：前主静脈，CA：尾動脈，CCV：総主静脈，CV：尾静脈，DA：背側大動脈，DC：キュビエ管，LDA：外側背側大動脈，PCV：後主静脈，PICA：原始内頸動脈，VA：腹側大動脈，心臓（*）から発する．（Isogai *et al*., 2001 より）

26

動と分化が進行し，その結果として，この魚に特有のストライプ模様が形成される．

　循環系については，両側の側板中胚葉で生じた心臓前駆細胞が中軸に移動して管状構造となり，咽頭期の開始期より拍動が始まる（図 1.12(1)）．その後まもなく，心臓より後方（体幹部）で血液循環が始まり（図 1.12(2)），30 - 36 hpf には心室，心房が明瞭に識別できるようになる．

　血液の循環は 24 - 26 hpf で始まる．24 hpf では，心室からの血流は，まず腹側大動脈，そして左右一対の第 1 咽頭弓動脈（最終的に 6 対）を通った後に左右の外側背側大動脈として後方に向かい，胴部の中軸で合流して 1 本の背側大動脈となる．これは脊索の腹側を後方に流れ，尾動脈と名を変えて後端に向かう．後端近くで腹側へ折り返し，尾静脈，そして後主静脈として前方に流れ，心臓手前で左右に分かれた後，総主静脈となる（キュビエ管ともよばれる）．総主静脈は卵黄表層を広く流れた後に心臓の腹側から静脈洞，そして心房に流入する．なお，体幹部循環系については，その後，新たに生じる後部咽頭弓動脈が用いられるようになる．

　26 hpf になると，頭部循環が始まる．第 1 咽頭弓動脈から前方に分岐して生じる左右の原始内頸動脈は頭部に向かう．ここから戻ってくる血流は，前主静脈として後方に流れた後，後主静脈と合流してやはり総主静脈に流入する（コラム 1 章③参照）．

　内胚葉組織については，体節形成初期には胚の背側，特に中軸・沿軸中胚葉の下で形態的に見られるようになるが，その後，消化管，そしてそれに沿って肝臓とうきぶくろの原基が形成される．しかし，当初は卵黄のために生体胚での観察は難しく，むしろ切片にする必要がある．こうした内胚葉器官の形成を生体胚で観察する場合，これらの器官を蛍光タンパク質で標識した遺伝子導入魚が有効である．

### g. 孵化期（48-72 hpf）

　48 - 72 hpf の期間において胚は孵化するが，その時期は系統により少しずつ異なり，特定系統でも明確には決まっていない．その一方で発生は，孵化とは独立して進行するため，孵化は通常発生段階の指標には使われていない．

### コラム1章③
### ゼブラフィッシュ胚における血管系の発生と血管新生

　ゼブラフィッシュでの血管形成については，米国国立衛生研究所のワインスタイン（Brant Weinstein）研究室において，磯貝純夫らにより詳細が明らかにされた．彼らは，ゼブラフィッシュ胚の透明性を利用し，蛍光色素を血管に注入した胚，あるいは血管内皮特異的に蛍光タンパク質を発現させた遺伝子導入魚胚を，共焦点レーザー走査顕微鏡で3次元的に解析した．

　ゼブラフィッシュ胚の場合，血流の開始は24～26 hpfで見られる．この時期の血流は，本文に述べたように，胚体後方での単純な1つのループにすぎないが（図1.12），これが，以後に形成される複雑な血管系の基礎となる．初期の循環ループが機能し始めて間もなく，第2の血流ループが頭部で形成される（図1.13A）．

　この場合，後方に向かう外側背側大動脈（LDA）に加え，新たに原始内頸動脈（PICA）が左右にある第一咽頭弓動脈（AA1）の各々から分岐し，前方に延びる．この動脈はさらに2本に分岐し，内頸動脈後方部（CaDI）は胚内深部で，背側，そして後方にループを作り，対をなす反対側のCaDIと中軸で合流して基底交通動脈（BCA）となる．

　一方，内頸動脈前方部（CrDI）は眼胞の前方まで伸び，後方に屈曲した後に始原中脳連絡路（PMBC），そして始原後脳連絡路（PHBC）と名称を変えながら後方に流れる．CrDIなどの動脈は前大脳静脈（ACeV）や中大脳静脈（MCeV）に連絡し，これらの静脈はPMBCあるいはPHBCに合流する．PHBCは脳神経や耳胞の内側を後方に走って後大脳静脈（PCeV）の基部まで伸び，さらに腹側側方に向きを変え，耳胞後端近傍を流れて腹側の前主静脈（ACV）となる．ACVは，左右のLDAが合流して背側大動脈（DA）となる位置の近傍で後主静脈（PCV）と合流し，総主静脈（CCV）を形成する．

　1.5 dpf以降，以上の主要血管系を基盤として全身的に複雑な血管

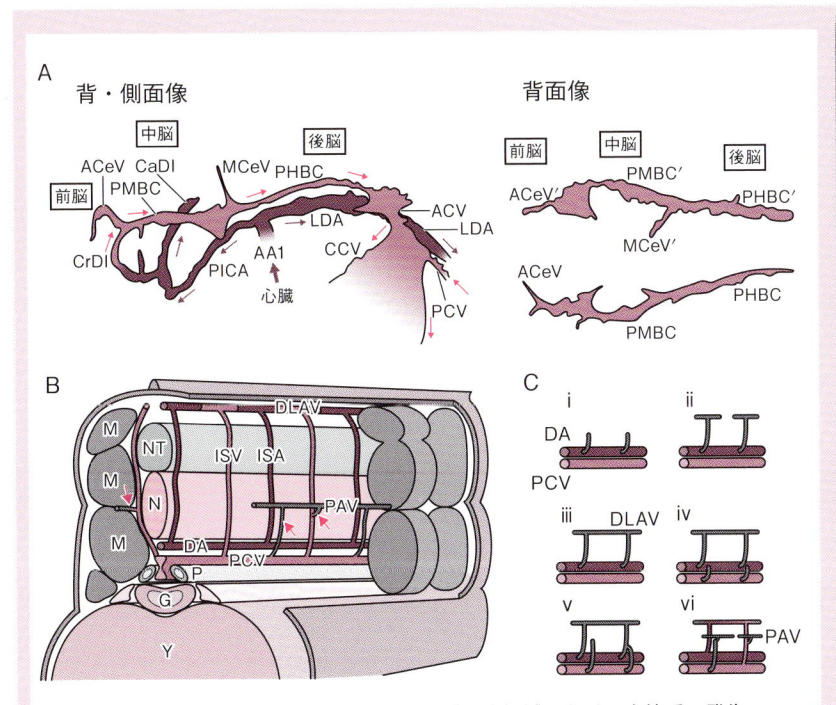

**図 1.13 ゼブラフィッシュ胚の頭部および体節領域における血管系の発生**
A：ゼブラフィッシュ 28 hpf 胚頭部の血管．色素の血管注入による血管造影で見られる頭部主要血管系の背・側面像（左）および背面像（右）．左が前方，上が背側であり，暗赤色は動脈，明赤色は静脈，矢印は血流の向きを示す．PMsA：原始中脳動脈．（Isogai *et al.*, 2001 より改変）
B：ゼブラフィッシュ 3 dpf 胚の胴部における血管系．DA，PCV，そしてほとんどの ISA と ISV は左右にある DLAV を介して背側で連結する．脊索の両側には前後に傍脊索血管（PAV）が走っており，これは PCV および ISV（矢印）と連絡する．左が前方，上が背側．G：消化管，M：筋節，N：脊索，NT：神経管，P：前腎管，Y：卵黄．
C：胴部での血管新生による血管ネットワークの形成．便宜上両側にある血管系の片側のみを示しており，暗赤色は DA と ISA，明赤色は PCV と ISV，灰色はこれらより生じる血管を表す．一次血管芽は両側で DA から出芽し（i），背側に伸長後，神経管の背側方で前後に分岐する（ii）．これらは前後の血管と連結し，左右 2 本の DLAV を形成する（iii）．二次血管芽が PCV から生じ（iv），一部は一次血管芽につながる（v）．一次血管芽の中で二次血管芽と連結したものは ISV となり，残りは ISA となる（vi）．一次血管芽と連結しなかった二次血管芽のほとんどは PAV の基部に分化し，ISV も分岐して PCV と連結する．（B，C は Isogai *et al.*, 2003 より改変）（略称名については本文も参照）

系の形成が進行する．以下，咽頭弓動脈（AA1-6）および体節間血管について，簡単に紹介する．

AA については，1.5 hpf 前後に，第 1 咽頭弓動脈（AA1）に加えて痕跡程度の AA2 が出現するが，AA2 は以後，未発達の状態に留まる．2.5 dpf 以降，新たにやや後方に生じた AA5 と AA6 を通って心臓からの血流が LDA に流入するようになり，胴尾部への血液供給の主役となる．血液は AA3 と AA4 も通って LDA に流入するが，これらはその後，AA1 とともに頸動脈を介して頭部への血液供給を担うことになる．

発生後期以降になると，既存の血管から血管枝が新たに分岐して血管網を構築する血管新生が重要となる．体節間血管は，DA および PCV からの出芽によって生じる二次血管であり，血管新生による血管ネットワーク形成の良いモデルである（図 1.13B, C）．体節間血管はまず 20 体節期に DA からの発芽により体節ごとに生じ（一次血管芽），背側へ伸長する．この血管は，大動脈との連結を行う腹側細胞，背側縦走吻合血管（DLAV）に連結するコネクター細胞，そして背側細胞から構成されており，最終的には 3〜6 細胞が 1 本の体節間血管を形成する．なお，発芽は Notch シグナルが遮断されると抑制され，このシグナルの活性化で増強されることから，血管新生は Notch シグナルで制御されると考えられる．

1.5 dpf 前後になると，新たな出芽が今度は PCV から生じ，その一部は先だって形成された一次血管芽と融合して体節間静脈（ISV）となる．残りの DA 由来血管芽は体節間動脈（ISA）となり，DA と DLAV を結ぶ血流が開始する．このネットワークの形成には血流が必要であることが，血流のない変異体を利用して明らかにされている．

この時期，様々な器官の形成が完成に近づき，特に消化管とその関連器官の発生が進行する．

胸びれはさらに伸長を続けるとともに，ひれ原基の中央に間充織細胞が集合し，表皮部分がひれ本体となる．その付け根では血管系が観察されるようになる．口は最初，両眼の間の腹側に開口するが，徐々に前方に位置を変え

1.4 ゼブラフィッシュの発生

る．孵化期の終了前後で眼の前方に突出し，5 dpf までに前端に達する．

顎の軟骨は，前方の2つの咽頭弓（第1，2咽頭弓；各々 顎弓，舌骨弓と

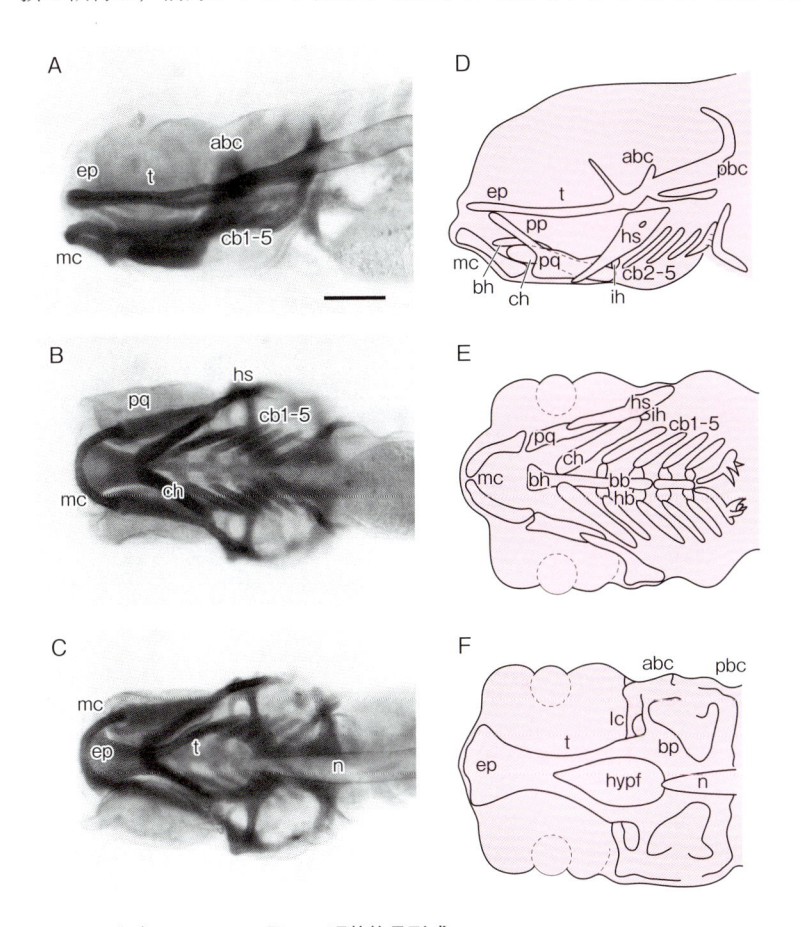

**図 1.14　ゼブラフィッシュ胚での頭蓋軟骨形成**
　4 dpf（A-C）または 5 dpf（D-F）のゼブラフィッシュ胚頭部における軟骨の分布を示した（口絵⑤）．(A-C：高橋一樹氏撮影，D-F：Schilling & Kimmel, 1997 より改変)．A, D：頭部側方像．B, E：頭部腹側から見た最腹側の頭蓋軟骨像（内臓頭蓋）．C, F：頭部腹側から B よりやや背側にフォーカスを合わせて得られる頭蓋軟骨像（神経頭蓋）．（abc：前頭蓋底縫合，bb：基鰓軟骨，bh：基舌軟骨，bp：底板軟骨，cb：角鰓軟骨，ch：角舌軟骨，ep：篩骨，hb：下鰓軟骨，hs：舌顎軟骨，hypf：下垂体窓，ih：茎突舌骨，lc：外側縫合，mc：メッケル軟骨（下顎軟骨），n：脊索，pbc：後頭蓋底縫合，pq：口蓋方形軟骨，pp：翼状突起，t：梁軟骨）．スケールバー，200 µm．

■1章　ゼブラフィッシュ－脊椎動物発生研究における優れたモデル－

もよばれる）で形成される（図1.14）．孵化期の初めに軟骨形成能をもつ間充織細胞の集合が始まり，孵化期の後期には軟骨形成が進行する．特に顎弓の腹側エレメント（メッケル軟骨）と舌骨弓の腹側エレメント（角舌軟骨）が下顎の主要支持構造を構成し，顎弓背側エレメントの方形軟骨，舌骨弓背側の舌顎軟骨は顎の関節などを構成する．これらと平行して顎の筋肉も形成される．第3およびその後方の咽頭弓（鰓弓）における軟骨形成は，顎部での軟骨形成より半日ほど遅れて，角鰓節で始まる（角鰓軟骨）．

循環系については，顎領域（第1，2咽頭弓）において各々第1，2咽頭弓動脈が発生し，内部頸動脈として頭部に血液を送るのに対し，第3～6咽頭弓（第1～4鰓弓）ではえら，そして後方咽頭弓動脈（第3～6）が生じる．並行して，鰓裂が舌骨弓の後方，そして各鰓弓の間に形成され（計5か所），4つの鰓弓後方壁（鰓裂の前方壁）には鰓糸が生じる．なお，第7咽頭弓の後ろでは鰓裂や大動脈弓は生じないが，軟骨は形成され，そこに咽頭歯が生じる[*1-7]．

### 1.4.2　原基分布図（予定運命図）

キンメルらにより，原腸形成初期に蛍光標識した胚細胞の予定運命が調べ

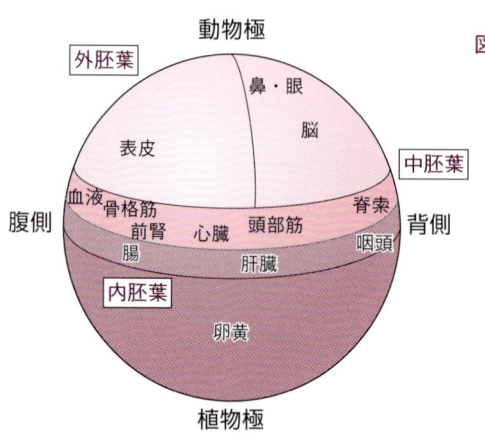

図 1.15　原腸形成開始期のゼブラフィッシュ胚における原基分布図
50％エピボリー期のゼブラフィッシュ胚内部細胞層における予定運命を示す．なお，被覆層の細胞は表層のペリダームのみを形成し，胚体には分化しないため，ここでは示していない（Kimmel *et al.*, 1995 より改変）．ゼブラフィッシュの場合，両生類とは対照的に，初期胚では中胚葉と内胚葉の分離が不完全であり，中内胚葉とよばれる．内胚葉は主として胚盤葉周縁に近接した部分で生じることが知られる．

---

[*1-7]　魚類の咽頭部にある歯．コイ科では顕著に見られる．

られた．その結果，胚盤葉の動物極側領域が予定外胚葉であり，背側は中枢神経系（神経板），腹側は表皮となること，胚盤葉周縁部が中胚葉および内胚葉原基であり，特に最も卵黄細胞に近い部分が内胚葉となること，脊索，骨格筋，血球の予定領域がこの順で中胚葉領域の背側から腹側に分布することなど，両生類胚での予定運命図との類似性が明らかとなった（図 1.15）．

その一方で，原腸形成においては細胞の混合が顕著であり，予定運命図で明瞭な境界が決まらないこと，特に胚盤葉周縁部の卵黄近傍では予定中胚葉と予定内胚葉の分離が不完全であるために中内胚葉とよばれることなど，両生類との間で若干の違いがあることも知られる．

## 1.5　ゼブラフィッシュの交配と採卵

### 1.5.1　成魚の飼育システム

ゼブラフィッシュは通常のペットショップでも入手可能であり，実際に以前はそのような魚を用いる研究室も珍しくなかった．しかし，特に遺伝学的研究，分子生物学研究を行う場合，遺伝的な違いが大きな問題となるため，可能であれば代表的な系統を用いるのが無難であろう．これらは国内，あるいは国外のリソース機関から通常実費で入手可能となっている（別表 2）．

ゼブラフィッシュは丈夫な熱帯魚であり，成魚を飼育する上では，高価な飼育設備を準備する必要はない．一般家庭での熱帯魚飼育設備，つまり 20 〜 40 L 程度の水槽にサーモスタット付きヒーター，エアレーション用のポンプ，そして濾過装置を装着したもので十分飼育可能である．ただし，本格的に研究に用いる場合，異なる世代，多数の遺伝子導入魚系統，あるいは変異体系統などを小型水槽で同時に維持することが必要となるため，循環式のシステム水槽が必要となる（図 1.16A, B）．

なお，ゼブラフィッシュはそれ自体 外来性の動物であり，さらに遺伝子導入が一般的に行われるため，環境中への拡散を防ぐための手立てが必要とされることに注意されたい．

### 1.5.2　成魚の飼育法

成魚の飼育水としては，水道水を一晩置いた汲み置き水で十分なことも多

■1章 ゼブラフィッシュ―脊椎動物発生研究における優れたモデル―

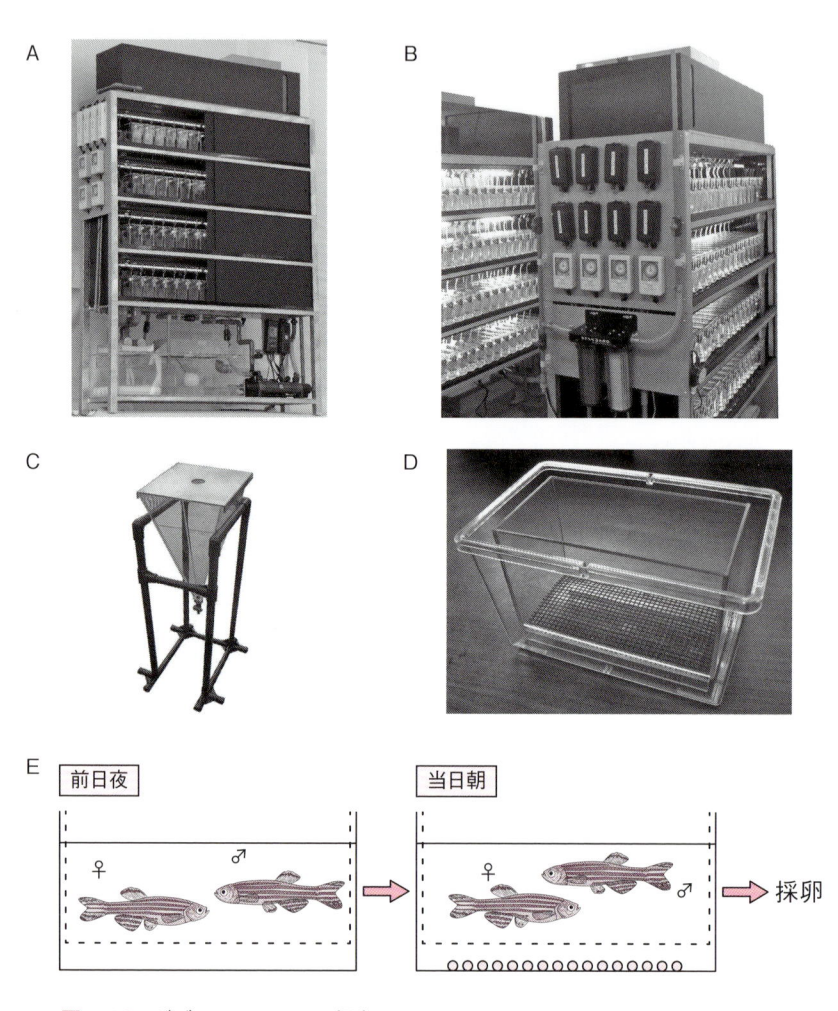

#### 図 1.16 ゼブラフィッシュの飼育システム

A, B：循環式システム水槽．飼育水は連続的にシステム内を循環する．各水槽からあふれた水は下にある濾過槽を通過後，滅菌灯で滅菌処理を済ませた上でポンプにより再度各水槽に送り込まれる．なお，ここでは中・小規模の研究で使われる壁付型（A），大規模飼育システムで用いられる対面型（B）を例として示す．C：ブラインシュリンプ孵化器．D：交配用水槽．E：ペアメイティング．前日の夜に雌雄1個体ずつを交配用水槽に移す．翌日明明の点灯後，産卵された受精卵は，金網をくぐり抜けて下に溜まる．これらの卵を回収して実験に用いる．（A〜Dは名東水園：A：MH-K1600R，B：MH-H1600R）

いが，地域により水道水の水質に違いがあるため，問題がある場合，人工飼育水を作製した上で用いる（別表3）.

　エサは成魚の場合，1日2回与える．合成飼料も使用できるが，産卵させるためには1日に1回は生き餌を与える必要がある．生き餌として最も一般的なものはブラインシュリンプであり，ペットショップなどで乾燥卵の入手が可能である[*1-8]．飼育水のよごれに注意が必要であり，飼育システムにもよるが，絶えず循環させるとともに，飼育水そのものも一定の割合で新鮮なものと交換することが重要である．エサは5分程度で無くなることが望ましく，食べ残しが生じるのを避ける．また，糞などのゴミが溜(た)まらないよう，コンスタントに水槽システムの清掃を行うなど，良好な飼育環境の維持に努める．

　ゼブラフィッシュの卵成熟，配偶行動は明暗サイクルで制御されているため，成魚は照明をタイマーで制御された飼育室で維持する必要がある．通常，明期14時間，暗期10時間というリズムが用いられる．部屋全体の照明をタイマー制御できない場合，水槽を遮光できる環境に置き，その内部だけで照明を制御することも可能であり，そのような専用水槽を注文できることが多い．また，飼育温度は26～28.5℃が用いられている．

　交配用水槽は，通常集団交配用とペアメイティング用で別のものを用いる（図1.16D, E）．集団交配の場合，専用の交配用水槽もあるが，一般的な小型水槽（10 Lなど）の底にガラスビーズ（No. 15）を敷き詰め，必要があればサーモスタット付きヒーターをさらに装着したもので十分である．採卵を行う前日の夜，適切な数の雄魚，雌魚を交配用の水槽に移しておくと，翌朝，点灯が引き金となって交配が10分から1時間の間に行われる．成魚は，卵をエサと区別できずに食べてしまうが，ガラスビーズがある場合，受精卵はその

---

[*1-8] 2.5％の食塩水10 Lに20 gのブラインシュリンプ卵を入れて室温でエアレーションを行うと，約1日で孵化する（図1.16C）．実験書によっては（人工）海水となっていることもあるが，餌として孵化させる場合，食塩で十分である．エアレーションを止めて静置すると，卵殻は水面に浮き，孵化したブラインシュリンプが下に沈むため，沈んだものを集めてメッシュで濾しとり，飼育水で懸濁して魚に与える．なお，孵化率は90％以上が望ましく，状態の良好なブラインシュリンプ卵を選ぶ必要がある．

隙間から水槽の底に沈み，捕食をまぬがれることになる．

底に沈んだ卵はサイフォンで吸引した上，ネットで回収する．点灯が引き金となるため，ほぼ同じ発生段階の胚が得られるが，受精のタイミングを厳密にそろえる場合，交配用水槽をセパレーターで仕切って前日にその両側に雌雄を入れておき，翌日の点灯後，適切な時期にセパレーターを除去することで交配開始を制御する．これにより，産卵時間を部屋の照明開始時刻よりある程度遅らせることも可能である．

遺伝学的実験を行う場合，しばしば1対1のペアメイティングが不可欠となる．やはり専用の小型交配用水槽もあるが，台所用品（タッパーウエアと金網など）を組み合わせることで代用することが可能である（図1.16E）．いずれにしろ，採卵前日の夜，交配用水槽に飼育水とともに雌雄1匹ずつを入れておき，翌朝交配と産卵があったことを確認した上で成魚は回収し，受精卵を底から回収する．

### 1.5.3　雌雄の区別

発生の研究に用いる場合，雌雄の識別が必要である．成熟後，雄は通常，体の幅がせまく，白のストライプが黄色みを帯び，さらに金色に光って見えるのに対し，雌は幅が広く，多少腹部が大きく，白のストライプが銀色に輝くことで区別できる．経験を積むことで比較的に容易に識別が可能となる．

### 1.5.4　胚および稚魚の飼育

胚，稚魚のいずれも水道水のくみ置きで飼育可能なことが多いが，水道水の水質が飼育に向かない場合，あるいは条件統一，試薬処理などの必要性から胚用の専用飼育水も用いられる（別表3）．産卵後の卵に親の糞などが含まれるとカビが繁殖して発生が妨げられるため，先の細いピペットで除去し，メチレンブルーを加えた飼育水中で培養する．なお，過密状態では発生の遅延，異常が起きるため，適切な飼育密度とする．

容器は透明プラスチック容器（小型タッパーウエア，培養用ディッシュなど）を用い，インキュベーター内で保温する．ゼブラフィッシュの発生段階は28.5℃で詳細に検討されたこともあり（Kimmel *et al.*, 1995），この温度での飼育が基本となるが，実際には，前述のように23〜32℃の範囲内であれ

ば正常に発生する．ただし，発生速度は温度に依存するため，発生段階は実際の胚の形態を観察することで決定する必要がある．逆に，実験の都合で水温を変えて発生の進行を調整することができる．その場合の水温（℃）と発生の進行（発生時間，h）の関係の目安は次の通りである．

$$H_T = H_S / (0.055\,T - 0.57)$$

（$H_T$：温度 $T$ における発生時間，$H_S$：当該発生段階に 28.5°C で達する発生時間）

　ゼブラフィッシュ胚を 28.5℃で飼育した場合，2〜3日で卵殻を破って孵化する．その後しばらくは遊泳能力がなく，容器の底に沈んだ状態，あるいは飼育容器の内壁に付着した状態で成長し，4日胚から浮遊するようになる．この時期から顎が機能するようになる一方で6日目で卵黄がほぼ消失するため，5日胚前後以降から餌を与えねばならない．稚魚のエサとしては，生き餌または合成飼料がある．飼育水の汚れが少なく，扱いやすいのはゾウリムシである．稲ワラの煮汁などを用いて増殖させたゾウリムシの高密度液を，滅菌ガーゼで濾過した上で1日2〜3回与えると良い．なお，稚魚は特に初期の間は遊泳能力が低いため，検鏡した際にゾウリムシが稚魚周辺に多数泳いでいる状態が望ましい．

　ただし，ゾウリムシをコンスタントに大量に供給するのは必ずしも容易ではない．その場合は養殖用の稚魚用合成飼料も使用可能であり，著者の研究室でも最近は合成飼料を用いているのが実情である．この場合，飼育水が汚れる結果，稚魚の状態が悪くなる恐れがあるため，一度に与える量は水面を薄く覆う程度とし，沈んだ餌が残らないようにする．また，できれば毎日容器の掃除と水交換をするよう努めることが大切となる．

　受精後10日を過ぎると顎がある程度発達してくるため，徐々にブラインシュリンプなどに切り替えるべきである．状態のよい魚を得る上では適切な飼育密度が重要となる．過密な状態で育てると，生育不良となるだけでなく，生殖能力がないことがある．最適な状態で生育させた場合，2〜3か月で3cm程度に達し，産卵可能となる．

## 1.5.5 人工授精と精子の凍結保存

同調的に発生する胚を多数調製するためには人工授精が行われる．この場合，成魚は通常通り，明暗サイクルの下で維持する．まず明期開始の30分ほど前に雄を準備し，トリカイン（別表3）などにより麻酔した上，先の丸いピンセットで腹部に圧力を加えて精液を回収する．採卵については，照明点灯後90分以内に，まず雌を取り出して麻酔し，指を腹部にしっかり押しつけて卵を回収する．前もって調製した精液をハンクス液（別表3）で希釈後，卵に加えることで受精が起きる．

なお様々な魚系統を維持することがスペース的にむずかしい場合，そして事故に備えたバックアップとして，ゼブラフィッシュでも精子での保存が行われる．まず，上述のように雄から精液を取り出すが，これを10 μLのガラスキャピラリーに回収し，この内部でメタノール，スキムミルクなどを含む精子保存液と混合する．これをプラスチックチューブに封入した上，ドライアイスで凍結させ，液体窒素中に移す．これにより長期の精子保存が可能である．

## 1.6 ゼブラフィッシュ胚の観察

### 1.6.1 生体胚の観察

胚を観察する上で，あるいは薬剤処理，移植操作を行う上でも卵殻はしばしば邪魔となるため，除去する必要が生じる．体節形成中期以降は先を研いだ2本のピンセットを用い，実体顕微鏡で見ながら除去する．しかし大量処理をする場合，あるいは発生初期胚の場合は，以下のように，タンパク質分解酵素であるProteinase Kにより卵殻を除去する．

まず，1/3リンガー液（別表3）を用いて200 μg/mL Proteinase K溶液を調製し，これを前もって32°Cとする．一方，胚を50 mL培養チューブに移し，飼育水を除去した上でProteinase K液を加え，静かに撹拌して4〜5分間保温する．その後，液を除去し，室温の1/3リンガー液で5〜6回洗浄する．この段階でほぼ卵殻は除去されるが，胚は機械的操作に弱くなっているため，ピペット操作，液交換はマイルドに行う．その後の胚の培養は1％アガロー

ス（1/3 リンガー液で作製）を薄く敷いたディッシュなどで行う．

なお，ゼブラフィッシュ胚の形態観察，特に写真撮影の際は胚の向きを固定する必要があり，そこで用いられるのがメチルセルロースである．まず，ホールスライドグラスに胚飼育水に溶かした3％メチルセルロース液を1滴垂らす．観察すべき胚をパスツールピペットの先端部に保持し，できるだけ胚のみをメチルセルロース液滴に移す．必要ならば飼育水をその上にさらに1滴乗せて乾燥を防ぐとよい．なお，18 hpfを過ぎた頃から胚が運動を始めるため，トリカインなどにより麻酔する．24 hpf以降に進行するメラニン合成を阻害するためにはフェニルチオウレア（PTU）液を用いる（別表3）．

### 1.6.2　顕微鏡観察と写真撮影

生体胚の観察は通常実体顕微鏡（透過照明）でよいが，詳細な観察であれば，正立顕微鏡を用いる．特に微小な内部構造の観察にあたっては，微分干渉顕微鏡を用いるのが望ましい．この場合，スライドグラス上にカバーグラスを2枚，5 mm程度の間隔をおいて固定し（スペーサー），その間にメチルセルロース液を1滴垂らした上，これに胚を移した上でさらにカバーグラスを置いて観察する（必要に応じて麻酔を行う）．なお，咽頭胚期になると発生段階の決定において側線原基の移動位置が基準になるため，正確な段階の決定には微分干渉顕微鏡が有用である．

抗体染色，*in situ* hybridization[1-9]などで染色した胚の場合，実体顕微鏡を用い，ファイバー光源による落射照明で観察を行う．この場合，必要に応じて濃い色のビニールシートをバックに敷くと良い．卵黄が観察の邪魔になる場合，先端をサンドペーパーで研いだピンセット，またはバーナーで先端をとがらせたタングステン線（支持棒に固定する）により卵黄をできるだけ除去し，浸漬液（グリセロール液）などで胚を洗浄する．一方，スライドグラスにテープをスペーサーとして貼った上，その間に卵黄除去胚を浸漬液とともに移し，向きを整えた上でカバーグラスをかぶせて観察，撮影を行う（フ

---

＊1-9　胚，組織，細胞において，構造を保った状態で特定のDNAやmRNAの分布を検出する方法．ここでは胚体内のmRNAの検出法をいう．

ラットマウント).

　なお，詳細は略すが，ホールマウントで染色した胚は，水溶性プラスチッククレジン（JB-4 など）で包埋した上で，ミクロトームにより切片として観察することも可能である．

## 1.7　研究リソース（別表 4）

### 1.7.1　データベース（図 1・17）

#### a. The Zebrafish Model Organism Database（ZFIN）

　ゼブラフィッシュ研究に関わる遺伝学，ゲノムと遺伝子，発生生物学，研究者などの情報を扱う統合データベースであり，米国国立衛生研究所（NIH）により支援されている．各種ゼブラフィッシュ遺伝子の詳細と胚における発現，cDNA クローン，野生型魚系統，変異体系統，遺伝子改変魚系統（遺伝子導入魚など），免疫染色などに用いる抗体，ゼブラフィッシュの解剖学，実験手法，さらに研究者，研究会，などの情報を提供しており，ゼブラフィッシュの研究では欠かすことのできないものである．

　なお，ゼブラフィッシュの遺伝子，魚系統，遺伝子コンストラクトなどについては近年命名法が統一されており（別表 5），新規の名称は ZFIN に登録することとなっている．

#### b. Ensembl Genome Browser

　ゼブラフィッシュのゲノム解析は，2001 年以来英国のサンガー研究所で進行している．最新版は GRCz10 アセンブリであり，2015 年に公表された．最新のゲノム情報については Ensembl Genome Browser で入手可能であり，特に確定したゲノム配列および信頼性の高い遺伝子情報については Vertebrate Genome Annotation（VEGA）から閲覧できる．また，遺伝子アノテーション，cDNA，DNA 多型マーカー（SSLP，EST），BAC クローンなどの情報提供も行われている．

### 1.7.2　各種研究リソースの入手法

#### a. ゼブラフィッシュ国際リソースセンター（ZIRC）

　ZIRC は，米国オレゴン大学に設置されたリソースセンターであり，ゼブ

1.7 研究リソース

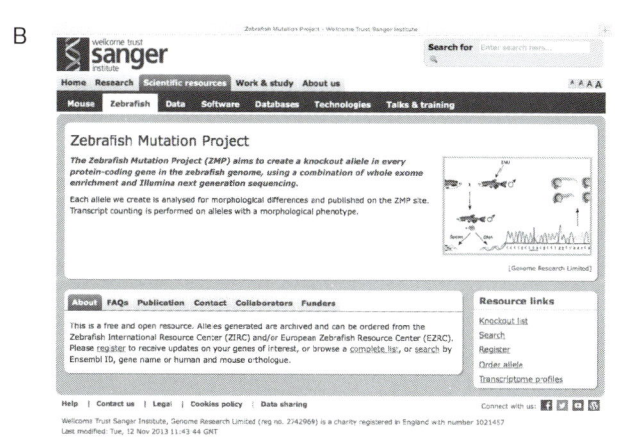

**図 1.17　ゼブラフィッシュ研究で利用されるデータベース**
ゼブラフィッシュ研究では様々なデータベース，リソースが開発され，ウェブ上で閲覧，利用することが可能となっている．（別表4参照）
A：Ensembl Genome Browser. 英国のサンガー研究所で行われているゲノムプロジェクトで得られたゲノム情報を利用できる．
B：Zebrafish Mutation Project. 現在サンガー研究所で進行中である遺伝子破壊プロジェクトに関して情報が提供されている．（3.4.2 d 参照）

41

ラフィッシュの各種系統，変異体とゼブラフィッシュ研究に必要な材料，情報をゼブラフィッシュ研究者に供給することを使命としている．世界中から収集されたゼブラフィッシュの系統と変異体を，個体，あるいは凍結精子として保存しており，抗体，遺伝子プローブなどの収集と供給も行っている．ゼブラフィッシュを飼育するための病理学に関する情報提供，健康相談を受け付けるなど，研究支援体制も充実している．

### b. ナショナルバイオリソースプロジェクト（NBRP）

わが国では，戦略的に整備することが重要な生物遺伝資源（バイオリソース）についての体系的な収集・保存・提供などを行う体制を整備するため，「ナショナルバイオリソースプロジェクト（NBRP）」が平成14年度から進行中である．ゼブラフィッシュについても，収集・保存・提供などを行うための体制が本プロジェクトの一環として整備されている（中核機関：理化学研究所・脳科学総合研究センター）．これまで，中核機関，サブ機関（国立遺伝学研究所，岡崎統合バイオサイエンスセンター）で作製された様々な遺伝子導入魚の維持，外部研究者が作製・寄託した各種系統の受け入れ，維持を行っており，これらを国内外の研究者に供給している．

### c. ゼブラフィッシュ遺伝子コレクション（ZGC）

cDNAライブラリー，クローン，配列情報は，米国NIHの主導によるゼブラフィッシュ遺伝子コレクション（ZGC）により作製・収集され，研究者に提供されている．これらは米国の生物資源バンクAmerican Type Culture Collection（ATCC）やヨーロッパのSource BioScience LifeSciences社を通して入手可能である．

BAC/PACクローンについては，上述のEnsembl Genome Browserで検索ができる．必要な場合，米国のチルドレンズホスピタルオークランドリサーチセンター（CHORI），Source BioScience LifeSciences社から購入する．

# 2章 ゼブラフィッシュにおける変異体作製

　ゼブラフィッシュが，発生生物学を始めとする生物科学の各分野で新たなモデル動物として注目された大きな理由の1つは，脊椎動物で例外的に遺伝学的アプローチが可能であるという点だった．本章では，ゼブラフィッシュで実際に行われている突然変異体作製とスクリーニング，原因遺伝子の特定とその機能に関する遺伝学的解析手法について概説し，この動物を用いた発生遺伝学を理解する上で必要な基盤を提供したい．

## 2.1　突然変異の導入と変異体スクリーニング

### 2.1.1　ゼブラフィッシュの変異体スクリーニング

　ニュスライン＝フォルハルトおよびドリーバーの両グループは，ゼブラフィッシュの特徴，すなわち胚の透明性，速やかな発生の進行，比較的短い世代時間，容易な大量飼育，多産性などに着目し，ほぼ同じ時期，初期発生と各種器官形成に関する突然変異体の大規模スクリーニングに着手した．この際，いずれのグループも，化学変異原を用いた古典的な3世代スクリーニング法を採用した（図2.1）．

　彼らが1996年に報告した様々な突然変異体には，胚発生の多くの重要な過程（原腸形成，体節形成，中軸組織の形成，脳原基の領域化，神経分化と軸索投射，内耳，眼，消化管の形成など）で異常を示すものが多数見つかっており，その中にはヒト遺伝病のモデルと期待されるものも含まれていた．発生過程で異常を示し，さらに致死となる変異体のスクリーニングは，胚発生が母胎内で進行する哺乳類ではきわめて難しく，ゼブラフィッシュの特徴を十分に生かしたものといえる．脊椎動物発生の基本的機構は脊椎動物間で共通であることが，これまでの研究で明らかになっており，ゼブラフィッシュでの研究成果は，ヒトを含めた脊椎動物の発生・遺伝の研究に直接応用でき

■ 2章　ゼブラフィッシュにおける変異体作製

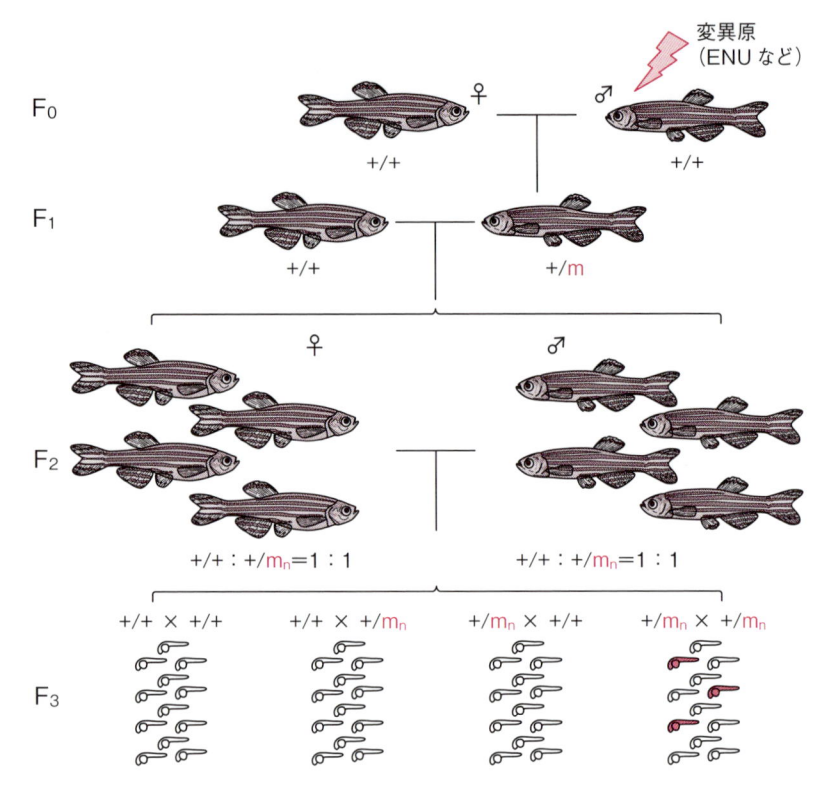

**図2.1　ゼブラフィッシュにおける3世代突然変異体スクリーニング**
通常，雄魚を ENU 処理した上で野生型雌魚と交配し（$F_0$），得られた $F_1$ 魚を野生型魚（または他の $F_1$ 魚）と交配して $F_2$ 魚ファミリーを得る．変異原処理 $F_0$ 魚，そして $F_1$ 魚は，様々な遺伝子について，変異（m）を通常ヘテロ接合体の状態で保有する．ある $F_1$ 魚に由来する $F_2$ ファミリーでは，特定変異（$m_n$）について半分が野生型，残り半分の個体がヘテロ接合体であり，$F_2$ ファミリー内のランダムなペアで交配した場合，25%のペアの子孫胚では，当該変異のホモ接合体がやはり25%の確率で出現すると予想される．

ると期待されている．

　突然変異体が示す発生異常は，基本的には特定遺伝子の変異が原因である．ゼブラフィッシュの遺伝子情報はすでにほぼ解明されており，変異体の原因遺伝子を同定することは，後述のポジショナルクローニングにより容易となっている．これまで単離された変異体，そして今後単離される変異体の原因遺伝子を同定し，それらの遺伝学・分子生物学的解析を進めることによ

り，脊椎動物の発生を制御する遺伝子とそれらの構成する制御ネットワークの全体像が見えてくるはずである．

関連して近年，様々なヒト先天性疾患について，原因遺伝子が明らかになりつつある．対応する相同遺伝子のゼブラフィッシュ変異体は，発症機構の解明，治療法の開発，治療薬スクリーニングなど，医療，創薬の様々な局面において，疾患モデルとしての期待も高まりつつある（7章参照）．

### 2.1.2 突然変異の導入：ミュータジェネシス
#### a. 化学変異原による処理

ゲノム DNA への効率的な変異導入法としては，X線，あるいはガンマ線の照射がある．しかし，これらを用いた場合，ゲノムの広範囲にわたる再編成，あるいは欠失が予想されるために効果が多様となり，しかも原因遺伝子の特定が困難と予想される．

一方，エチルメタンスルホン酸 (EMS), $N$-エチル-$N$-ニトロソウレア (ENU) などのアルキル化剤は，ゲノム上の特定塩基のアルキル化の結果として点突然変異を誘発するものであり（図 2.2），変異は特定遺伝子に限定されるため，個々の遺伝子の機能評価に優れている．ゼブラフィッシュの場合もこれまでに様々な変異導入が検討されたが，現在もっとも一般的なのが，ENU を用いた点突然変異であり，塩基置換の場所により，完全機能欠失 (null) や部分的機能低下 (hypomorph)，場合により機能亢進 (hypermorph) が予想される．

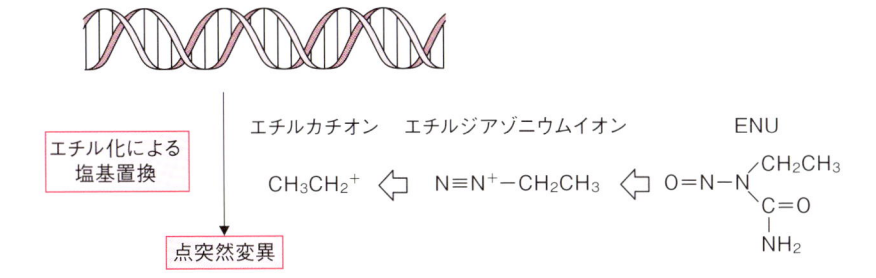

**図 2.2 化学変異原によるゲノムへの点突然変異の導入**
　　ゼブラフィッシュの場合，通常，アルキル化剤の一種である ENU が，遺伝子への点突然変異の導入に用いられる．ENU は，分解過程で生じるエチルカチオンが DNA 中にある塩基をエチル化することにより，高効率で塩基置換を誘発する．

■2章　ゼブラフィッシュにおける変異体作製

変異原処理は減数分裂前の精原細胞を対象とする．具体的には，雄成魚をENU液（通常約3 mM）中に1時間置いた上で通常の飼育水に戻すという処理を一週間に一度の頻度で5，6回行う．なお，突然変異導入効率は処理回数，ENU濃度に依存するが，ENUは毒性が高く，効果は飼育条件，魚の状態にも依存するため，処理条件は事前に適正なものを検討することが必要である．また，処理中の魚は神経過敏となるため，処理は暗闇において静穏な条件で行うなど，ストレスを避ける必要がある．魚の密度にも注意が必要であり，高pH，高い水温は致死性を高めるとされる．こうした配慮をした場合でも，3 mM，計6回の処理を行った場合の生存率は20～30％となる．

一連の処理が終了した後，ENU処理した雄を1週間ごとに野生型雌魚と交配し，得られた子孫第1世代胚（$F_1$）を飼育して成熟させる（図2.1）．ただし，最後のENU処理後約3週間は，生じる精子が減数分裂後にENUにさらされた精細胞に由来するため，塩基置換がDNA 2本鎖の片側のみに存在し，$F_1$子孫胚が変異についてモザイク状態となる．したがって，通常はENU処理終了後，3週間以上経過して得られる$F_1$子孫胚を維持する．

精原幹細胞の数は雄成魚あたり500～1000個とされており，各処理雄からの$F_1$魚数は多くとも500匹で十分である．なお，突然変異の導入効率は，対象遺伝子にもよるが，1遺伝子あたり$1～3×10^{-3}$とされている．

**b．挿入突然変異**

突然変異の作製は，化学変異原処理のほかに，トランスポゾン，あるいはレトロウイルスベクターなどのゲノムへの挿入でも可能である．実際，マサチューセッツ工科大学のホプキンス（Nancy Hopkins）の研究室，あるいは国立遺伝学研究所の川上浩一らは，こうした手法により突然変異体の作製に成功した．挿入突然変異体作製法は，ENU処理に比べると突然変異の誘発効率は低いものの，得られた変異体については，挿入配列を利用することできわめて容易に原因遺伝子を同定できるという利点をもつ．

**2.1.3　3世代スクリーニング**

ENU処理した雄魚（$F_0$魚）各々に生じた突然変異は，以下のように，3世代にわたる交配によりスクリーニングする（図2.1）．まず，$F_0$親魚と野

生型雌魚の交配で得られた $F_1$ 魚をさらに野生型魚と交配させ（$F_1$ 魚同士も可能），得られた第2世代（$F_2$）の子孫胚集団（$F_2$ ファミリー；$F_1$ 世代1ペアより 60 〜 80 個体）を成熟させる．各 $F_1$ 魚は $F_0$ 魚の精巣内にある1つの精原細胞に由来しており，個体ごとに異なる様々な変異をゲノム中にもつが，これらの変異の各々が，対応する $F_2$ ファミリーの約半数の個体においてヘテロ接合体の状態で保有される．したがって，各 $F_2$ ファミリー内で兄妹交配すると，4ペア中1ペアの割合でヘテロ接合体同士の交配となる．この場合に得られる F3 子孫胚では，1/4 の確率でホモ接合体となるため，変異が劣性の場合でも表現型が出現すると期待される．

なお，1つの遺伝子に対して多数の突然変異が得られた際，元となった $F_0$ 魚（ファウンダー魚）の対応する DNA 配列と比較し，その変異が突然変異の結果として独立に生じたかを確認することがあるため，十分量の $F_1$ 魚を確保した上で各ファウンダー魚を凍結保存する．

突然変異系統の名称については，現行命名法が定められている（別表5参照）．ここでは，*no tail* (*ntl*) という突然変異について説明する．*ntl* の座位（locus）には，変異部位の違いにより異なる対立遺伝子（allele）が存在する．*ntl*$^{b160}$ は，*ntl* 座位の *b160* という対立遺伝子（をもつ系統）であることを意味する．"*b*" は，通常，その変異体が単離された研究機関に割り振られた記号，"*160*" はその機関で独自に付された番号を表す．なお，近年，原因遺伝子が判明している場合は，変異名は遺伝子名で置き換えられるようになっており，*ntl*$^{b160}$ の場合，*T, brachyury homolog a* (*ta*) と呼ばれる遺伝子に変異が生じていることから，*ta*$^{b160}$ と標記されている[*2-1]．

### 2.1.4 変異体系統の維持

一般に，発生異常変異体は劣性致死となることが多く，得られた系統の維持は，通常ヘテロ接合体の形で行う必要がある．この場合，ヘテロ接合体同士を交配すると，1/4 の胚はホモ接合体となるために死滅するが，残って成

---

[*2-1] 本書では，ゼブラフィッシュ研究者の間で定着している突然変異名については，原因遺伝子が判明している場合でもそのまま使うものとする．

■ 2章　ゼブラフィッシュにおける変異体作製

熟した成魚（3/4）について，1/3は完全な野生型（＋/＋），2/3はヘテロ接合体（＋/－）であると期待される．変異部位が特定されていない場合，下に述べるゲノタイピングでは変異体を特定できないため，ランダムに成魚を1：1で交配することになる（ペアメイティング）．たまたま子孫胚の1/4が表現型を示す場合，用いた両親はいずれもヘテロ接合体であると判定される．すでにヘテロ個体が同定されている場合，これとの交配を行うことで効率的に新たなヘテロ接合体の同定が可能である．

　変異部位が判明している場合，ゲノタイピングが可能となる．たとえば，変異部位の配列が制限酵素認識配列の一部の場合，成魚の尾びれの一部を切断した上[*2-2]，これより抽出したゲノムDNAを鋳型として変異部位を含む領域をPCRで増幅し，制限酵素で切断できるかにより変異の有無を判別する．

## 2.2　スクリーニングのストラテジー

　前述のように，変異原処理した魚の3世代目の子孫において，表現型が観察可能であるため，この段階で，様々なストラテジーによる変異体系統の探索（スクリーニング）が行われる．

　さて，$F_2$ファミリー内での交配は何ペアについて行うのが，生じた変異を効率的にスクリーニングする上で有効であろうか．$F_2$ファミリーが2匹の$F_1$魚同士の交配で得られた場合，このファミリーに含まれる突然変異は変異原処理ゲノム2セット分に由来する．$F_2$魚間の各兄妹交配で25％がホモ接合体となるため，$F_2$ファミリー内でスクリーンされるゲノムの実数は，

$$2 \times (1 - 0.75^n) \quad (n：F_2 ファミリー内での交配数)$$

となる．

　交配数を増やすと，より多くのゲノム内変異を同定できることになるが，実際は$F_2$ファミリーあたり6ペアの交配で十分（1.64ゲノム）であり，それ以上交配してもそれほど有効ではない（約0.1ゲノム／交配）．また，交

---

*2-2　成魚尾びれの先端から2/3程度を切断し，ゲノムDNAを精製する．尾びれは残った部分から約1週間で再生するため，魚のその後の繁殖，維持は可能である．

配1ペアあたり12個の$F_3$胚を観察することでホモ接合体の出現率は計算上96%に達するため，これが目安となる．表現型が観察された場合，さらに残りの$F_3$胚について検討することで，観察された表現型の遺伝がメンデルの分離の法則に合致するかが判断可能となる．

なお，実際に行われた変異体作製では，観察された異常の約2/3は全身的，あるいは頭部の細胞壊死，心臓の膨潤，体軸の屈曲，小眼，成長遅延などであった．これまで行われたスクリーニングでは，特異性がないという理由から，詳細な検討は行われていないことが多い．

### 2.2.1 顕微鏡観察による視覚的な形態スクリーニング

各$F_2$魚ペアより得られた胚について，目的に応じて特定発生段階で，実体顕微鏡などにより形態観察を行う．初期におけるテュービンゲン，ボストンでのスクリーニングで大規模に実施された．

### 2.2.2 特異的スクリーン

形態スクリーニングで同定されるのは，主として初期発生，ボディプラン，形態形成に関わる発生制御遺伝子である．現在ではこれに加え，遺伝子発現パターンを大規模 *in situ* hybridization や免疫染色で検討する，特定細胞，組織を蛍光タンパク質で標識した上で蛍光を指標に異常の有無を検討する，といった新たな視点からのスクリーニング，あるいは特定の遺伝子機能に着目したスクリーニングが一般的である．実際には，形態スクリーンと各種特異的スクリーンを組み合わせたスクリーニングが並行して行われる．

### 2.2.3 特殊な変異体スクリーニング

#### ① 対立遺伝子スクリーン（Allele Screens）

同一遺伝子について異なる変異体を同定することで，その遺伝子の多様な機能を分離して検討する，あるいは遺伝子機能を，全か無か，ではなく，異なる活性レベルで検討することが可能となる．そこで，同一座位（遺伝子）について，異なる変異体（対立遺伝子）を非相補性によりスクリーンすることが行われる（相補性テスト，後述）．この場合，すでに同定され，表現型の明らかな特定座位変異体を，新たに得られた$F_1$成魚と1対1で交配（ペアメイティング）し，子孫胚での表現型を検討することにより，新たな対立

■2章　ゼブラフィッシュにおける変異体作製

遺伝子系統を同定する．

### ② 優性変異スクリーン（Dominant Screen）

多くの変異は劣性であるが，優性でしかも生育可能なことがある．この場合，変異体は，$F_1$世代，または$F_1$魚を野生型魚と交配して得られる$F_2$ファミリー世代で見いだされるため，この時点で別に維持することになる．

## 2.3　特殊なストラテジーに基づくスクリーニング

以上の古典的3世代スクリーニングは，時間がかかる上に相当規模の飼育

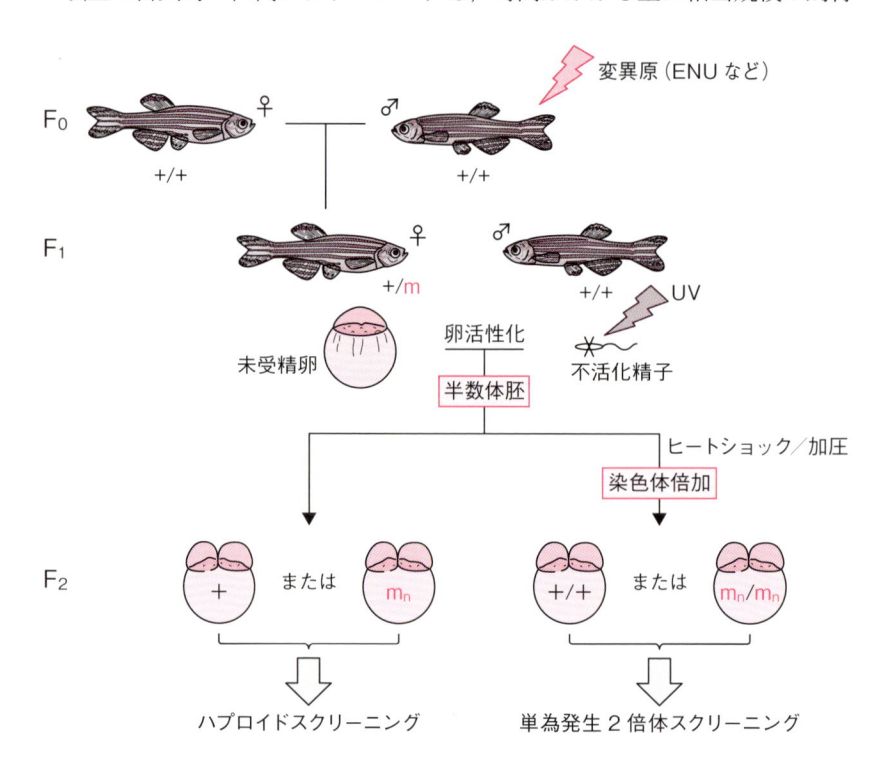

**図2.3　ハプロイドスクリーニングと単為発生2倍体スクリーニング**
変異原処理雄魚（$F_0$）と野生型雌魚の交配で得られる$F_1$雌魚の卵を，紫外線（UV）照射で不活化した精子により活性化する．このまま半数体（ハプロイド）として発生させる，あるいは活性化卵に加圧処理，ヒートショックを加えて2倍体とした上で発生させることにより，劣性変異について$F_2$世代でのスクリーニングが可能である．

設備とスクリーニング作業を必要とするため，場合によりハプロイドスクリーン，あるいは単為発生2倍体スクリーンとよばれる特殊な手法がとられることもある（図2.3）．

### 2.3.1 ハプロイドスクリーン

ハプロイドスクリーンの場合，変異原処理 $F_0$ 雄魚と野生型雌魚の交配で得られる $F_1$ 雌魚の卵を，紫外線（UV）照射により不活化した精子で活性化する．UV照射精子は，運動能と卵活性化能はもつものの，ゲノムが破壊されているため，活性化卵は以後，自らの半数体ゲノムのみで発生する．したがって，劣性変異の表現型がすでにこの $F_2$ 胚で観察可能である．

この方法は，2世代で変異が同定できる点が，時間や飼育規模の節約という点から大きな魅力である．ハプロイド胚は，特に変異をもたない場合でも，体長が短くてしかも太い上，脳，内耳，心臓などの発生が異常となり，最終的に5日程度で死滅するため，後期発生における発生異常変異のスクリーンには向いていない．しかし，初期発生の変異体作製では1つの重要な選択肢となる．

### 2.3.2 単為発生2倍体スクリーン

上述のように $F_1$ 雌魚由来の卵を活性化した上，ヒートショックまたは加圧（early pressure）処理を加えると，通常受精後に起きる第2減数分裂での染色体分離が阻害されるため，卵は強制的に2倍体となり，成体まで発生可能である（雌性発生）．この場合，突然変異はホモ接合体になるため，やはり $F_2$ 世代で劣性変異の同定が可能である．一方で，やはり発生異常が多く，成長したものも虚弱であるほか，加圧処理の場合は染色体の遠位部についてスクリーニング効率が悪いという欠点もあり，これらの特徴を踏まえておくことが必要となる．

### 2.3.3 母性変異体スクリーニング

カエルやゼブラフィッシュの場合，初期胚は卵に蓄積された遺伝情報（mRNA，タンパク質など）に依存して発生するため，初期の発生過程，たとえば受精，卵割，体軸の決定などは母性遺伝情報に支配される．また，その後の発生制御もある程度母性情報に依存すると予想される．実際，ショ

■ 2 章　ゼブラフィッシュにおける変異体作製

ウジョウバエや線虫での変異体スクリーニングにより，様々な初期発生制御遺伝子群が母性効果遺伝子として見いだされた．自家受精のできないショウジョウバエの場合，$F_2$ ファミリーより得られた $F_3$ 世代を成熟させ，得られた $F_3$ 雌魚の子孫胚（$F_4$）において，母性変異が同定された（4世代スクリーニング）．

脊椎動物の発生における母性遺伝情報の関わりを調べる上でも，変異体解析に優れたゼブラフィッシュが有用である．ゼブラフィッシュの場合，当初，前述した単為発生2倍体作製法が利用された．つまり，変異原処理により得られた $F_1$ 雌魚の活性化卵から雌性発生により $F_2$ 世代魚を作製し，これと野生型魚を交配することにより，母性突然変異のスクリーニングが行われている．しかし，この手法は，成果も得られたが，前述した単為発生2倍体作製の欠点を避けることができない．したがって，その後はむしろゼブラフィッシュでも4世代スクリーニングが採用されており，マリンス（Mary Mullins）ら，および近藤寿人，古谷 - 清木 誠らにより様々な変異体が同定されている．

## 2.4　原因遺伝子の同定：ポジショナルクローニング

発生異常変異が得られた場合，異常の起きた発生過程を制御する遺伝子が変異したと考えられるため，変異の原因遺伝子を同定することにより，発生現象を分子，遺伝子レベルで理解できると期待される．ゼブラフィッシュのような主要モデル生物の場合，ゲノム配列情報，EST[*2-3]，各種DNA多型マーカー，BAC/PACゲノムライブラリー[*2-4]などのリソースが充実している．さらに，ウェブ上でデータベースが整備された結果として（後述），連鎖解析による突然変異遺伝子のゲノム上の位置決定とそのクローニング（ポジショナルクローニング）が非常に容易となっている．

---

[*2-3]　mRNAを元に合成されたcDNAの末端配列を大規模に決定したもの．
[*2-4]　BAC（bacterial artificial chromosome）ベクターは大腸菌を宿主とするクローニングベクターであり，大腸菌に寄生するFプラスミドの複製系を利用する．一方，PAC（P1-derived artificial chromosome）ベクターはファージP1の複製系を利用したベクターである．いずれも最大約300 kbの断片をクローン化できる．

## 2.4 原因遺伝子の同定：ポジショナルクローニング

### 2.4.1 相補性テスト

いったん興味深い発生異常変異体が同定された場合，それが新奇の変異体か，それとも既知変異体の原因遺伝子で起きた新たな変異（対立遺伝子）かを確認する必要がある．データベースなどで既知の変異体を検索することになるが，もしも表現型が類似し，しかも連鎖解析（後述）で明らかになった座位が近接する場合，相補性テストが行われる．

この場合，新たに得た突然変異 $a$ と既知変異 $b$ を各々ヘテロでもつ魚個体を交配する（図2.4）．完全に連鎖しているとすると，得られた胚は，1/4の頻度で2重ヘテロ接合体となる．2つの変異が同じ遺伝子内にある場合，この遺伝子はいずれの相同染色体でも変異が起きているため，変異 $a$ および $b$

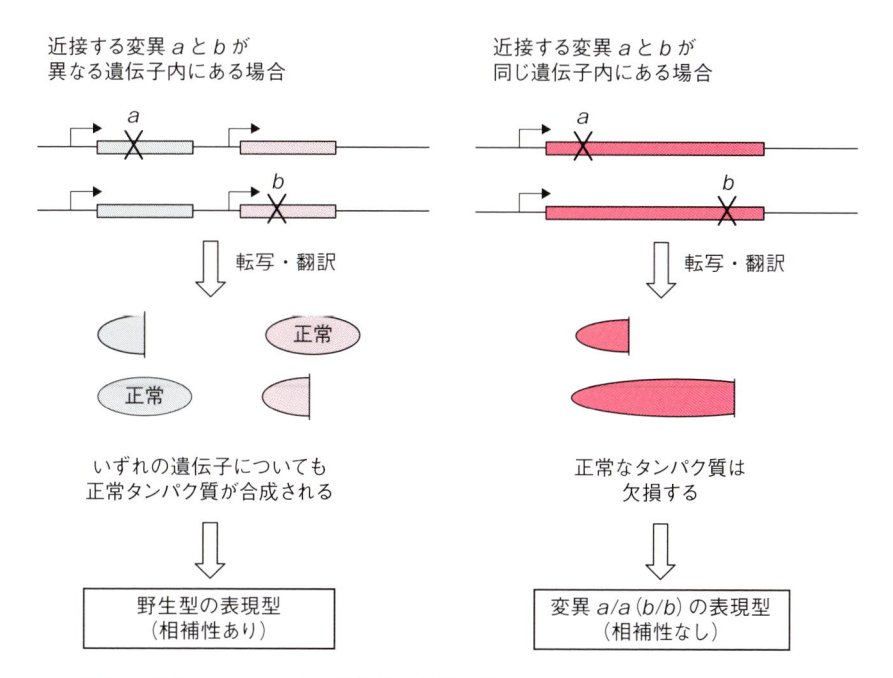

**図2.4　相補性テストによる遺伝的相補性の検討**
近接する2つの座位に生じた変異が異なる遺伝子内にある場合，1ゲノムに2コピーある遺伝子の1つから正常産物が生じるため，異常は生じない．しかし，2つの座位が同一遺伝子内の場合，いずれのコピーに由来する遺伝子産物も異常であり，表現型が観察される．上段四角：コード領域，右向き矢印：プロモーター．

に特有の表現型が生じる．しかし，変異が近接する2つの異なる遺伝子で起きている場合，いずれの遺伝子についてもヘテロの状態のため，表現型は観察されない．このような状況を，2つの変異が相補った（相補した）とする．これにより，複数の変異が同じ遺伝子で生じたのか，異なる遺伝子で生じたのかの区別が可能となる．なお，同じ遺伝子で生じた結果として相互に相補できない突然変異のグループを相補群（complementation group）とよぶ．

### 2.4.2　遺伝的地図と連鎖解析

　突然変異のゲノム上での位置を決定する際に，まず必要になるのが精細な染色体地図である．これは，各染色体上に遺伝的マーカーが高密度で位置づけられたものである．まず，変異をもつ個体と野生型個体を交配し，変異とマーカーが連鎖するかを検討し，連鎖する場合は組換え頻度を調べる．こうした一連の連鎖解析により，変異の分布する染色体，そして染色体上の位置を決定できる（遺伝学的マッピング）．

　マーカーとしては，既知遺伝子，既知突然変異，ESTなどのほか，各種DNA多型マーカーがある．多型マーカーとはゲノム上に多数存在する個体間のDNA配列上の相違であり，様々なものが知られる．これらは多くの場合，遺伝子間配列，イントロン，非翻訳領域に分布しており，遺伝子産物（タンパク質）の配列には影響しないため，機能が知られていないことが多い．しかし非常に高密度で分布するため，突然変異を高解像度で染色体上に位置づけることが可能となる．

　代表的な多型マーカーであるSSLP（Simple Sequence Length Polymorphism）マーカーはマイクロサテライトマーカーともよばれ，現在，ゼブラフィッシュ，メダカ，そして様々な生物で広く使われている．マイクロサテライトとは1〜7塩基という短い配列が反復したものであり，多くの生物のゲノムに散在するが，その反復数が特定の種の中でも個体・系統間で大きく異なることが知られる（マイクロサテライト多型）．脊椎動物で非常によく見られるマイクロサテライトは，dC-dAのくり返し（(dC-dA)$n$，CAリピート）である．この多型領域はマイクロサテライト領域をはさむプライマーを用いたPCRで増幅できるため（図2.5），アガロースゲルでの電気泳

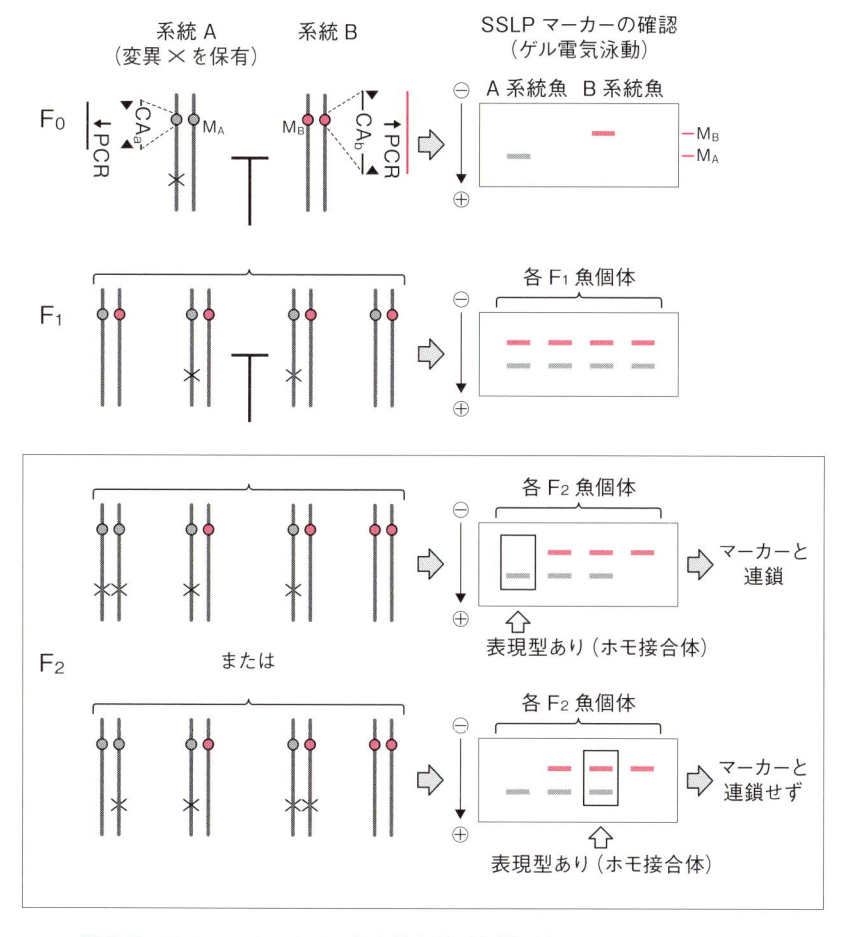

## 2.4 原因遺伝子の同定：ポジショナルクローニング

**図 2.5　SSLPマーカーを用いた突然変異の連鎖解析**

2つの系統AとBのゲノム（染色体）は，SSLPマーカー（灰色または赤の円）に由来するPCR産物のサイズが異なるため（各々$M_A$と$M_B$），ゲル電気泳動（右）により区別が可能である．突然変異（×）を保有するA系統魚と野生型のB系統魚を交配し，得られた$F_1$魚において，変異に関するヘテロ接合体を同定し，これら同士をさらに交配する．得られた$F_2$世代において，表現型を示すホモ接合体が本来のA系統由来染色体のみをもつのか（$F_2$，上），組換えが起きているのか（$F_2$，下），をSSLPにより検討することで，変異と特定SSLPマーカーの連鎖関係が判定できる．不完全連鎖の場合は，組換え率により遺伝的距離を決定する．

動により，異なる個体・系統に由来するゲノム配列を，PCR 産物のサイズの違いとして容易に区別することができる．

ゼブラフィッシュの場合，すでに 1999 年にフィッシュマン研究室にいた下田修義らにより 2000 個の SSLP マーカーが同定され，これまでに（2015年），7000 を超えるマーカーが登録されている．その分泌密度の高さ，そして検出の簡便さから，現在 SSLP によるマッピングが一般的であり，以下でその手順を説明する．

### 2.4.3　連鎖解析の実際
#### a.　原因遺伝子の位置する染色体の決定

マッピングに当たっては，まず変異が位置する染色体を決定する必要がある．ゼブラフィッシュのゲノムは 25 対の染色体からなるが，これらに分布する SSLP マーカーを 100 個程度選び（約 25 cM の間隔，cM については後述），これらと変異の間の連鎖の有無を BSA 法（Bulked Segregant Analysis）で検討する．

BSA 法の原理は，ある SSLP マーカー（M）が変異と連鎖する場合，変異をもつ系統（A）に特異的なマーカーアレル（$M_A$）の野生型系統（B）由来アレル（$M_B$）に対する相対的な出現頻度が，ホモ接合変異体プールでは野生型プールに比べて高くなることである（図 2.6）[*2-5]．

まず，ヘテロ接合変異体（A 系統）を野生型魚（B 系統）と交配し，得られた $F_1$ 子孫魚が成熟後，ヘテロ接合体を同定する（約 50 %）．これらは，変異についてヘテロであるとともに 2 本の相同染色体も各々異なる系統由来である．このヘテロ接合体同士でさらに交配すると，子孫胚（$F_2$）の約 25 % がメンデルの分離法則にしたがってホモ接合体，残りが野生型となる．

これらの胚を各々プールしてゲノム DNA を精製し，選んだ SSLP マーカーについて PCR 産物のサイズを検討する．変異とマーカーが連鎖していない場合，両プールで見られる 2 系統由来のマーカーアレルの相対的な分布は同

---

[*2-5]　アレル（allele）とは対立遺伝子のことであるが，ここでは便宜的に，同一座位の SSLP だが系統間でサイズが異なる場合において，各系統特有のサイズの SSLP マーカーを意味する．

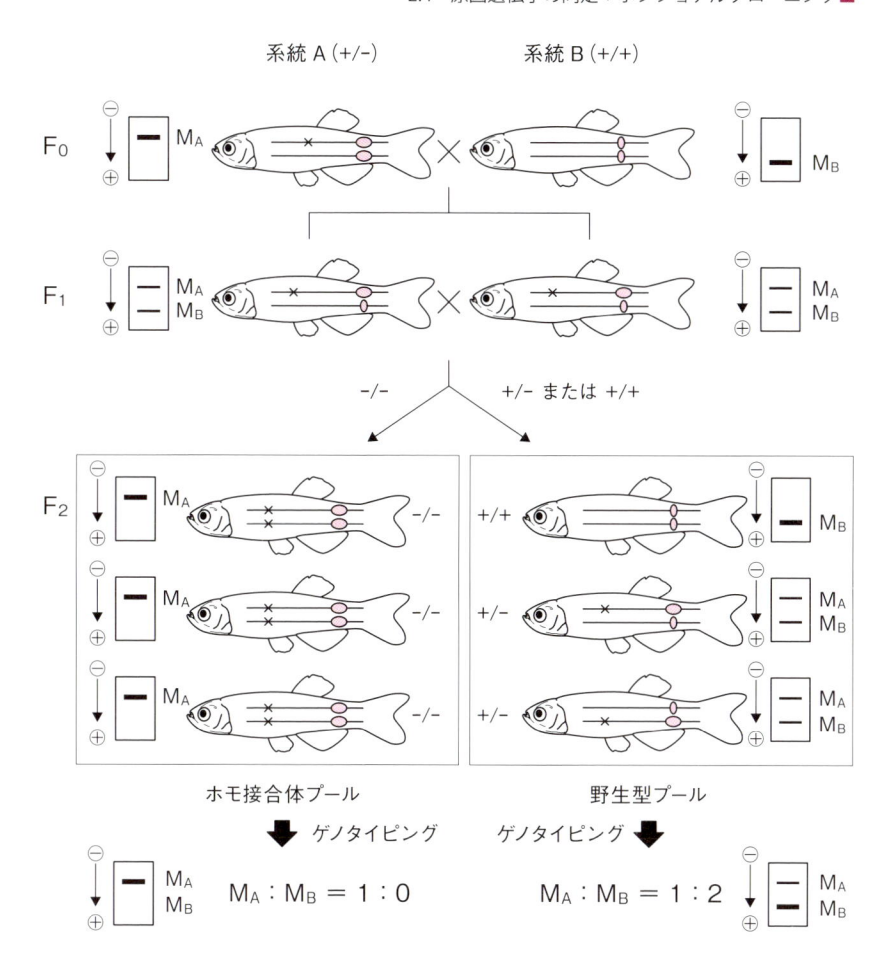

## 2.4 原因遺伝子の同定：ポジショナルクローニング

#### 図 2.6 BSA 法による連鎖マーカーの同定

突然変異をヘテロで保有する A 系統魚（+/−）と野生型 B 系統魚（+/+）を交配して得られる $F_1$ 魚は，A 系統の SSLP マーカー（$M_A$）と B 系統マーカー（$M_B$）をヘテロで保有する．$F_1$ 魚の半分を占める突然変異ヘテロ接合体（+/−）同士を交配し，得られるホモ接合体胚（−/−）と野生型胚（+/+ と +/− を含む）をプールした上，各々よりゲノム DNA を抽出し，SSLP マーカーを PCR とゲル電気泳動で検討する．変異と SSLP マーカーが完全連鎖する場合,図のようにホモ胚プールではすべて $M_A$ となるのに対し，野生型胚プールでは $M_B$ マーカーが多くなる．不完全連鎖でもホモ接合体胚プールでは $M_A$ が主成分になる．一方，連鎖しない場合，いずれのプールでも $M_A$ と $M_B$ の量比は 1:1 となる．これにより連鎖マーカーの同定が可能である．

■2章　ゼブラフィッシュにおける変異体作製

じである．これに対し，完全連鎖する場合，ホモ接合体プールのゲノムは変異体系統由来のマーカーアレル（$M_A$）のみ，野生型プールは両系統由来アレル（$M_A$と$M_B$）を含むはずである．多くの場合は不完全連鎖であり，ホモ接合体プールでも変異体系統由来アレルのみとはならないが，この場合も変異体系統由来アレルが主成分となることで判別可能である．

BSA法によりいったん連鎖するマーカーが判明した場合，変異の位置する染色体のみならず，その内部での座位がある程度特定できるため，さらに精細なマッピングが可能となる．

### b. 染色体上での変異遺伝子の位置決定

変異の存在する染色体，そして染色体内座位が大雑把に推定されたならば，その座位周辺に位置するSSLPマーカーをデータベースで検討する（別表4）．一方，当該変異のヘテロ接合体を，変異導入系統と異なる系統の野生型魚個体と交配し，子孫を生育させる（$F_1$）．この場合，2つの系統間では多くの多型が知られていることが望ましい．なお，得られた$F_1$魚では，各相同染色体対が各々異なる系統由来となるはずである．

得られた$F_1$成熟魚間で交配を行い，子孫でホモ接合体が見られるかにより$F_1$ヘテロ接合体を同定する（図2.5）．同定されたヘテロ接合体間の交配で得られた$F_2$子孫胚について，表現型を判別した上で個別にゲノムを抽出し，SSLPマーカー領域をPCRで増幅してゲル電気泳動での分離パターンを検討する．

マーカーと変異の間で減数分裂時に組換えがない，つまり完全に連鎖している場合，すべての$F_2$ホモ接合体胚で変異体のベースとなった系統に由来するPCR産物が見られるのに対し，野生型胚では，もう1つの系統由来PCR産物，または両系統由来PCR産物が生じる．この場合，変異はこのマーカーのきわめて近傍にあることになり，位置がほぼ特定できたことになる．しかし，変異とマーカーのゲノム上の距離が大きくなるにつれ，その距離に応じた頻度で減数分裂時に組換えが起きるため，SSLPマーカーとホモ接合体の連鎖は不完全となる．

ショウジョウバエを用いたモーガン（Thomas H. Morgan）の研究でよ

く知られるように，両者の間で見られる組換えの頻度（組換え率；1%が1 centimorgan/cM）[*2-6]が，両者の間の遺伝的距離を表す．原因遺伝子座位の近傍では，遺伝的距離は物理的距離に比例するため（ゼブラフィッシュの場合，1 cMは約600 kb），多数のSSLPマーカーとの組換え率を求めることで，突然変異の染色体上での位置が決定される．当然ながら，解析する$F_2$子孫胚の個体数が多いほど解像度が高くなるため，原因遺伝子の高解像度での位置決定のためには，数百個体から1000個体以上を用いることになる．

なお，既知のSSLPマーカーに変異と近接したものが見つからない場合，ゲノムの近傍領域において，マイクロサテライトをゲノムデータベースで同定する．これらの中で，PCR増幅断片が系統間で多型を示すものを連鎖解析に用いることにより，高精度のマッピングが可能である．

### 2.4.4 原因遺伝子の特定と確認

連鎖解析により変異の座位がある程度絞り込まれると，以下に述べる様々な方法を組み合わせることにより，原因遺伝子の特定が可能である．

#### a. 染色体ウォーキング

密接に連鎖する遺伝的マーカーが同定された場合，このマーカーを含むゲノム上の位置はゲノムデータベース（Ensembl）により決定できる．現在ゼブラフィッシュでも他の主要モデル生物と同様，ほぼ全ゲノム領域がBACまたはPACベクターを用いたゲノムクローンによりカバーされている（図2.7）．したがって，連鎖マーカーを起点に相互に重複のある複数個のBAC/PACクローン（コンティグ）を同定し，これを入手して以下の解析を行う．

なお，ゲノムリソースが不十分だった時代は，マーカーを含むゲノムDNAクローンを単離後，その末端と相同なゲノムクローンをハイブリダイゼーションにより新たに単離するという操作をくり返し，いわばゲノム上を「歩く（walk）」ことで問題となる変異部分をクローン化していた（染色体ウォーキング，chromosome walking）．しかし，現在はほとんどの場合，上述した*in silico*ウォーキングで十分である．

---

[*2-6] 連鎖した遺伝子間で組換えを起こした配偶子の割合．

■2章 ゼブラフィッシュにおける変異体作製

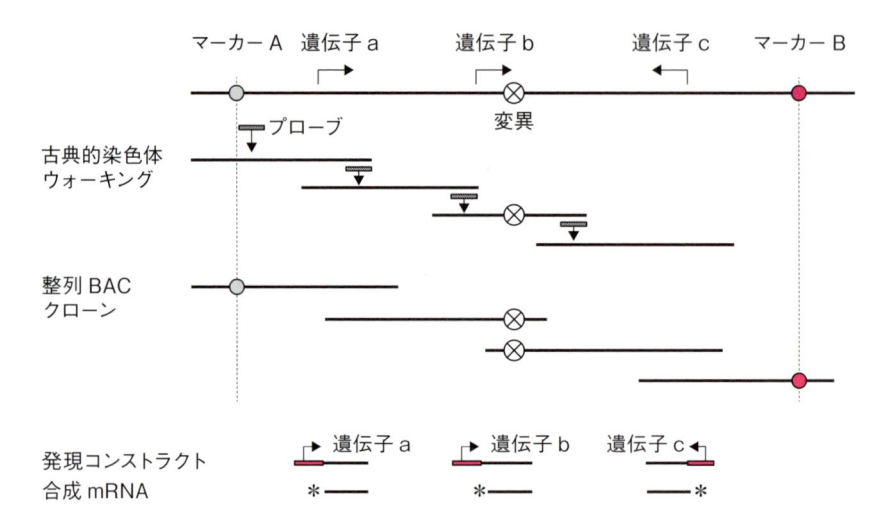

**図2.7 突然変異の起きた遺伝子のポジショナルクローニング**
注目する突然変異に密接に連鎖するマーカーが特定された場合，その周辺に存在する遺伝子から原因遺伝子の同定，クローニングが可能となる．以前は，連鎖マーカー周辺の配列をプローブ（灰色四角）としてハイブリダイゼーションを行うことで，ゲノムライブラリーから対応するゲノムクローンを同定し，さらに変異のある方向にあるゲノムクローンを，新たなハイブリダイゼーションで順次同定することが行われた（古典的染色体ウォーキング）．しかし現在，ゼブラフィッシュでは，ほぼ全ゲノム領域が，互いに重なりをもつ多数のBACクローンでカバーされており（整列クローン・コンティグ），連鎖マーカーを手がかりとして原因遺伝子を含む可能性のあるBACクローンを入手可能である．これらのクローンDNAを実際に変異体胚に導入し，レスキューが起きればこのクローンが原因遺伝子を含むと推定される．この場合，このクローン内に存在する，あるいは予想される遺伝子が原因遺伝子の候補であり，個別に，強力なプロモーター（赤四角）につないだ人工遺伝子，あるいは合成mRNAを準備し，変異体胚に顕微注入して強制発現させることで，レスキューが起きるかの検討が行われる．＊：合成mRNAのcap構造．

### b. レスキュー

　変異の原因遺伝子を含むBAC/PACゲノムクローンのDNAには，原因遺伝子の発現調節領域も含まれると考えられるため，胚に導入すると遺伝子は正常に発現すると期待される．そこで，このBAC/PACクローンDNAを精製して変異体胚に顕微注入し，表現型を検討する（図2.7）．
　表現型が消失，あるいは軽減した場合をレスキューされたといい，そのク

ローン内には原因遺伝子が含まれると考えられる．なお，下述するように，候補遺伝子アプローチにおいても個別遺伝子の強制発現を行い，レスキューが起きるかを見ることで原因遺伝子の特定が行われる．

### c. 候補遺伝子アプローチ

現在は多くのモデル生物で全ゲノム配列がほぼ決定され，既知遺伝子との対応，そして未知遺伝子の予想が行われている．ゼブラフィッシュの場合，連鎖マーカーの座位周辺に分布する遺伝子を，突然変異の原因遺伝子候補として Ensembl ゲノムデータベース（別表4）により選び出すことになる．その際対象とするゲノム上の範囲は，連鎖マーカーとの組換え率により判断する．これらの候補遺伝子について，さらに様々な方法で検討を進め，この中から原因遺伝子の絞り込みを行う．

候補遺伝子が多数ある場合，各々について，cDNA を野生型とホモ接合体から増幅し，塩基配列を比較する．原因遺伝子である場合，アミノ酸置換，フレームシフト，停止コドンの出現が予想される．発現異常が変異の原因となることもあるため，*in situ* hybridization，逆転写 PCR（RT-PCR 法）[\*2-7] などにより，変異体胚での発現を野生型胚と比較，検討する．

また，予想遺伝子について，アンチセンスモルフォリノオリゴによる翻訳阻害や人工ヌクレアーゼによる遺伝子破壊を行い（3章を参照），突然変異の表現型を再現するかを検討する．さらに，正常遺伝子の mRNA，あるいは発現プラスミドを導入することで，変異体の表現型を正常に復帰させることができれば（レスキュー），原因遺伝子であることの重要な根拠となる．

実際にはこれらすべての方法が可能とは限らず，必要に応じて適切な検討法を用いる必要がある．

### d. 挿入突然変異の原因遺伝子同定

突然変異がトランスポゾンやレトロウイルスベクターなどのゲノムへの挿

---

[\*2-7] 組織より RNA を抽出し，これより逆転写反応を用いて合成した cDNA を鋳型として，特定配列を PCR で増幅すること．ここでは，これを応用して特定遺伝子の mRNA 発現を高感度で検出，定量する技術をいう．

■ 2章　ゼブラフィッシュにおける変異体作製

入による場合，挿入配列を利用することで，きわめて容易に原因遺伝子を同定することが可能である．通常は，変異体ゲノム DNA について，挿入配列内に逆向きに設計したプライマーを用いてインバース PCR[*2-8] を行い，増幅 DNA の配列を決定する．この場合，増幅 DNA は周辺ゲノム DNA を含むため，その配列で挿入部分を知ることができる．

## 2.5　表現型解析－遺伝子機能の検討－

### 2.5.1　表現型の出現頻度

発生異常変異体は多くの場合，劣性致死であるため，ヘテロ接合体として維持することになる．実験に際してはヘテロ接合体同士を交配するが，メンデルの分離法則に従い，子孫個体の約 1/4 がホモ接合体として表現型を示すと期待される．実際に発生異常がこの頻度で観察される場合，この異常が変異に由来する表現型と推定される．ただし，最終的には前述したゲノタイピングで突然変異の有無を確認することが望ましい．

なお，表現型の出現頻度が 1/4 を下回ることがあるが，これはホモ接合体の一部のみ表現型を示す場合に起きる．ホモ接合体で表現型がみられる割合を浸透度（penetrance）とよぶが，これは突然変異の性質，そして魚の系統に依存する．

### 2.5.2　機能の重複した複数遺伝子の機能解析

ある遺伝子と機能の重複する遺伝子が別にある場合，単独の変異では表現型の一部が隠れて見えない．この問題は，無脊椎動物から進化する段階で全ゲノム重複が 2 回起きたとされる脊椎動物で起こりがちであるが，ゼブラフィッシュを含む真骨魚類では，他の脊椎動物からの分岐後にさらに一回全ゲノム重複（R3）が起きており（図 1.4），特に慎重に検討する必要がある．

このような場合，機能の重複した 2 つの遺伝子に別個に生じた変異につい

---

[*2-8]　ゲノム内にある特定 DNA 領域の周辺配列を解析する方法の 1 つ．ゲノム DNA を制限酵素で切断後，ライゲーションにより環状にした上，既知配列を起点として反対方向にデザインしたプライマーペアにより，環状化 DNA 全体を PCR で増幅する．この PCR 産物を解析することで周辺配列が決定できる．

て2重ヘテロ接合体を作製し，これら同士を交配することで，1/16の頻度で出現すると予想される2重ホモ接合体を解析する必要がある．検討すべき遺伝子が3個以上になると，この方法は困難となるが，ゼブラフィッシュの場合は後述するモルフォリノでのノックダウンや人工ヌクレアーゼによる遺伝子破壊が非常に効率的であるため，これらと突然変異体の併用も行われる．

### 2.5.3 遺伝子相互作用の解析

遺伝学の強みは，異なる遺伝子間の機能的な相互作用をみることができる点にある．この目的で，異なる2つの変異（$a$と$b$）についての2重ヘテロ

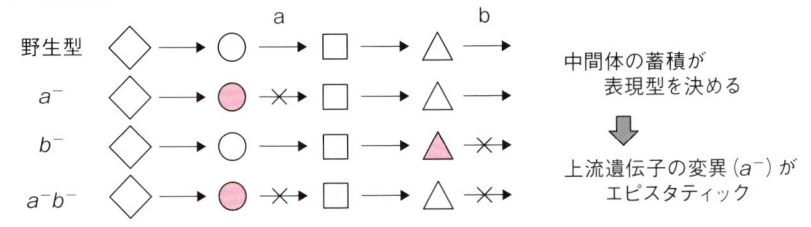

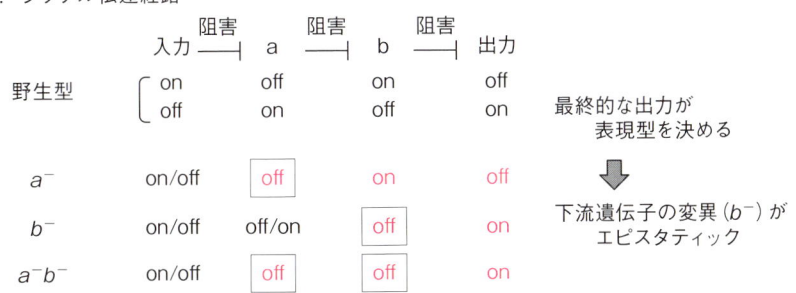

**図2.8 突然変異に関するエピスタシス解析**

2つの異なる突然変異についての2重ホモ変異体（ここでは$a^-$，$b^-$で示す）において，一方の変異の表現型のみが見られる場合（エピスタシス），対応する原因遺伝子は同じ経路で働くと推定される．特定代謝経路上の遺伝子欠損のように，変異体の表現型が経路上の反応中間産物の蓄積による場合（赤丸，赤三角），上流で働く遺伝子の変異に由来する表現型が見られる．一方，シグナル伝達の結果としての最終的なオン・オフが表現型につながる場合，下流遺伝子の変異による表現型が観察される．転写因子，成長因子などの発生制御遺伝子の場合，後者に相当することが多い．（桂，1997より改変）

接合体同士で交配することにより，2重ホモ変異体の作製が行われる（エピスタシス解析）．2つの変異の表現型が異なり，2重変異体で一方（たとえば変異 a）の表現型のみが観察される場合，この現象をエピスタシスとよび，変異 a は変異 b に対し，エピスタティックであるとする（図 2.8）．

この場合，2つの変異の原因遺伝子は，複数の遺伝子が構成する1つの遺伝子制御経路の中に位置づけられる．どちらが経路の中で上流，あるいは下流であるかは遺伝子経路の性質にもよるが，多くの発生制御遺伝子のように，シグナル伝達経路，あるいは転写調節カスケードを構成する場合，アウトプットを決定する最終遺伝子産物の働きが問題になるため，エピスタティックな遺伝子が下流であることが多い．

また，ある発生制御遺伝子の mRNA や発現プラスミドを導入することで，変異体が正常に復帰した場合（レスキュー），強制発現させた遺伝子は，原因遺伝子そのものであるか，原因遺伝子と同じ遺伝子制御経路を構成し，しかもその下流に位置する可能性が高い．

## 2.6 ゼブラフィッシュ順遺伝学の課題

ゼブラフィッシュの大規模変異体スクリーニングはすでに多くの成果を挙げてきている．得られた変異体は多くの場合，公共のリソースセンター（別表 4），あるいは研究者から直接入手可能であり，脊椎動物における発生，そしてその他の生体機能の制御に関する遺伝学的解析において，貴重なリソースとなっている．しかしその一方で，突然変異作製はまだ飽和に達していない．従来の形態異常に基づいた変異体スクリーニングに限界があるのは明らかであり，今後は，特定の発生過程やその他の生体制御に関わる変異体の同定を，新たなスクリーニング戦略により推進することが必要であろう．

なお，順遺伝学手法と逆遺伝学手法の中間にあるものとして TILLING 法があり，化学変異原処理魚から特定遺伝子の破壊された変異体魚を系統的に同定することが可能となっている．さらに，TALEN 法，CRISPR/Cas 法とよばれる遺伝子ノックアウト法が近年めざましい発達を遂げつつあり，これらについては次章で詳述したい．

# 3章 様々な発生遺伝学的研究手法

　順遺伝学研究におけるゼブラフィッシュのアドバンテージは，洗練された各種逆遺伝学的手法の充実によりさらに際だったものとなっている．ここでは，ゼブラフィッシュでの基本的胚操作技術，高効率遺伝子導入などの遺伝子操作技術，遺伝子強制発現・機能阻害などの遺伝子機能操作法，そして現在現実的となりつつある各種ゲノム編集について紹介する．また，透明なゼブラフィッシュ胚の特性を生かした個体レベルの細胞・組織イメージング法，光遺伝学的手法などについても言及したい．

## 3.1　基本的な胚操作技術

### 3.1.1　胚への顕微注入

　受精卵への顕微注入については研究室ごとに方法が異なるので，ここでは著者の研究室で用いる比較的シンプルな方法を紹介したい．必要になるのは透過型照明のついた実体顕微鏡 (倍率；×10～×20)，マイクロマニピュレーター，キャピラリーホルダー，テフロンチューブ，注射筒，魚胚固定用の透明アクリル板などである (図3.1A)．

　注入用のキャピラリーについては，外径1 mm，内径0.9 mmの無芯ガラス管 (Narishige，G-1など) をニードルプラーで引いた上，先端を実体顕微鏡で見ながらカミソリなどで切断する (外径10～20 μm)．この際，切断面を斜めにして先端の形状をくさび状にすることで注入が容易となる[*3-1]．一方で，キャピラリーホルダーにはテフロンチューブをつなぎ，その先にはディスポーザブルのプラスチック注射筒を装着する．ホルダー自体はXYZ軸に

---

[*3-1] キャピラリー先端部の形状は安定した注入のためには重要であり，マイクロフォージ，研磨器などを用いるとよいが，慣れると本文の方法でも十分であることが多い．

■ 3 章　様々な発生遺伝学的研究手法

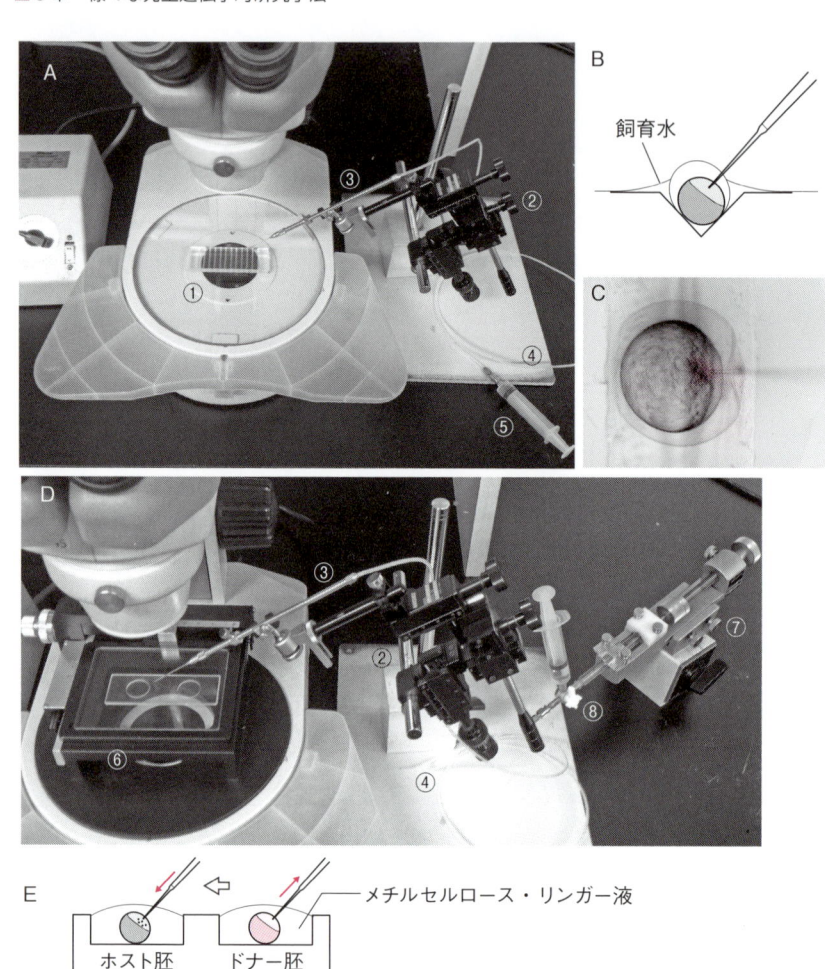

**図 3.1　ゼブラフィッシュでの胚操作**
A：顕微注入システム．実体顕微鏡下において，溝のあるアクリル板上（①）に配置した胚に，マイクロマニピュレーター（②），キャピラリーを装着したキャピラリーホルダー（③），テフロンチューブ（④），注射筒（⑤）を用いて試料液を胚に注入する．B：受精卵への試料液の注入．図では細胞質に注入しているが，卵黄に注入することも可能．C：実際に細胞質に試料液を注入されつつある受精卵．D：細胞移植システム．ドナー胚およびホスト胚を入れたホールスライドグラスを XY 移動ステージ（⑥）上に準備する．液の出し入れが必要なため，マイクロインジェクター（⑦）とテフロンチューブ（④）の間には三方コック（⑧）が必要である．E：この例では，右の蛍光標識した胞胚（ドナー）の胚盤より細胞を抜き取り，左のホスト胚の胚盤に移植している．

沿って操作可能なマイクロマニピュレーターに固定し，水平面から 30 〜 40 度の角度となるように調整する．

　注入時に魚胚の位置を固定するためには，V 字状溝（幅 1 mm，深さ 0.5 mm）を 5 mm 間隔で表面に彫った透明アクリル板（厚さ 5 mm）を準備し，直径 10 cm 程度のプラスチック培養皿に入れる（胚懸濁液が以下であふれる心配がない場合省略可）．注入する受精卵は飼育水，あるいは 1/3 リンガー液に懸濁した上，アクリル板の溝にピペットを使って流し込む．卵の向きをガラスキャピラリーや柄付き針などで整えながら，液を卵がわずかに浸る程度まで除去し，卵の位置を固定する．この際，卵細胞質が注入用キャピラリーの方向に位置するように卵の向きを調整する（図 3.1B）．

　キャピラリーの後端から，細く曳いたチップを用いてピペッターで試料液を注入し（1 〜 3 μL），ホルダーに装着する（ホルダーに装着後，キャピラリーの先端から試料液を吸引することも可能）．注射器のピストンを軽く押し，先端から試料液が徐々に放出される状態とする．マニピュレーターを操作してキャピラリー先端を受精卵に細胞質側から接近させ，卵殻，細胞膜を突き破るように素早く割球の細胞質に挿入する（図 3.1C）．加圧されているために試料液は通常ただちに注入されるが，必要があれば液が出始めるまでピストンをさらに軽く押す．試料液は屈折率の違いにより細胞質と識別可能であり，液滴が一定のサイズ（直径が卵細胞質の 1/3 〜 1/5）に達したら素早く引き抜く（注入体積：500 nL から 3 μL）．試料の液滴サイズが一定になるよう習熟することが安定したデータを得る上で重要である[*3-2]．

　注入胚は，通常飼育水でそのまま培養可能であるが，必要に応じて 1/3 リンガー液などの胚飼育液（別表 3）を用い，さらに抗生物質[*3-3]を加える．なお，注入のダメージなどで死亡する胚，未受精卵については当日中に除去し，水質が悪くならないように注意する．

---

[*3-2] 電動マイクロインジェクターを用い，あらかじめ時間と圧力を設定することによって，試料液を正確かつ迅速に胚に注入することが可能である．

[*3-3] よく使われるのは，50 単位 /mL ペニシリンと 50 μg/mL ストレプトマイシン，または 10 μg/mL ゲンタマイシンである．

■3章　様々な発生遺伝学的研究手法

ゼブラフィッシュ胚の場合，8細胞期頃まで割球と卵黄細胞の細胞質がつながっているため，mRNAあるいはモルフォリノオリゴの場合は卵黄部分に注入することも可能である．ただし，細胞質，卵黄部のいずれに注入するかは目的にもよるが，統一すべきであろう．導入時期についても，8細胞期前後まで割球への注入は比較的容易であるが，安定した結果を得るためには導入時期をある範囲に限定する．なお，卵黄細胞は導入遺伝子を強く発現する傾向があり，DNAの注入に関しては原則細胞質に限定すべきである．

### 3.1.2 　胚細胞移植

19世紀末から20世紀初頭のルー（Wilhelm Roux），シュペーマン（Hans Spemann）の研究以来，胚細胞・組織の移植は発生生物学の有力な研究手法であり，ゼブラフィッシュにおいても胚操作は広く用いられている．

基本的な細胞移植について以下に述べるが，実際の実験では目的に合わせてさらに方法を検討する必要がある．移植が容易なのは高胚盤期から球形胚期までの胞胚である．まず，受精卵の段階でドナー胚にはローダミンデキストランなどの蛍光色素をトレーサーとして注入する[3-4]．移植に先立ち，ドナー胚，ホスト胚ともに卵殻をプロナーゼ処理により除去し[3-5]，1/3リンガー液中で培養する．一方，手動マイクロインジェクターを準備し（Narishige, IM-5B, IM-6など，図3.1D），三方活栓を通して注射器でインジェクターとチューブの内部に蒸留水を充填する．また，事前に用意した移植用キャピラリー[3-6]をホルダーに固定し，さらにマイクロマニピュレーターに装着する．

---

[3-4] 色素としては通常蛍光色素が用いられる．たとえば，5%テトラメチルローダミンデキストラン（分子量10,000）液を0.2 M KClで調製後，ポアサイズ20 μmのフィルターに通した上で用いる．

[3-5] 卵殻除去：培養用ディッシュの底に加熱して溶かした1%アガロース・1/3リンガー液を薄く流し込み，冷却して固める．これに胚を移し，飼育水を1/3リンガー液に置き替え，1 mg/mLプロナーゼ処理により除殻する．この胚を1/3リンガー液で数回洗浄した後，同様の培養液中でさらに培養する．なお，除殻胚は機械的に脆弱であるので扱いには十分気をつける．

[3-6] 移植用キャピラリー：ニードルプラーで引いた後，実体顕微鏡で見ながら先端部を斜めに切断する．液体の注入用よりも外径をやや大きくするが，吸入時に細胞が解離する程度の細さが望ましい．

移植に際しては，2穴ホールスライドグラスの左右の穴に少量の3%メチルセルロース・1/3リンガー液を加え，各々に胚を移す（一方の穴にはドナー胚を1個，他方の穴にはホスト胚を3〜5個）．これを実体顕微鏡のステージ（必要な場合，XY軸移動ステージを用いる）に載せた上，検鏡しながら胚の向きを丁寧に整える．マイクロマニピュレーターによりキャピラリーをドナー胚の胚盤に挿入し，シリンジの圧力調節ネジで陰圧にしてゆっくり細胞を吸入した上，ねじを戻して吸入を止める．引きつづいてこのキャピラリーをホスト胚の胚盤に挿入し，ネジ操作で加圧して細胞を注入する（図3.1E）．一度の操作で，1個のドナー胚から3〜5個のホスト胚に連続的に移植可能である．

　移植したホスト胚は，アガロースを敷いた新しいディッシュにおいて，1/3リンガー液中で培養する．なお，以上の操作で用いるリンガー液には原則抗生物質を入れる．

## 3.2　個体レベルでの遺伝子操作

　特定遺伝子の動物発生における機能を胚個体で調べる上では，遺伝子を胚に導入して強制的に発現させ，その発生に対する効果を検討することが不可欠となる．ゼブラフィッシュ胚は，目的に適した多様な遺伝子導入法が利用可能であり，導入遺伝子の効果を，多検体について効率的かつ詳細に検討することが容易である（図3.2）．

### 3.2.1　遺伝子導入法

#### a.　プラスミド注入法

　もっとも単純な方法としては，発現すべき遺伝子にエンハンサーやプロモーター，poly A付加配列など，転写やmRNAの安定化に必要なDNA領域が連結された人工遺伝子を，プラスミドをベースとして作製し（プラスミドコンストラクト），受精卵に顕微注入する（図3.2A）[*3-7]．これにより，導入遺伝子は胚において，中期胞胚変移以降，エンハンサーなどの特性に応じて発現することになる．

---

*3-7　DNAは細胞への毒性が大きいため，1胚あたり20〜30 pg程度以下に抑える必要がある．

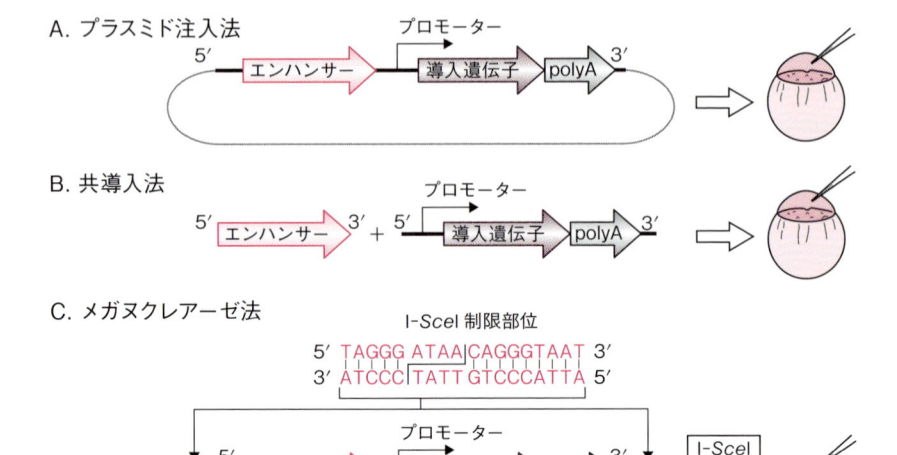

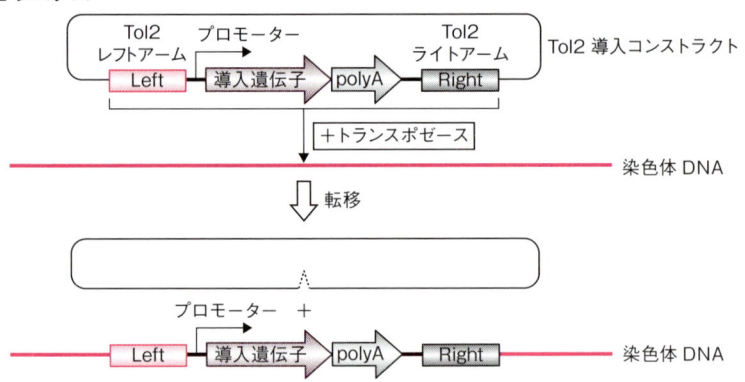

**図 3.2　ゼブラフィッシュ胚における遺伝子導入法**
　A：プラスミド注入法．プロモーター，エンハンサーなどの転写調節領域をつないだ人工遺伝子（コンストラクト）をプラスミドベクター上で構築し，プラスミド DNA として，あるいはバックボーン領域（グレー線）を除いた上で胚に導入する．
　B：共導入法．遺伝子にプロモーターをつなぎ，この DNA 断片と転写活性化領域（エンハンサー）DNA との混合液を胚に導入する．煩雑なコンストラクト作製が不要であり，多数のエンハンサーについての機能検討に適する．
　C：メガヌクレアーゼ法．メガヌクレアーゼ I-*Sce*I の認識配列を遺伝子の上流と下流に導入し，I-*Sce*I 酵素とともに胚に導入することにより，遺伝子は高効率でゲノムに導入される．
　D：Tol2 法．トランスポゾン Tol2 の左右のアームにはさまれた遺伝子は，トランスポゼース存在下において，高効率で染色体 DNA に転移する．

## 3.2 個体レベルでの遺伝子操作

導入遺伝子が胚の生殖細胞ゲノムに取り込まれると，交配により得られる次世代個体では，全細胞への遺伝子導入とその安定した発現が実現する（図3.3B）．

こうしたコンストラクト導入により，レポーター遺伝子を利用した胚個体での転写制御機構の研究，あるいは遺伝子強制発現の発生に対する効果の検討が可能である．速やかに，しかも多数の胚を用いて結果を得ることができるところがゼブラフィッシュの利点であるが，導入胚で見られる発現は後述するようにモザイクであり，さらに非特異的発現を排除することがむずかしいことに注意が必要である（図3.3D）．

なお，プラスミドコンストラクトDNAは，環状のままでも，制限酵素で直鎖にしても発現するが，レポーターアッセイ，あるいは遺伝子強制発現実験において，異なるコンストラクトの発現や効果を比較する場合，導入DNAの形状を統一すべきである．

### b．共導入法

本来，遺伝子の転写は同じDNA上にある *cis*-element（プロモーター，エンハンサーなど）により制御されるため，前述のように，必要DNA領域を遺伝子本体につないだ人工遺伝子が作製される．しかし，エンハンサー活性をもつ配列をゲノム上で広範に探索する場合，あるいは同定済み転写調節領域による転写調節機構を詳細に解析する際，各々，多数のゲノムDNA領域，様々な改変を加えた多様な転写調節DNAについて，個別に人工遺伝子を作製することになり，大変な労力と時間を必要とする．

おもしろいことに，少なくともゼブラフィッシュの場合，エンハンサーなどのDNAを，プロモーターをつないだレポーター遺伝子（プロモーター・レポーター）と混合した状態で胚に顕微注入（共導入，co-injection）すると，レポーター遺伝子の発現はエンハンサーの活性を反映することが知られている（図3.2B，図3.3C）．これは，ゼブラフィッシュ卵内で，共導入されたエンハンサーDNAとプロモーター・レポーターDNAが内在DNAリガーゼにより結合するため，そしてエンハンサーは一般的に遺伝子に対して向きや距離に依存せずに働くためであると考えられる．

したがって，検討すべきDNAを制限断片として，あるいはPCR増幅断

71

片として調製した上で，適切なプロモーターを連結したレポーター遺伝子（GFP遺伝子など）とともに胚に共導入することにより，DNA配列の転写調節能を効率よく検討することが可能となる．エンハンサー活性を高感度で検出するためには，レポーター遺伝子周辺でのエンハンサーのコピー数を多めにすることが望ましく，エンハンサー断片：プロモーター・レポーター遺伝子断片のモル比は3倍以上とする．なお，この場合も生殖系列への導入と次世代での安定した発現は可能である．

### c. 新たに開発された高効率遺伝子導入法

遺伝子導入魚の作製効率は，実験・研究の推進，そして飼育規模の限界からも重要な問題であるが，プラスミド注入による生殖系列への導入効率は通常2〜5%程度にすぎない．この効率を上昇させるために様々な方法が開発されており，現在広く使われている方法を以下に紹介する．

#### ①メガヌクレアーゼの利用

メガヌクレアーゼ法とは，出芽酵母（*Saccharomyces cerevisiae*）由来のメガヌクレアーゼ I-*Sce*I を利用するものである．この酵素は18塩基の特定配列を切断するエンドヌクレアーゼである．この酵素の認識配列を導入すべきDNAの両端に逆向きに挿入した上，I-*Sce*I 酵素と混合して卵に導入する（図3.2C）．この手法はもともとメダカで開発されたものであり，メカニズムは明らかとなっていないが，これにより生殖系列への導入効率が向上するのみならず，導入メダカ胚での発現モザイク性も低くなる．ゼブラフィッシュの場合もこの手法により生殖系列への導入効率が40%以上に向上するとされるが，導入胚でのモザイク性の低減効果については，メダカと異なり一致した結果は得られていない．

#### ②トランスポゾンベクター

トランスポゾンを用いた遺伝子導入法は，すでにショウジョウバエでの発生遺伝学において，必須かつ強力な武器ともなっている（P因子）[*3-8]．この

---

[*3-8] ショウジョウバエのDNA型転移因子であり，生殖細胞でのみトランスポゼースの作用でゲノム間を転移する．突然変異体作製に用いられるほか，これを利用した効率的な遺伝子導入が可能である．

手法をゼブラフィッシュに導入する努力が以前からなされていたが，国立遺伝学研究所の川上らにより開発された Tol2 トランスポゾンシステムはきわめて強力な手法であり，ゼブラフィッシュの発生遺伝学を推進する大きな力となっている．また，彼らは Tol2 を利用することで，ゼブラフィッシュでのエンハンサートラップ，遺伝子トラップにも成功している[*3-9]．

　Tol2 は，名古屋大学の堀 寛，古賀章彦らのグループによるメダカ色素形成異常変異体の研究で明らかとなった hAT ファミリー DNA 型トランスポゾンであり，特定メダカ系統では実際にゲノム内を転移することが知られる．このトランスポゾンもショウジョウバエの P 因子同様，2 つのアームとそれにはさまれたトランスポゼース遺伝子が転移の単位であり，トランスポゼースが発現すると，その働きで，アームにはさまれた領域がアームとともにゲノム上の他の部位に転移する．本来，これらのアームは非常に大きく，大腸菌内では欠失を起こしやすい性質をもつが，川上らは改良を重ねることで非常に扱いやすい Tol2 トランスポゾンベクターの開発に成功した．

　Tol2 ベクターにおいて，アームにはさまれたクローニング部位に導入すべき DNA を挿入し，環状プラスミドのままトランスポゼース mRNA とともに卵に注入する（図 3.2D）．転移が起きたかは導入の 6 ～ 7 時間後に PCR を用いて確認できる．通常はほぼすべての導入胚でコンストラクトから切り出されており，これを確認した上で残りの導入胚を成熟させる．導入魚の 50％程度について，次世代で遺伝子導入が見られており，系統化に必要な水槽数を大幅に減らすことが可能である．

### 3.2.2　BAC/PAC クローンを利用した特異的発現コンストラクト

　蛍光タンパク質を特定の発生時期，あるいは特定の胚領域（胚区画，組織，細胞など）で発現させるためには，通常適切なエンハンサーが利用される．多くの遺伝子について，すでに時期，胚領域特異的なエンハンサーが同定さ

---

[*3-9] エンハンサートラップ，遺伝子トラップは，各々ゲノム中のエンハンサー，遺伝子を同定する手法であり，ショウジョウバエでは以前より用いられてきたが，ゼブラフィッシュでは，高効率遺伝子導入が Tol2 で可能になったことを受けて実現した．

れており，これらを蛍光タンパク質遺伝子につないだ上，プラスミド注入，Tol2法などを利用して胚に導入する．

しかし，既知遺伝子のエンハンサーをプラスミドに組み込んで強制発現に用いる場合，内在遺伝子の発現特異性を完全には再現しないことがしばしばある．これは，エンハンサーがゲノム上でのコンテクストから切り離された結果であると考えられる．また，ある遺伝子のエンハンサーがどこにあるかは予測が難しく，特定するだけでかなりの労力を必要とする．こうした問題をクリアするためには，その遺伝子の周辺DNA領域を広く含むBACゲノムクローンを入手した上で，相同組換え法により，GFPなどのレポーター遺伝子を当該遺伝子のコード領域と置き換える方法が有効である．この場合，遺伝子の発現調節機構が比較的内在の状態に近いため，本来の特異的発現調節を比較的容易にレポーター遺伝子で再現することができる．

相同組換え法としては，プロファージ法とRed/ET相同組換え法があり，いずれの方法でも，λファージの組換え機構を利用することで，効率的な遺伝子の置き換えが可能である．

## 3.3 個体レベルでの転写制御の研究

動物の発生は，数万もの遺伝子の発現が，発生時期，あるいは胚領域特異的に制御されることで進行する．遺伝子発現は，発生においては主として転写レベルで行われており，そのしくみを個体・胚レベルで明らかにする必要がある．そのためには，転写調節DNA領域（エンハンサーなど）をGFPなどのレポーター遺伝子につないで胚に導入し，レポーターの発現で当該DNA領域の転写調節能を検討することになる（レポーターアッセイ）．

### 3.3.1 トランジエント発現とステーブル発現

胚に導入されたプラスミドなどのDNAは，ただちに重合して多量体となった後，ゲノムには入らない状態で卵割期に増幅されるが，原腸形成期以降には徐々に分解されるため，次世代まで導入DNAを保持する胚は一部である．しかし，エンハンサーは通常染色体外でも機能するため，その発生時期，あるいは胚領域特異性に従った遺伝子発現が観察される．このような遺伝子導

3.3 個体レベルでの転写制御の研究

入胚での発現をトランジエント発現とよび，導入後ただちに結果を得ることが可能である．ただし，通常，核への移行は胚への導入直後ではなく，卵割期に一部の割球でのみ起きるため，導入遺伝子の発現は部分的（モザイク）となる（図3.3C,D）．非特異的な発現も排除できないため，発現調節を検討する際は導入遺伝子ごとに数十個の導入胚で発現を観察し，共通してみられる発現を検討する必要がある．なお，下述するステーブル発現についてはゲノム上での導入部位周辺の影響（位置効果）に注意する必要があるが，この効果はトランジエント発現ではそれほど大きな問題となっていない．

　遺伝子導入魚を成熟させると，ある頻度で生殖細胞に導入遺伝子を保有する個体（ファウンダー魚）が得られる．この個体の子孫胚ではすでに遺伝子

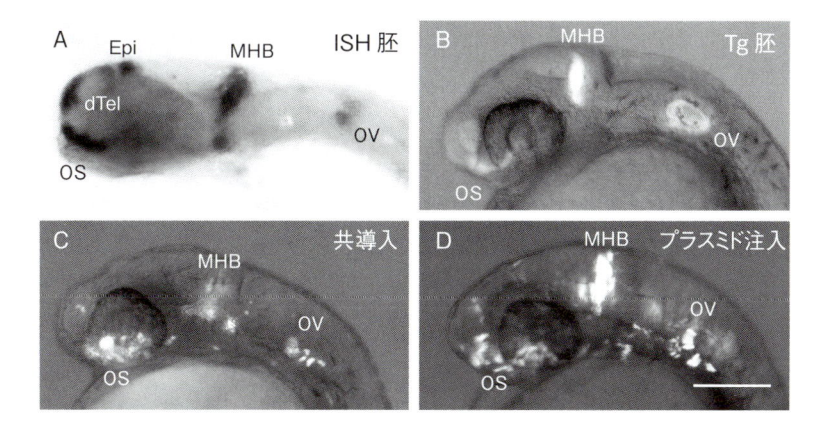

**図3.3　ゼブラフィッシュ胚における導入遺伝子のトランジエント発現とステーブル発現**

A：26 hpf 胚における *fgf8a* mRNA の発現を *in situ* hybridization（ISH）法により検出した．*fgf8a* は成長因子 Fgf8a の遺伝子であり，頭部では，中脳後脳境界（MHB），眼柄（OS），耳胞（OV）のほか，背側終脳（dTel），視床上部（Epi）で発現する．
B：*fgf8a* の下流にあるエンハンサー配列（S4.2）を蛍光タンパク質 EGFP の遺伝子（*egfp*）につなぎ，このレポーターコンストラクト *Tg(fgf8a:egfp)* をゼブラフィッシュのゲノムに導入した．得られた系統魚の 26 hpf 胚（Tg 胚）頭部における蛍光像を示す（ステーブル発現）．MHB, OS, OV において内在の発現を再現している．（口絵④参照）
C, D：S4.2 エンハンサー DNA とプロモーター配列のついた *egfp* DNA を共導入した胚（C），および *Tg(fgf8a:egfp)* コンストラクトを導入した胚（D）の頭部における 26 hpf での蛍光のトランジエント発現．MHB, OS, OV において，蛍光の発現がモザイク状に観察される．スケールバー，200 μm．（Inoue *et al*., 2008）

がゲノム上にあるため，発現にモザイク性はなく，ランダムで非特異的な発現も見られない（図 3.3B）．こうした発現をステーブル発現とよび，エンハンサーの制御能を比較的正確に検討できる．一方で，結果を得るのに一世代時間以上かかるため，トランジエント発現での解析と組み合わせることになる．前述したように，遺伝子の発現は導入部位周辺のゲノム配列の影響を受けるため，複数系統で発現を確認することが望ましい．

### 3.3.2 レポーター遺伝子

発現領域，組織など，空間的な転写調節能を検討するためには GFP などの蛍光タンパク質がレポーターとして利用される．エンハンサーの転写活性は，トランジエント発現の出現頻度により比較することが可能である．しかし，より正確な定量性を期待する場合，トランジエント発現を，ホタルルシフェラーゼ遺伝子を利用して測定する．ただし，顕微注入では導入量を厳密に統一できないため，発現レベルのばら付きが培養細胞を用いたルシフェラーゼアッセイよりも大きい傾向がある．

### 3.3.3 比較ゲノム的手法の利用

ゲノムプロジェクトの進展により，主だった実験動物はもちろん，今では様々な非モデル動物でも全ゲノム配列が決定され，データベースからの入手が可能となっている（イギリスのサンガー研究所と欧州バイオインフォマティクス研究所（EMBL-EBI）が共同で運営する Ensembl など，別表 4）．一方で，長距離ゲノム DNA 塩基配列の比較プログラムが開発されており（PIP Maker，VISTA など），これらを利用することにより，特定範囲の長距離 DNA 塩基配列を，複数の動物種間で比較することが可能である．その結果，ゲノム上には種間で保存された非翻訳配列（非翻訳保存配列 Noncoding Conserved Sequence, NCS）が散在することが様々な動物種について知られるようになった．これらは，機能上重要であるが故に，長い生物，動物の進化の歴史の中で保存されたと考えられており，その中には様々な転写調節領域，microRNA 配列などが含まれる．

転写調節領域は，配列だけで推定することが現在でもむずかしく，膨大なゲノム DNA からレポーターアッセイで同定する試みにも限界があった．し

3.3 個体レベルでの転写制御の研究

かし，近年になり，種間の配列比較で見いだされた NCS の多くが実際に転写調節活性をもつことが確認されつつあり，未知の転写調節領域を同定する有力な手法となっている．図 3.4 は例として脊椎動物の発生で重要な役割を果たす *Fgf8* 遺伝子（ゼブラフィッシュでは *fgf8a*）について，VISTA 法で下流配列の種間比較を行ったものであり，多数の NCS が同定された．これらのゲノム配列に，実際に *Fgf8* の発現を部分的に再現する転写調節活性があることが，著者らによりゼブラフィッシュで明らかになっている．

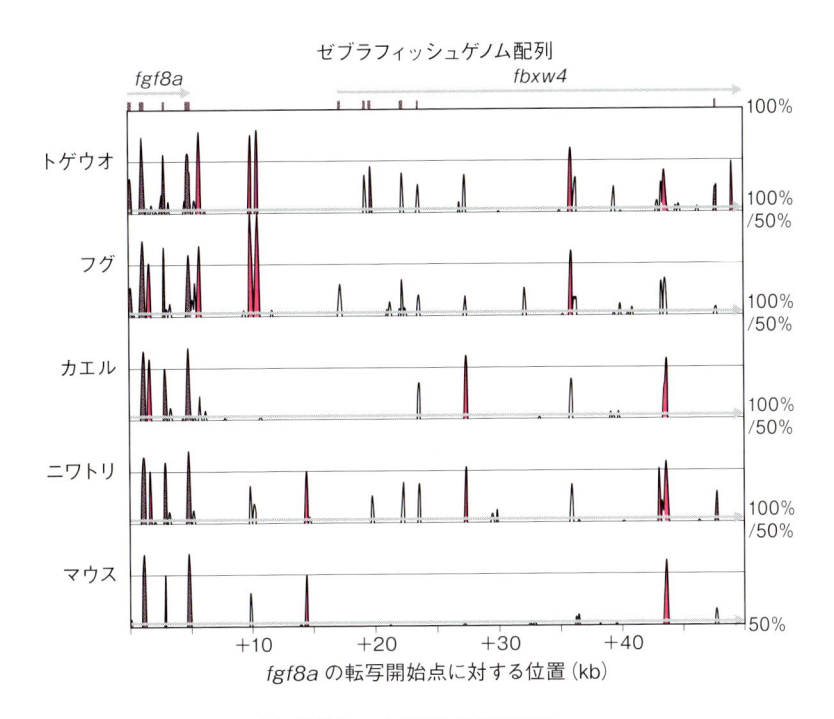

**図 3.4　ゲノム配列の大規模比較による保存配列の同定**
　ゼブラフィッシュの FGF 成長因子遺伝子 *fgf8a* の下流ゲノム配列を，VISTA 解析により各種脊椎動物の相同遺伝子下流配列と比較した．横軸は *fgf8a* の転写開始点からの位置，縦軸はゼブラフィッシュ配列に対する類似度（%）を示す．*fgf8a* 下流には F ボックス /WD 遺伝子ファミリーの *fbxw4* が存在する．上端の四角はエクソンを示しており，対応する位置での配列が種間で類似している（暗赤色ピーク）．これらコード領域以外で見られる保存配列（明赤色ピーク）が非翻訳保存配列（NCS）である．類似度の低いピークは白色で示している．

## 3.4 発生における遺伝子の機能解析

動物の発生，あるいは動物の体づくりは，多数の遺伝子が時間的および空間的に整然と働くことで制御されるため，発生時期，胚領域，組織ごとに制御遺伝子の役割を明らかにすることが，発生のしくみの理解に不可欠である．この目的を実現するために，ゼブラフィッシュなどの小型魚類で用いられている方法を以下に紹介する．

### 3.4.1 遺伝子強制発現

特定遺伝子の機能を調べるためにまず試みるべきは胚内での強制発現であり，機能獲得実験（gain-of-function 実験）ともよばれる．人工的に本来と異なる場所，時期で発現させる，あるいはより高いレベルで発現させ，発生に及ぼす効果を検討することで，遺伝子機能を推定するための情報を得ることができる．

#### a. mRNA の合成と導入

もっとも容易であり，ゼブラフィッシュで通常最初に試みられるのは，合成 mRNA の胚への顕微注入である（図 3.5A）．mRNA 合成を行うためには，遺伝子（通常は cDNA を用いる）をまず専用のプラスミドに組み込む必要がある（pCS2+ など）．こうしたプラスミドには，クローニング用のプラスミドに不可欠の複製基点，選択マーカー（抗生物質耐性遺伝子），遺伝子組み込み部位（マルチクローニング部位，MCS）に加え，MCS の周辺に特定 RNA ポリメラーゼのためのプロモーター配列が備えられている．

MCS に遺伝子を組み込んだプラスミドは，試験管内において，RNA ポリメラーゼおよび 4 種の rNTP とともに保温することで転写される．なお，細胞外では転写終結が正常に起きないため，遺伝子の 3′ 側を転写反応に先立って適切な制限酵素で切断し，鋳型プラスミドを直鎖化する必要がある．また，翻訳効率を高めるため，5′ 末端に 7′-メチルグアノシンキャップを付加することが一般的である．RNA ポリメラーゼとしては，扱いが容易で活性の高いファージ由来のものが使われる（T3，T7，SP6 など）．なお，試験管内で転写反応を容易に行えるキットが市販されている．

3.4 発生における遺伝子の機能解析

A. mRNAの合成と胚への導入

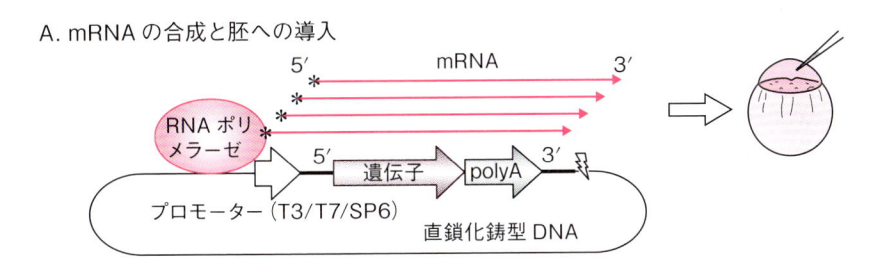

B. コンストラクトDNAの胚への導入

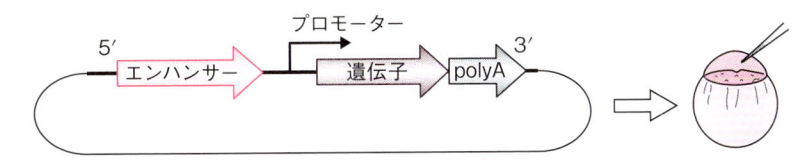

C. GAL4/UAS系による特異的遺伝子強制発現

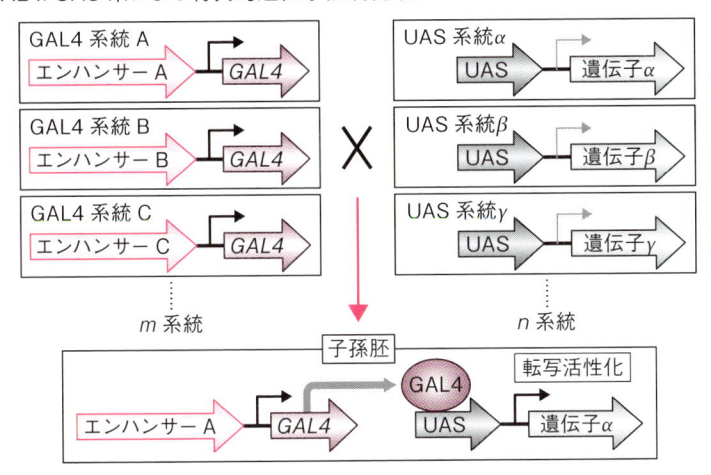

**図3.5 ゼブラフィッシュにおける遺伝子の強制発現法**
A：遺伝子の上流にファージRNAポリメラーゼプロモーターを連結し，試験管中でmRNAを合成した上，これを胚細胞に導入する．＊：Cap構造．
B：転写活性化領域を連結した遺伝子DNA（コンストラクト）を胚細胞に導入する．
C：GAL4遺伝子が特定胚領域で発現する系統魚（GAL4系統）に，発現させたい遺伝子がUAS配列下流にある系統魚（UAS系統）を交配する．子孫胚では，特定胚領域において，GAL4転写因子がUAS配列に結合し，その下流にある遺伝子の特異的発現を活性化する．この場合，$m \times n$通りの強制発現が可能となる．

■3章　様々な発生遺伝学的研究手法

　胚へのmRNA導入は前述の顕微注入で行う．この際，全細胞で強制発現を意図するならば1細胞期にmRNA注入を行うのが望ましいが，8細胞期までは，割球は卵黄細胞とつながっているために全細胞に入れることができる．ただし，2細胞期以降の割球の1つにmRNAを注入すると，その子孫割球に導入mRNAが局在する傾向がある．なお，全細胞で発現させる場合は卵黄部に注入することも可能である．一方，16細胞期以降になると，各割球は卵黄細胞から細胞膜で隔離されるため，逆に特定割球のみにmRNAを導入することになる．たとえば16細胞期の場合，胚盤周縁部にある細胞は主として中内胚葉，動物極側の細胞は外胚葉になるとされており(図1.15)，発現領域をある程度限定することが可能である．

　なお，強制発現の効果が見られる場合，それが強制発現領域・細胞で起きるのか，あるいはその周辺領域か，という問題が遺伝子の作用機構を考える上で重要となる（細胞自律性[3-10]）．この場合，対象となる遺伝子のmRNAとともに大腸菌β-ガラクトシダーゼ遺伝子（*lacZ*）mRNAを導入し，固定胚において，β-ガラクトシダーゼの活性染色を行うことにより，強制発現領域と異常の見られる領域の関係を検討することが可能である．

　mRNA導入による強制発現は発生初期から広範に起きるため，発生初期の過程（体軸の決定，胚葉形成，神経誘導，器官原基形成など）における遺伝子機能の解析には優れている．しかし，発生後期における機能検討には不向きである．この欠点を補う方法の1つとして，遺伝子産物をホルモン誘導性にすることが可能である．転写因子の場合，改変エストロゲン受容体（ERT2）[3-11]のリガンド結合領域との融合タンパク質遺伝子を作製し，mRNAとして導入する．このままでは発現転写因子は機能せず，抗エストロゲン剤タモキシフェン[3-12]を投与することで時期特異的な活性化が可能である．

---
[3-10]　多細胞生物において，変異細胞のみが表現型を示すような遺伝的形質を細胞自律的，変異体細胞が周辺の細胞に変異の表現型を誘発する場合を細胞非自律的という．
[3-11]　内在エストロゲンには反応しないよう変異を導入した人工エストロゲン受容体．
[3-12]　非ステロイド性の抗エストロゲン剤であり，エストロゲン受容体にエストロゲンと競合的に結合する．

### b. プラスミドコンストラクトの導入

前述のように，mRNA 導入による強制発現は，発生後期の遺伝子機能の検討には適しておらず，本来の機能と無関係の効果を観察する危険もある．特定の発生時期，特定の胚領域における遺伝子の機能を検討したい場合，対応する時期，胚領域で特異的に働く転写調節 DNA 領域を遺伝子につなぎ，このプラスミドコンストラクトを胚に導入する（図 3.5B）．

転写調節領域としては，時期，あるいは領域特異的に発現する遺伝子のエンハンサー，特定の胚処理で活性化できる誘導性エンハンサーなどを，実験の目的に応じて選ぶことができる．強制発現させる遺伝子が発生に影響を与える場合，通常のエンハンサーを用いると系統化できないが，誘導性エンハンサーを用いることで，系統を樹立して実験をくり返すことが可能である．

よく使われるのがヒートショックプロモーターである．特にゼブラフィッシュの *hsp70l* 遺伝子プロモーターが広く使われており，これを発現させたい遺伝子につないだ上でゼブラフィッシュ胚に導入する．この胚に 37℃，30〜60 分の加温処理を行うことで，速やかな遺伝子誘導が可能である．レーザー光照射による細胞レベルでの遺伝子発現誘導も可能とされる（IR-LEGO，後述）．

### c. GAL4/UAS システム

様々な遺伝子を特定の異なる発生時期，胚領域において強制発現させる上で，エンハンサーと遺伝子をつなぐ手法には 2 つ問題がある．まず，すべての組み合わせについて遺伝子コンストラクトの作製が必要となり，労力と時間は膨大となる．もう 1 つの問題は，発現させる遺伝子が発生に影響を与える場合（多くの発生制御遺伝子が該当するが），系統化できないため，導入胚でのトランジェント発現に頼らざるをえない．

こうした問題は，すでにショウジョウバエなどでは GAL4/UAS システムにより解決した（図 3.5C）．この手法では，強制発現させたい発生時期，胚領域で酵母由来転写因子 GAL4 を発現する系統と，発現させたい遺伝子上流に GAL4 の結合配列である UAS をつないでゲノムに導入した UAS 系統を準備する．GAL4，UAS のいずれもそれ自体は動物で機能をもたないため，こ

■ 3 章　様々な発生遺伝学的研究手法

れらを保有する系統の維持は容易である．しかし両者を交配させることにより，GAL4 の発現する時期，領域で UAS 下流遺伝子の発現が特異的に誘導される．多数の異なる GAL4 系統と UAS 系統が準備されている場合，任意の組み合わせで多様な強制発現実験が可能となるため，ショウジョウバエでの研究において重要な手法となっている．

従来，GAL4/UAS システムは，遺伝子導入系統の確立が容易な動物に限定されていた．しかし，Tol2 ベクターの開発により，ゼブラフィッシュでも GAL4 系統，UAS 系統の大量作製と維持が可能になったため，本動物でも GAL4/UAS システムの導入が進行している．研究室レベルでも様々な GAL4，UAS 系統が作製されつつあるが，さらにリソースセンターなどでも大規模作製，維持と供給が行われている．国内では国立遺伝学研究所でやはり大規模 GAL4 ライブラリーの作製と維持が行われており，ウェブ上での検索と入手が可能となっている（別表 4，NBRP Zebrafish）．

### d. Cre-Lox システムの利用

マウスなどで利用されている Cre-Lox システムもゼブラフィッシュで利用されている．マウスの場合，loxP 配列を特定遺伝子内にノックイン技術で導入し，Cre リコンビナーゼ（Cre）を特定時期に発現させることで，特定時期，領域でのノックアウト（コンディショナルノックアウト）が行われる．

ゼブラフィッシュでは遺伝子ノックインが一般化しておらず，本システムは遺伝子発現誘導に利用されている．まず，転写活性化領域と強制発現させたい遺伝子の間に，loxP 配列ではさまれた蛍光タンパク質遺伝子を配置し，魚のゲノムに導入する．この系統魚を，特定時期，領域で Cre を発現する系統魚と交配すると，子孫胚において，蛍光タンパク質遺伝子が Cre に依存して除去され，下流にある遺伝子の発現が特異的に誘導される．

### 3.4.2　遺伝子の機能阻害

発生の制御機構を遺伝子レベルで理解するためには，特定遺伝子の機能を阻害し，その効果よりその遺伝子の役割を検討する，という Loss-of-function 実験も重要な手法となる．マウスではすでに ES 細胞での相同組換えを利用した遺伝子破壊法が一般的であるが，マウス以外の多くの動物ではこの手法

3.4 発生における遺伝子の機能解析

は未だに実現していない．ゼブラフィッシュでは以下の手法が現在利用されている．

### a. アンチセンスモルフォリノオリゴによるノックダウン

特定遺伝子 mRNA の機能阻害を意図したアンチセンス法がすでに様々な実験系で利用されている．これは mRNA と相補性のある 1 本鎖核酸を導入するものであり（"アンチセンス"はタンパク質をコードする mRNA に相補的であることを意味する），mRNA と特異的に結合し，その分解，あるいは

A. モルフォリノオリゴ　　B. モルフォリノオリゴによる遺伝子ノックダウン

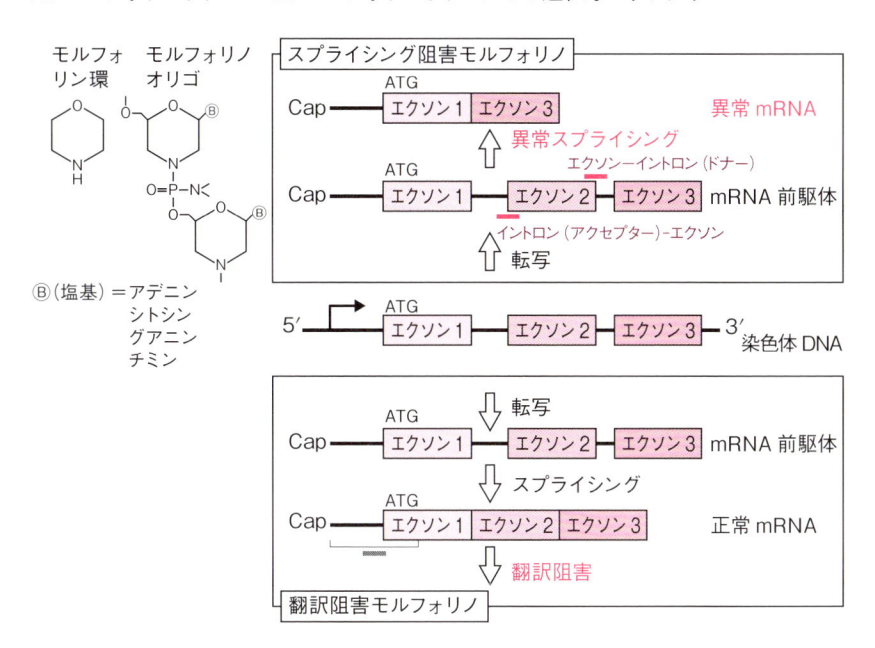

#### 図 3.6 遺伝子の機能阻害実験：モルフォリノオリゴによるノックダウン

A：デオキシリボースやリボースの代わりにモルフォリン環をもち，核酸と類似の構造をもつモルフォリノオリゴは，細胞内で安定であり，mRNA と塩基相補性に従って特異的かつ安定に結合する．

B：mRNA の開始コドン周辺や 5′ 非翻訳領域を標的とするモルフォリノオリゴ（灰色の太線）は翻訳開始を阻害して遺伝子ノックダウンを行う．イントロン（アクセプター）-エクソン境界やエクソン-イントロン（ドナー）境界を標的とするモルフォリノオリゴ（赤い太線）は，正常なスプライシングを阻害し，結果的に遺伝子をノックダウンする．"エクソン 1" についてはそのコード領域を示す．

■ 3 章　様々な発生遺伝学的研究手法

翻訳阻害を行うことで，遺伝子機能のノックダウン*3-13 を行う．ゼブラフィッシュでは，デオキシリボース部分をモルフォリン環で置き換えたアンチセンスモルフォリノオリゴが一般的に用いられている（図 3.6）．

　モルフォリノオリゴは，通常翻訳開始点あるいはその上流非翻訳配列に対して設計される（'オリゴ' とは一般にオリゴヌクレオチドを意味する）．これを胚に顕微注入することで標的遺伝子 mRNA の翻訳が阻害されることになる（翻訳阻害モルフォリノ）．もう 1 つの方法（スプライシング阻害モルフォリノ）では，アンチセンスモルフォリノオリゴをエクソンとイントロンの境界部に対して設計する．この場合，標的遺伝子の転写産物で起きるべきスプライシングが阻害され，結果として遺伝子機能がノックダウンされる．このオリゴは現在 Gene Tools 社が独占的に供給しており，国内からはフナコシを通して注文が可能である．

　モルフォリノオリゴは RNA との結合活性が強い上に安定であり，かなりの確率で標的遺伝子を特異的に阻害できる．注文から納品まで約一月かかる上にやや高価であるという難点はあるが，簡便さのために広く使われている．ただ，非特異的効果の可能性が常にあるため，①実際に標的遺伝子の発現が抑制されること，②ミスマッチを導入したコントロールオリゴでは効果がないこと，③複数箇所に対して設計した特異的モルフォリノで共通の効果を示すこと，④効果が正常遺伝子の強制発現で見られなくなる（レスキューされる）こと，などの条件を満たす必要がある．

　また，このオリゴは比較的安定とされるが，発生後期での有効性にはやはり限界がある上，特定領域，特定時期のみでの機能阻害ができない，という欠点があり，必要に応じて他の阻害法と使い分けることとなる．

### b. ドミナントネガティブ遺伝子の利用

　遺伝子破壊，あるいは mRNA の翻訳阻害とはまったく別の発想による遺伝子機能阻害として，ドミナントネガティブ（Dominant-negative）遺伝

---

＊3-13　ノックダウン：特定の遺伝子の発現を阻害する操作をいう．遺伝子そのものを破壊する遺伝子ノックアウトとは区別されており，遺伝子機能の阻害は不完全なことが多い．

子*3-14 の利用がある．たとえば，標的遺伝子産物が複合体として機能する場合，この遺伝子に変異を導入して過剰発現させることで複合体の機能に干渉し，結果的に当該遺伝子の機能阻害を引き起こすことができる（図3.7）．

A. 膜受容体のドミナントネガティブ変異体

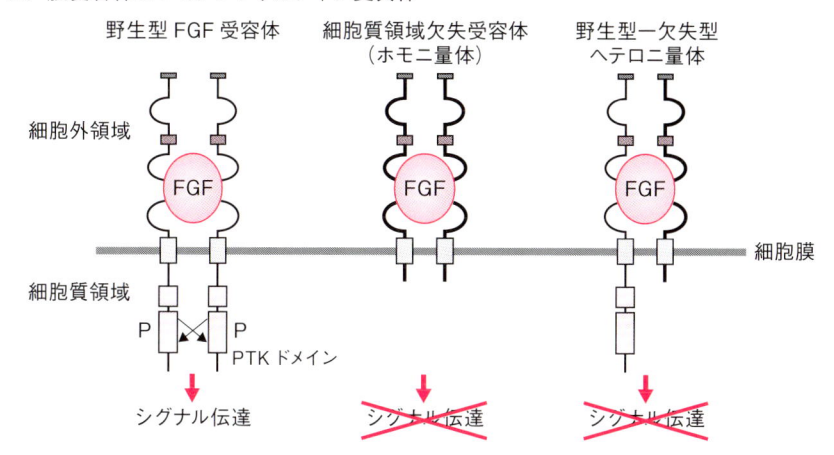

B. 転写調節因子のドミナントネガティブ変異体

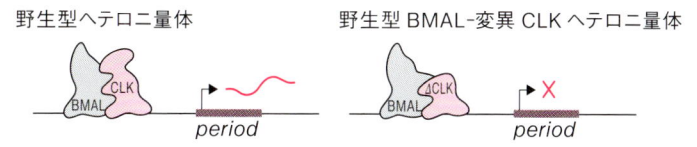

#### 図3.7　代表的なドミナントネガティブ遺伝子とその作用原理
A：FGF受容体などの受容体型チロシンキナーゼは，リガンドが結合すると二量体となり，チロシンキナーゼ（PTK）活性をもつ細胞質領域が相互にリン酸化（P）する結果として細胞内シグナル伝達系を活性化する．細胞質領域を欠失した変異体は，シグナル伝達活性を持たないのみならず，野生型受容体ともヘテロ二量体を形成して失活させる．B：時計遺伝子産物のClock（CLK）は，類似の構造をもつBMALとヘテロ二量体として機能する．欠失型CLK（ΔCLK）もBMALと二量体をつくるが，このヘテロ二量体は機能をもたず，結果的にCLK-BMALの機能を阻害する．（Dekens & Whitmore, 2008より改変）

---

＊3-14　ある変異遺伝子の産物が，正常遺伝子産物に対してドミナント（優位）に働いてその作用を阻害する（ネガティブな効果）場合，その変異遺伝子をドミナントネガティブ遺伝子とよぶ．

■ 3章　様々な発生遺伝学的研究手法

表3.1　ゼブラフィッシュで遺伝子機能阻害に用いられたドミナントネガティブ遺伝子

| 対象遺伝子 | 遺伝子産物[*1] | ドミナントネガティブ遺伝子産物の構造 | 研究の成果 | 文献 |
| --- | --- | --- | --- | --- |
| **A. 転写因子** | | | | |
| clim1 | Lim-HD転写因子の共役因子 | CLIM1の核局在シグナルとLIM結合領域 | 眼とMHBの形成, そして神経発生におけるclim1の役割. | Becker et al., 2002 |
| dlx3b | HD転写因子 | Dlx3bのホメオドメインとEnR[*2]の融合タンパク質 | ローハンベアード細胞, 三叉神経の形成へのdlx3bの関与. | Kaji & Artinger. 2004 |
| sox4b | HMG型転写因子 | 転写活性化領域であるC末領域を欠損した変異体 | 膵臓のα細胞分化におけるsox4bの重要性. | Mavropoulos et al., 2005 |
| clock[*3] | bHLH-PAS転写因子 | 転写活性化領域であるC末領域を欠失したClockaタンパク質 | 概日時計におけるClock転写因子の役割. | Dekens & Whitmore, 2008 |
| irx6 | HD転写因子 | Irf6のDNA結合ドメインのみからなるタンパク質およびIrf6のDNA結合ドメインとEnR[*2]の融合タンパク質 | irx6の被覆層形成への関与. | Sabel et al., 2009<br>de la Garza et al., 2013 |
| pou5f3 (pou2) | POU転写因子 | Pou5f3のPOUドメインとEnR[*2]の融合タンパク質 | 胚発生においてpou5f3が機能する発生時期の特定. | Khan et al., 2012 |
| hif1al (hif3a) | bHLH-PAS転写因子 | 転写活性化領域であるC末領域を欠失した変異体 | Hif1al転写因子の酸素依存的な転写調節能. | Zhang et al., 2014 |
| mtf1 | Znフィンガー転写因子 | 転写活性化領域が欠失するとともにZnフィンガーのリンカー配列が改変された変異体 | 重金属依存性転写因子MTF-1の様々な発生過程への関与 | O'Shields et al., 2014 |
| **B. 膜タンパク質** | | | | |
| fgfr[*3] | FGF受容体 | 細胞内領域を欠失したFGF受容体 | FGFシグナルの初期発生への関与. | Ota et al., 2009 |
| cxcr5 | ケモカイン受容体 | 細胞内領域を含むC末領域を欠失した変異体 | ゼブラフィッシュ脳における神経再生へのcxcr5の関与. | Kizil et al., 2012 |

**表 3.1（続き）** ゼブラフィッシュで遺伝子機能阻害に用いられたドミナントネガティブ遺伝子

| 対象遺伝子 | 遺伝子産物[*1] | ドミナントネガティブ遺伝子産物の構造 | 研究の成果 | 文献 |
|---|---|---|---|---|
| ptprf[*3] | 膜タンパク質 | LAR ファミリー受容体型チロシンフォスファターゼ (PTPRF) の細胞内領域を欠失した変異体 | 感覚ニューロンの皮膚への軸索ガイダンスにおける PTPRF の必要性. | Wang et al., 2012 |
| cdh2 (ncad) | 膜タンパク質 | Cadherin2 (N-cadherin) の N 末領域を欠失した変異体 | 網膜神経節細胞の分化における Cadherin2 の役割. | Wong et al., 2012 |
| **C. 細胞質シグナル伝達タンパク質** | | | | |
| dvl3 | 細胞質タンパク質 | Dvl3 の DEP ドメイン欠失変異体 | 収斂伸長運動および筋形成における非古典的 Wnt 経路と Disheveled の役割. | Lou et al., 2012 |
| rhoa[*3] | 低分子 G タンパク質 | T19A のアミノ酸置換のある RhoA | G タンパク質による原腸形成時の細胞移動の制御. | Hsu et al., 2012 |
| Hras | 低分子 G タンパク質 | S17N のアミノ酸置換をもつ Harvey Ras タンパク質 | 心臓発生への Ras シグナルの関与. | Huang et al., 2012 |

[*1] 対象とする遺伝子の構造と機能（HD，ホメオドメイン）．
[*2] ショウジョウバエの転写調節因子 Engrailed の転写抑制領域．転写抑制領域を転写活性化因子の DNA 結合領域に結合させた遺伝子産物は，本来の遺伝子産物と逆の作用をもつため，単なる遺伝子機能阻害に留まらない可能性もあり，注意する必要がある．しかし，本来の遺伝子作用を打ち消していることからやはりドミナントネガティブとよぶことが多い．
[*3] 複数の遺伝子が存在する．

　成長因子 FGF の受容体の場合，リガンド結合時に膜上で二量体を形成することが細胞内へのシグナル伝達に不可欠である．したがって細胞質領域を欠失した受容体を過剰発現させると，正常受容体と異常な二量体を形成し，その機能を遮断するため，結果的に FGF シグナルの伝達が阻害される（図 3.7A）．

　また，転写因子の場合，転写調節ドメイン（転写活性化，抑制ドメインなど）を欠損させる，あるいは逆の機能をもつ転写調節ドメインと置き換えることでも内在転写因子の機能阻害が可能である（図 3.7B）．そのほか，様々な遺伝子についてドミナントネガティブ遺伝子が開発された（表 3.1）．

これらは，mRNAを合成して注入する方法のほか，適切な強制発現系を用いることで，特定時期，細胞，領域での遺伝子機能阻害にも利用されている．

### c. 人工ヌクレアーゼを利用したゲノム編集

ゼブラフィッシュでは，未だマウスのES細胞に相当する多能性幹細胞が開発されておらず，相同組換え法による遺伝子破壊が不可能であるが，近年，新たな原理に基づく遺伝子破壊法が登場した．まず，ジンクフィンガーヌクレアーゼ（Zinc Finger Nuclease, ZFN）法とよばれる手法が開発され，引き続いてTALEN（Transcription Activator-Like Effector Nuclease）法，そしてCRISPR/Cas法が立て続けに導入されたのである．

これらの手法はすべてゲノム上の特定配列を人工ヌクレアーゼで2本鎖切断する．細胞は自身の生存のため，非相同末端結合（Nonhomologous End Joining, NHEJ）の機構で生じた切断部を強引につなぐが，その際に高頻度で欠失，あるいは挿入が起きるため，フレームシフトにより遺伝子が破壊される．隣接するゲノム上の2箇所を切断することで，はさまれた領域の欠失や逆位が起きることも知られる．一方，ゲノム上の標的部位の両側領域と相同な配列で特定配列をはさみ，これをドナーDNAとして人工ヌクレアーゼとともに細胞に導入すると，その特定配列が相同組換えにより標的部位にノックインされるため，標的部位での塩基改変，遺伝子挿入が可能となることがわかっている（図3.8）．こうした一連のゲノム改変技術はゲノム編集とよばれており，発生遺伝学においても新たな展開が期待される．

以下では現在評価の確立しているTALEN法，そして最近急速に普及しているCRISPR/Cas法について紹介する．いずれの方法でも，2～3種類の人工ヌクレアーゼ遺伝子を作製すれば少なくとも1つが特異的に標的遺伝子を破壊できるとされており，日本国内でもすでに多くの研究室で導入されている．非常に高い変異効率のため，2本ある相同染色体に1つずつある同一遺伝子をいずれも破壊することがあり，導入胚ですでに遺伝子破壊の表現型が見られることも珍しくない．

なお，このような人工ヌクレアーゼでは，類似した別の配列を標的としてしまうオフターゲット効果が常に問題となる．現在のところ，TALENの特

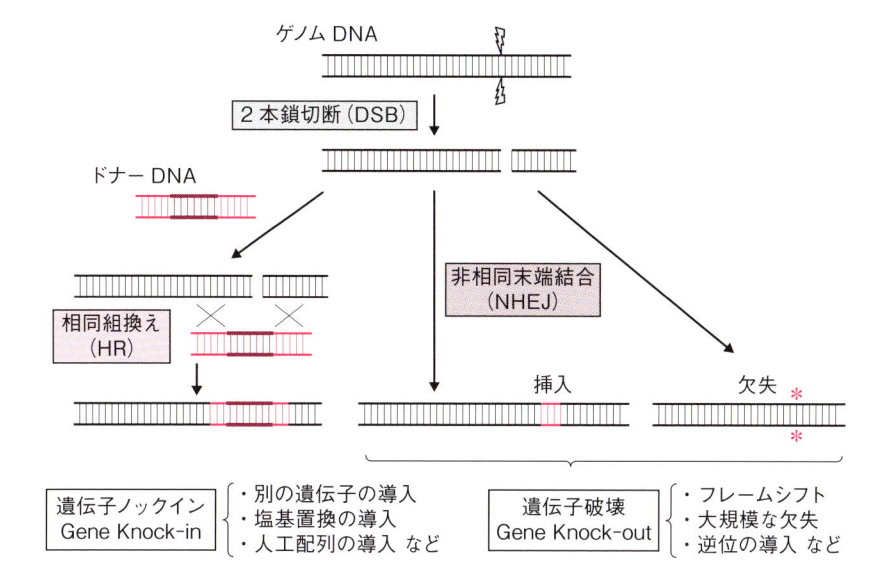

## 3.4 発生における遺伝子の機能解析

**図3.8 配列特異的人工ヌクレアーゼを用いたゲノム編集**
人工ヌクレアーゼを利用してゲノムDNAの特定部位に2本鎖切断を導入した場合，非相同末端結合によりその部位に挿入，あるいは欠失が起きるため，遺伝子が破壊される．また，切断時に標的配列と相同な配列をもつ人工DNA，オリゴヌクレオチドを共導入することで，相同組換えを介してそれらドナーDNA配列が標的部位に組み込まれるため，遺伝子ノックインが可能となる．＊：塩基の欠失を示す．

異性の高さは確認されている．CRISPRについても近年は信頼性が高まっており，コンストラクト作製の簡便さもあって，重要なゲノム編集技術の1つになりつつある．

### ① TALEN法

この手法は，植物に感染する病原菌（*Xanthomonas*）に由来するDNA結合因子TALイフェクター（TALE, Transcription Activator-Like Effector）のユニークなDNA結合活性を利用したものである（図3.9A）．

このタンパク質は33～35アミノ酸からなるくり返し構造（モジュール）をもつが，この中の2アミノ酸（Repeat Variable Di-residue, RVD）が各モジュールの結合する塩基を決定する．モジュール構造を約17個くり返した

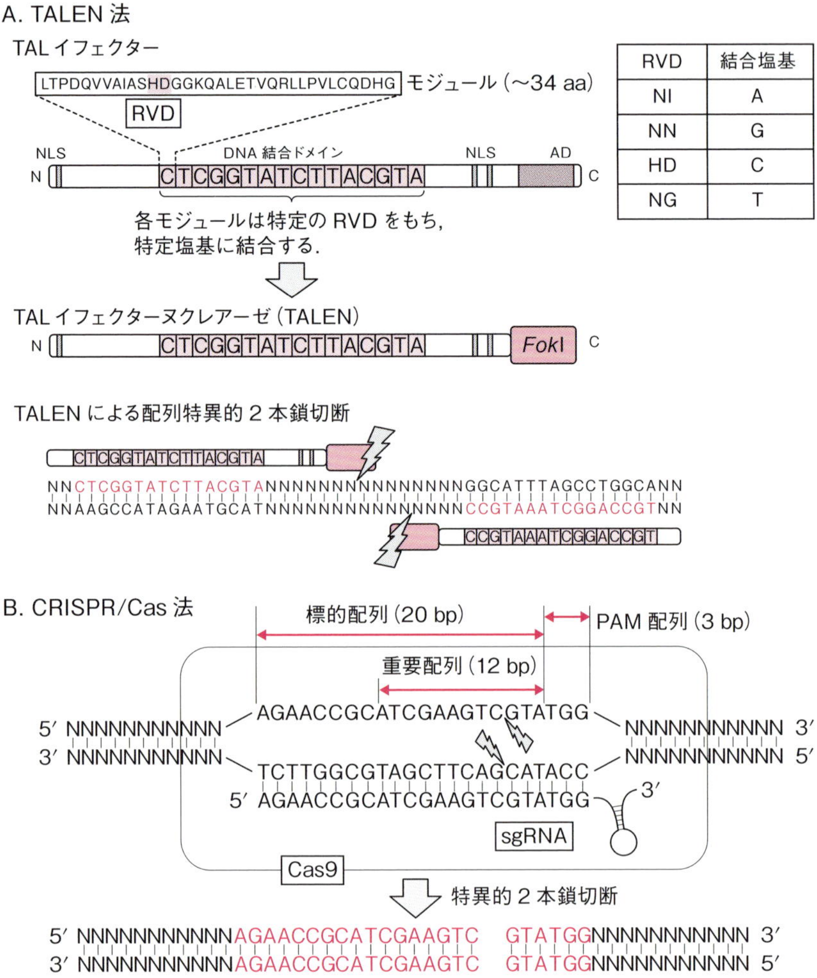

**図3.9 人工ヌクレアーゼを用いた遺伝子破壊**
A：TALEN法．植物病原菌 *Xanthomonas* の TAL イフェクターには約34アミノ酸からなるモジュール構造が16〜20個存在する．各モジュールは内部の2アミノ酸配列（RVD）により異なる特定塩基に結合する．特定塩基配列に結合するようにモジュールを配置し，*Fok*I ヌクレアーゼに融合させた人工ヌクレアーゼが TALEN である．近接した2か所の標的配列に TALEN 遺伝子を逆向きに設計，作製し，その mRNA を胚に導入すると，標的配列にはさまれた部位に2本鎖切断が導入される．AD：転写活性化ドメイン，NLS：核局在シグナル．(Cermak *et al*., 2011 より改変)
B：CRISPR/Cas法．標的配列（20 bp）に対する crRNA に tracrRNA が連結された sgRNA を作製し，Cas9 mRNA とともに胚や細胞に導入すると，標的配列特異的に2本鎖切断が起きる．なお，配列認識には標的配列の3′側12 bp が特に重要とされる．

人工タンパク質に *Fok*I ヌクレアーゼをつないだ人工ヌクレアーゼが TALEN である．2 つの異なる TALEN 遺伝子を標的部位をはさむように逆向きに設計し，これら 2 遺伝子の mRNA を胚に共導入すると，胚内で生じる TALEN タンパク質はヘテロ二量体を形成して特定部位を切断する．TALEN 構造の作製にはいくつかの手法が開発されており（Golden Gate 法，Plutinum Gate 法など），必要なプラスミド類は Addgene 社より入手可能である．適切なゲノム上の標的部位もウェブ上で容易に検索できる（別表 4）．

② **CRISPR/Cas 法**

原核生物の生体防御機構である CRISPR/Cas システムの中で（コラム 3 章参照），最も単純なタイプⅡを利用する．まず，tracrRNA と標的配列に対する crRNA を人工的に連結した sgRNA を作製し，DNA 切断酵素である Cas9 タンパク質とともに細胞に導入することで，ゲノム内特定配列を切断できる．一般に用いられる化膿性連鎖球菌（*Streptococcus pyogenes*）の Cas9 の場合，PAM は単純な 3 塩基配列（NGG）であり，GG 配列さえあればその上流 DNA を標的とできる．

### コラム 3 章
### CRISPR/Cas システム：バクテリアの獲得免疫機構

CRISPR（Clustered Regularly Interspaced Short Palindromic Repeats）とは，真正細菌や古細菌に存在する数十塩基対の短い反復配列である．その研究の歴史は比較的新しく，1987 年に大腸菌で発見された．機能は長らく不明であったが，最近になり，バクテリオファージやプラスミドなどの外来 DNA に対する一種の獲得免疫機構であることがわかってきた（図 3.10）．

CRISPR 領域の上流には，ヌクレアーゼ，ヘリカーゼを始めとする CRISPR 関連遺伝子群（Cas 遺伝子群）が存在しており，その中の 2 遺伝子の産物（Cas1 と Cas2）が，外来性 DNA 内の PAM (Proto-spacer

Adjacent Motif）という特定の短い配列を認識してその上流数十 bp を切り出す．これが自身の CRISPR 領域に挿入されて，バクテリアにとっての免疫記憶となるのである．

挿入された外来 DNA 由来配列は，この CRISPR 領域から転写されて pre-crRNA となり，さらに加工されて成熟した crRNA となる．これが，別に生じる低分子の tracrRNA，そして Cas 遺伝子群の 1 つにコードされた二本鎖切断酵素 Cas9 とともに複合体を形成する．生じた複合体が外来 DNA 内で PAM の上流にある標的配列を認識する結果，配列特異的な切断，破壊が起きる．

なお，CRISPR/Cas は様々な細菌に見られるが，タイプⅠ，Ⅱ，Ⅲに分類される．その中のタイプⅡは最も単純であり，Cas9 が crRNA と tracrRNA に依存して DNA を切断する．ここで，tracrRNA は crRNA の成熟に関与するとともに，crRNA を介して Cas9 に結合し，外来 DNA の破壊に貢献する．

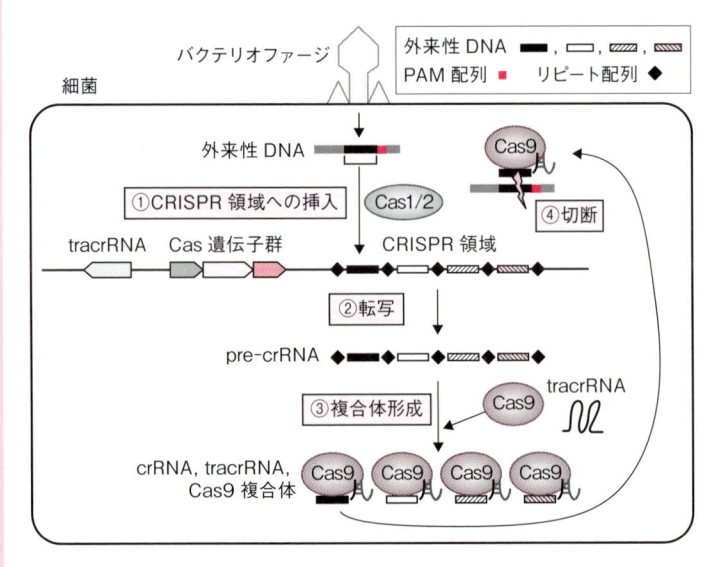

**図 3.10** CRISPR/Cas システム：バクテリアの獲得免疫機構
（畑田出穂，2014 より改変）

ゼブラフィッシュなどの動物胚でこのシステムを利用する場合，まず，ゲノム上の破壊したい部位の周辺において，下流に PAM 配列（NGG）をもつ 20 塩基配列を標的配列としてウェブ上で検索する（別表 4）．この配列をもつ 2 本鎖オリゴを合成し，sgRNA 合成用プラスミドに組み込むことで，crRNA と tracrRNA の連結配列（約 40 塩基のヘアピン構造配列）に標的配列がつながった sgRNA 遺伝子が作製できる．これを試験管内で転写し，別に合成した Cas9 mRNA とともにゼブラフィッシュ卵に注入すると，卵内で発現した Cas9 と sgRNA の複合体はゲノム上の標的配列を認識し，2 本鎖切断する（図 3.9B）．

### d. TILLING 法

特定遺伝子の変異体を，大規模な古典的化学変異原処理と系統的な変異部位検索により作製する手法として，TILLING（Targeting Induced Local Lesions In Genomes）法があり，ゼブラフィッシュやメダカでもすでに大規模に実施されている（図 3.11）．

この手法でも途中までは古典的突然変異体作製と同様であり，変異原処理した雄魚を野生型雌魚と交配する．こうして得られた $F_1$ 雄魚各々から精子を採取して凍結保存するとともに，ゲノム DNA をやはり抽出，保存する（TILLING ライブラリー）．これらの作業は実施機関で行われる．

特定遺伝子についての変異体が必要な研究者は，保存された各 $F_1$ 魚 DNA について，適切な手法[*3-15]を用いて当該遺伝子に変異が生じていないか検討する．変異が見られた場合，対応する $F_1$ 魚の精子を野生型魚卵と受精させて $F_2$ ファミリーを作製，以下は古典的 3 世代スクリーニングと同様に，$F_3$ 世代で表現型を検討することになる．原理は 3 世代スクリーニングと同じであるが，目的遺伝子の破壊が判明している $F_1$ から出発するため，スクリーニングの手間と時間が大幅に軽減され，効率的に変異体を得ることができる．

---

[*3-15] 目指す遺伝子を PCR で増幅した上で，産物を直接シーケンスする，PCR 断片の変異部位に生じると予想されるミスマッチ部位を CEL1 ヌクレアーゼへの感受性で検出する，などの方法が用いられる．

■ 3章 様々な発生遺伝学的研究手法

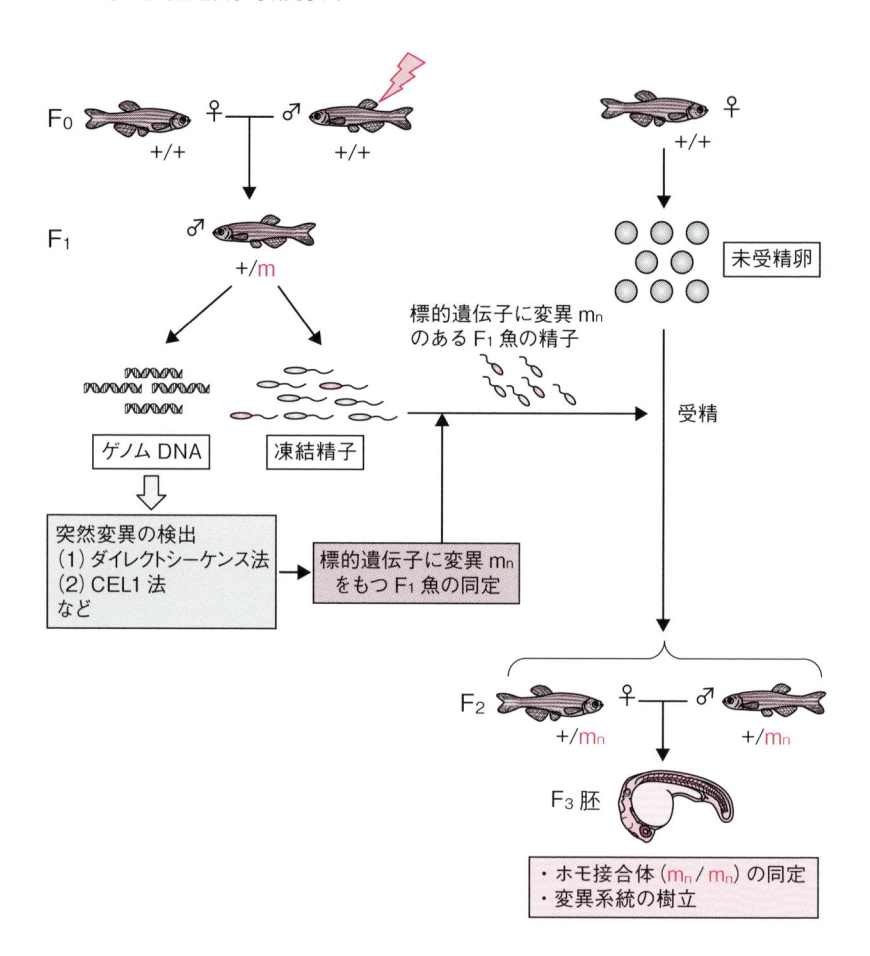

**図 3.11 TILLING 法を用いた多様な変異体の作製**
化学変異原処理をした雄魚を雌魚と交配し，得られた $F_1$ 雄魚より，精子を採取して凍結保存する一方，ゲノム DNA を精製し，これらもスクリーニングのために保存する．保存ゲノム DNA において対象遺伝子に変異（$m_n$）が同定された場合，対応する保存精子を用いて野生型未受精卵を受精する．得られた $F_2$ ファミリー魚間で交配を行うことで，子孫胚（$F_3$ 胚）においてホモ接合体が検出可能である．突然変異検出の手法としては，ゲノム DNA を鋳型とした PCR によるダイレクトシーケンス法，標的遺伝子配列の PCR で得られるヘテロ 2 本鎖中のミスマッチ部位が CEL1 ヌクレアーゼで切断されることを利用した CEL1 法などがある．

国内ではメダカについて，大阪大学の藤堂 剛，京都大学の武田俊一らによりライブラリーが作製された．現在 国立基礎生物学研究所でライブラリー保管とスクリーニングの設備提供が行われており，通常数か月で目的遺伝子の変異体が入手可能となっている．ゼブラフィッシュについては，サンガー研究所（Zebrafish Mutation Project, ZMP，図 1.17 B），あるいは Moens, Solnica-Krezel, Postlethewait 博士らにより系統的な遺伝子破壊が進行中である．すでに作製された変異体は ZIRC から入手可能であり，興味をもつ遺伝子の変異体をリクエストすることも可能となっている（別表 4）．

## 3.5　バイオイメージングとゼブラフィッシュ

### 3.5.1　蛍光色素を利用した細胞系譜の追跡

動物胚では卵割終了後，胚細胞がダイナミックな移動を示すのが一般的であり，各細胞が発生の進行に伴ってどのような動態を示すかを知ることが，胚の領域化，胚葉形成，そして器官形成を理解する上で不可欠である．古くは，フォークト（Walther Vogt）が局所生体染色法を用いて行ったイモリ胚予定運命図（原基分布図）の作成が有名であり，その後，ホヤ，線虫，そして様々な動物の胚で細胞系譜が明らかとなっている．ゼブラフィッシュの場合も，蛍光トレーサー色素による細胞標識により，初期胚での細胞系譜が詳細に調べられている（図 1.15 参照）．

実際に発生過程における特定割球の追跡を行う場合，卵割期にこの割球に色素を顕微注入する．移植細胞を追跡する場合には，8 細胞期までのドナー胚の卵黄細胞にやはり色素を注入した上で発生させ，適切な時期に標識された胚盤細胞をホスト胚に移植する（3.1.2 項参照）．

### 3.5.2　蛍光タンパク質を利用したバイオイメージング

従来から用いられてきた低分子標識分子は，顕微注入を行う必要がある上，領域，細胞特異的な標識に限界がある．また，細胞が分裂，増殖するたびに稀釈されるため，長期間の追跡もむずかしい．そのため，オワンクラゲでのGFP の発見とその遺伝子クローニングが引き金となり，蛍光タンパク質を利用したバイオイメージングが一般的となってきている．

■ 3 章　様々な発生遺伝学的研究手法

表 3.2　ゼブラフィッシュで用いられている遺伝子ツール

| 分子機能 | 遺伝子 | 機構 | 使用目的 | |
|---|---|---|---|---|
| 細胞の可視化 | Kaede | 特定波長光の照射による蛍光波長の変換（緑⇨赤）. | 特定胚細胞の標識と追跡. | Sato *et al.*, 2006 |
| | Dendra | 特定波長光の照射による蛍光波長の変換（緑⇨赤）. | 同上 | Arrenberg *et al.*, 2009 |
| | Dronpa | 光照射による蛍光のオン・オフ. | 同上 | Aramaki & Hatta, 2006 |
| | Fucci | 細胞周期の S/G2/M 期で緑色蛍光，G1 期で赤色蛍光. | 細胞周期の可視化. | Sugiyama *et al.*, 2009 |
| | Zebrabow | 確率的に出現する多様な色での異なる細胞の蛍光標識. | 多様な細胞各々についての発生過程の追跡. | Pan *et al.*, 2013 |
| 細胞機能阻害 | Nitroreductase | メトロニダゾール処理によるアポトーシス誘発. | 特定細胞の個体における役割の検討. | Pisharath *et al.*, 2007 |
| | KillerRed | 光照射による細胞損傷. | 同上 | Del Bene *et al*, 2010 |
| | Tetanus toxin | 神経伝達物質の放出阻害. | 特定ニューロンの機能阻害. | Asakawa *et al.*, 2008 |
| 神経活動の制御 | Channelrhodopsin | 光照射による細胞の脱分極. | 特定ニューロンの興奮. | Douglass *et al.*, 2008 |
| | Halorhodopsin | 光照射による細胞の過分極. | 特定ニューロンの機能阻害. | Arrenberg *et al.*, 2009 |
| | Hylighter | 光照射による細胞の過分極とその解除. | 特定ニューロンの機能の制御. | Janovjak *et al.*, 2010 |
| 細胞の興奮の可視化 | G-CaMP | $Ca^{2+}$ により活性化されて緑色蛍光を発する. | 細胞内 $Ca^{2+}$ 濃度測定，神経活動の可視化. | Muto *et al.*, 2011 |
| | Cameleon | $Ca^{2+}$ により活性化されて蛍光波長が変化（青緑⇨黄緑）. | 同上 | Higashijima *et al.*, 2003 |
| | Inverse pericam | $Ca^{2+}$ により蛍光強度が低下する. | 同上 | Aoki *et al.*, 2013 |
| | pHluorin | pH 依存的に緑色蛍光を発する. | 神経伝達物質の放出の検出．特定領域の pH 測定. | Wang *et al.*, 2014 |
| 物質の可視化 | GEPRAs | 遊離レチノイン酸の濃度に応じて蛍光の波長が変化（青⇨黄）. | 胚内でのレチノイン酸の分布の可視化. | Shimozono *et al.*, 2013 |

（Lillesaar, 2011 より改変）

3.5 バイオイメージングとゼブラフィッシュ

　蛍光タンパク質の場合，その遺伝子を様々な発現特異性をもつエンハンサーにつないだ上で動物のゲノムに導入することにより，長期間にわたり，特定細胞，組織の生体での追跡が可能である．また，細胞内局在配列と蛍光タンパク質の融合タンパク質をコードする遺伝子を利用することで，特定の細胞内構造のみ標識することもできる．たとえば，核移行シグナル，膜局在配列を融合させることで，特定細胞核，あるいは細胞膜が蛍光標識される．したがって，動物の発生研究において，透明性が高く，個体レベルでの遺伝子操作が容易なゼブラフィッシュの重要性がいっそう高まりつつあるといえる．

　蛍光タンパク質の詳細については成書に譲るが，様々な励起・蛍光波長の蛍光タンパク質がすでに開発されており，複数の分子，細胞・組織を1つの胚で同時に追跡できるようになっている．また，特定波長の光の照射によって色調を変えるKaede，蛍光のオン，オフの切り替えが可能なDronpaにより，発現組織，細胞内の特定部分のみを他と区別して追跡することができる．そのほか，細胞周期のG1期とS/G2/M期を各々赤色蛍光，緑色蛍光で識別できるFucci，胚の中でのレチノイン酸の分布を可視化できるGEPRAsなどが個体レベルでの解析に利用されている（表3.2）．

### 3.5.3　導入遺伝子を発現する細胞の蛍光標識

　ある遺伝子を胚に導入し，遺伝子の発生に及ぼす効果，そして発現細胞の挙動を検討する際には，その遺伝子の5′末，あるいは3′末に蛍光タンパク質遺伝子をつなぐことで，問題とする遺伝子産物のN末，またはC末に蛍光タンパク質を目印（タグ）として付加し，融合タンパク質とすることが一般的である（図3.12A）．これにより，遺伝子産物の細胞内局在を知ることも可能となる．こうした実験では，タグがタンパク質の機能，挙動に及ぼす影響が無視できることを対照実験などで示す必要がある．

　遺伝子産物の分布や機能に対するタグの影響が排除できない場合，目的タンパク質と蛍光タンパク質が別のタンパク質として合成されることが望ましい．この目的では一般にIRES（Internal Ribosomal Entry Site），または2Aペプチドが用いられている（図3.12B,C）．

　真核生物の場合，一般に1つのmRNAには1つのコード領域（ORF）し

■ 3章　様々な発生遺伝学的研究手法

か存在せず，その下流からは新たな翻訳は起きない．IRES 配列とはもともとウイルスで見いだされたものである．これが転写産物（mRNA）内で，翻訳終了コドンの 3′ 側にある場合，その下流からの新たな翻訳開始が可能となるため，結果的に，1 分子の mRNA から複数の翻訳産物（タンパク質）が合成される．したがって，検討すべき遺伝子の ORF と蛍光タンパク質遺伝子の ORF の間に IRES を配置した人工遺伝子を発現させると，同じ細胞で同時に特定遺伝子と蛍光タンパク質が発現し，しかも機能的な相互干渉が

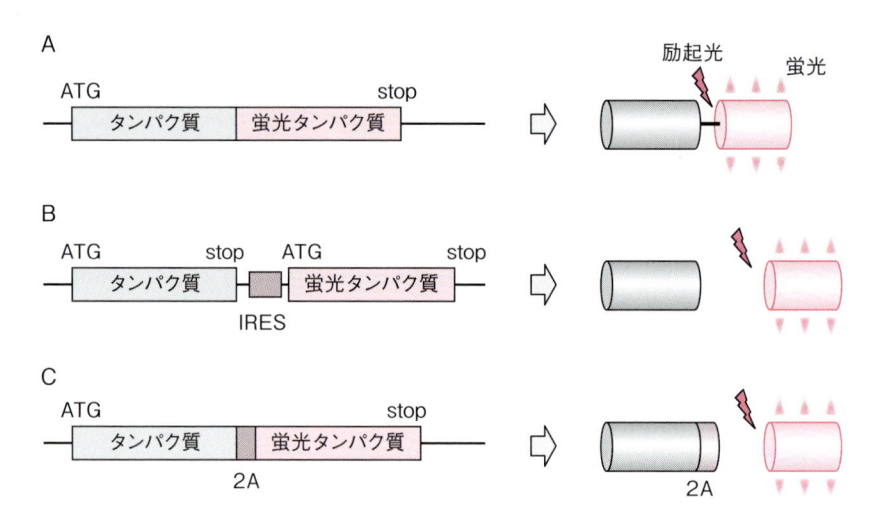

### 図3.12　タンパク質の蛍光標識法

A：観察対象とするタンパク質に目印とする蛍光タンパク質をつないだ融合タンパク質の遺伝子を細胞，胚で発現させる．生じたタンパク質は対象タンパク質の機能をもち，さらに蛍光で追跡可能である．

B：対象タンパク質と蛍光タンパク質のコード配列の間に IRES 配列をもつ人工遺伝子を発現させる．対象タンパク質と別に蛍光タンパク質が同じ細胞で発現するため，対象タンパク質を発現する細胞を蛍光で追跡できる．ゼブラフィッシュ胚では IRES 活性が低い傾向がある．

C：対象タンパク質に 2A ペプチドを介して蛍光タンパク質が連結された融合タンパク質の遺伝子を発現させる．翻訳過程で対象タンパク質と蛍光タンパク質が別個に同じ細胞で合成されるため，発現細胞を蛍光で追跡できる．ゼブラフィッシュでも広く用いられている．

排除できることになる．2つの ORF の間に IRES 配列を組み込むだけであり，コドンのフレーム（読み枠）を合わせる必要がないため，遺伝子作製は容易である（図 3.12B）．ただし，IRES はゼブラフィッシュ，メダカのいずれでも活性が低いとされ，常に有効とは言えない．

　これに対し，近年普及しているのが 2A ペプチドである（図 3.12C）．これもウイルスで同定された約 20 アミノ酸からなるペプチド配列であり，1 個の ORF の内部にこの配列があると，リボソームで生じるべきペプチド結合がこの配列内の特定部位では形成されない．翻訳はそのまま進行するため，この前後の ORF から別個のタンパク質が合成されることになる．これにより多数のタンパク質を同時に 1 つの人工遺伝子から発現させることも可能である．

　このほか，1 つのプラスミド内に異なる複数の遺伝子（転写調節配列＋コード領域＋ poly A 付加配列）を組み込んだ上で魚に導入することにより，複数の遺伝子を同一細胞で発現させる手法も可能である．

### 3.5.4　個体における神経活動の可視化

　ゼブラフィッシュはもともと神経発生を研究する上で注目された動物であるが，近年の蛍光タンパク質を利用したイメージング技術の発展により，この研究分野での有用性をさらに増しつつある．従来蛍光イメージングは主として生体胚での細胞の追跡に利用されていたが，近年開発された $Ca^{2+}$ センサー蛍光タンパク質（G-CaMP，cameleon など）は，分泌顆粒放出の引き金を引くシナプス前膜での細胞内 $Ca^{2+}$ 濃度の上昇，そして興奮性シナプス後電位や活動電位に伴うシナプス後膜近傍での細胞内 $Ca^{2+}$ 濃度の上昇を蛍光シグナルに変換することにより，神経活動の可視化を行う（図 3.13）．

　この遺伝子を注目すべきニューロン（群）で発現させることで，その活動を，従来の電気生理学で用いられる電極に依存せず，脳全体，そして全身的にモニターできることになる．特にゼブラフィッシュなどの魚類の場合，拘束せずに行動と神経活動を同時に解析できるという利点が期待されている．

■ 3章　様々な発生遺伝学的研究手法

A．G-CaMPの構造

| RSET | M13 | EGFP-C | EGFP-N | CaM | (451 aa) |

cpEGFP

B．G-CaMPによる Ca$^{2+}$の検出の原理

青色光　緑色蛍光　　　　　　青色光　緑色蛍光

ゼブラフィッシュ
中脳視蓋での
神経活動の
ライブイメージング

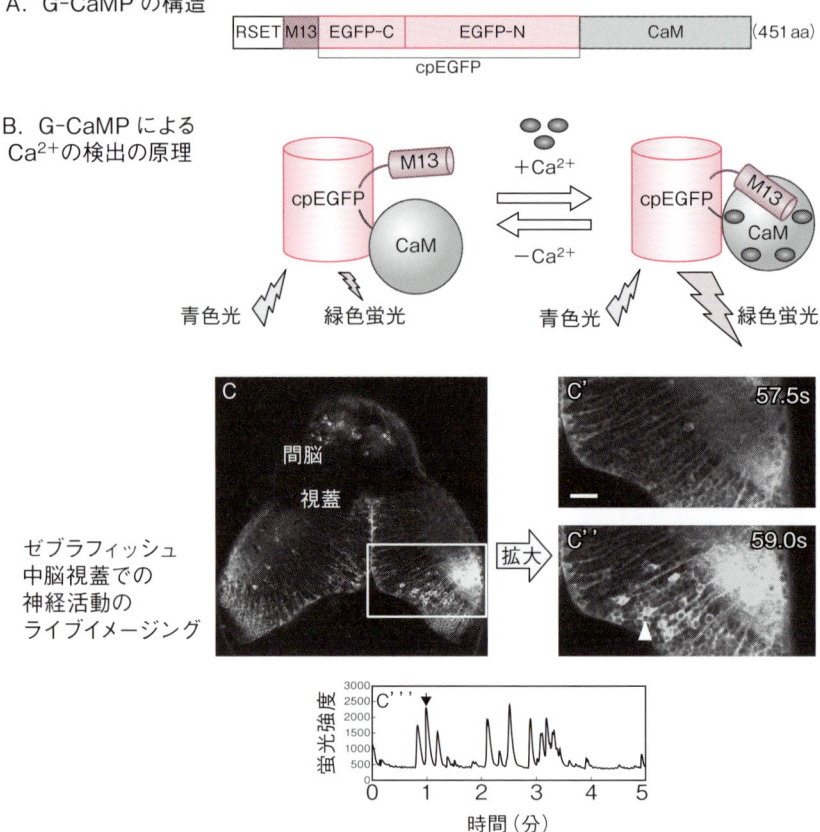

間脳
視蓋

拡大

C' 57.5s
C'' 59.0s

蛍光強度
時間（分）

**図3.13　魚個体における神経活動のライブイメージング**
A：CaセンサータンパクG-CaMPの構造．RSET：ヒスチジンタグ配列．M13：ミオシン軽鎖M13鎖．EGFP-C/N：EGFPのC末領域/N末領域．CaM:カルモジュリン配列．cpEGFP：EGFPの円順列変異体（N末領域とC末領域を交換した変異体）．
B：G-CaMPによるCa$^{2+}$の検出の原理．Ca$^{2+}$の存在下ではCa$^{2+}$-CaM-M13相互作用によりcpEGFPの構造が変化し，結果的に励起光照射で生じる緑色蛍光が増強される．
C：ゼブラフィッシュ中脳視蓋の神経活動のライブイメージング．ゼブラフィッシュ5 dpf胚の中脳視蓋におけるG-CaMP7aの緑色蛍光を高速共焦点レーザー顕微鏡（Nikon, A1RMP）で観察した．（C'，C''）写真C内の白枠領域を拡大した．神経細胞の自発的活動がC''において，蛍光強度の増強で可視化されている．(C''') C''で白矢じりにより示した細胞での神経活動を計測した．C'，C''の右上，およびC'''の横軸は，計測開始からの時間を示す．矢印の時点での蛍光像がC''と対応する（スケールバー，20 µm）．（データ提供：埼玉大学・中井淳一教授）(口絵⑨参照)．（A, B：大倉・中井，2013より改変）

## 3.6 個体レベルでの細胞機能の操作

### 3.6.1 個体における神経活動の操作：光遺伝学

近年，神経科学における新たな手法として，光による神経活動の操作が注目されている（光遺伝学，Optogenetics）．チャネルロドプシン（Channelrhodopsin, ChR）はもともと走光性をもつ単細胞緑藻類から，オプシンファミリーに属するイオンチャネルタンパク質として同定されたものである．青色光の照射により，これを発現する神経細胞の脱分極を引き起こすため，適切な神経細胞でChRを発現する遺伝子導入魚において，光照射で神経細胞の活動を制御できる．一方，ハロロドプシン（Halorhodopsin）は高度好塩菌由来の光駆動性イオンポンプであり，緑・黄色光に依存して塩素イオンを細胞内に取り込ませるため，これを発現する神経細胞の興奮を，光照射により抑制することができる（図3.14）．

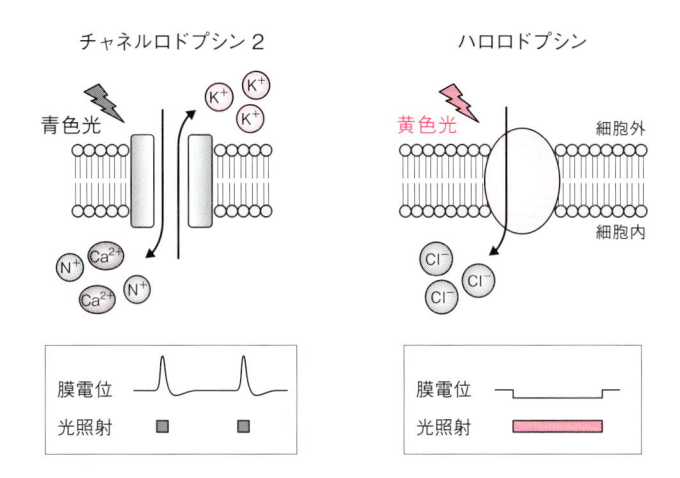

**図3.14 光による神経細胞の機能調節**
A：チャネルロドプシン2（ChR2）．走光性を示す単細胞緑藻類のオプシンファミリータンパク質．光依存性イオンチャネルであり，青色光照射により発現神経細胞を興奮させる．
B：ハロロドプシン（NpHR）．高度好塩菌由来の光駆動性イオンポンプ．緑/黄色光に応答して塩素イオンを細胞内に取り込ませるため，緑/黄色光を個体に照射することにより，発現する神経細胞の興奮を抑制することができる．

■ 3 章　様々な発生遺伝学的研究手法

### 3.6.2　特定細胞の機能阻害

特定組織，細胞の役割を知るためには，大腸菌由来ニトロレダクターゼ（NTR）を利用した特異的な組織・細胞の破壊が行われる．この場合，特定エンハンサーあるいは GAL4/UAS システムにより，特定組織で特異的に NTR を発現する魚系統を準備する．NTR 自体は魚に効果をもたないが，この胚をメトロニダゾール（Met）で処理すると，NTR の活性で Met が毒性を獲得するため，NTR 発現組織のみが破壊されることになる．また，クラゲ由来の赤色蛍光タンパク質，キラーレッド（KillerRed）は，緑色光の照射で活性酸素を産生し，発現細胞を殺すことから，同様の目的で利用されている．

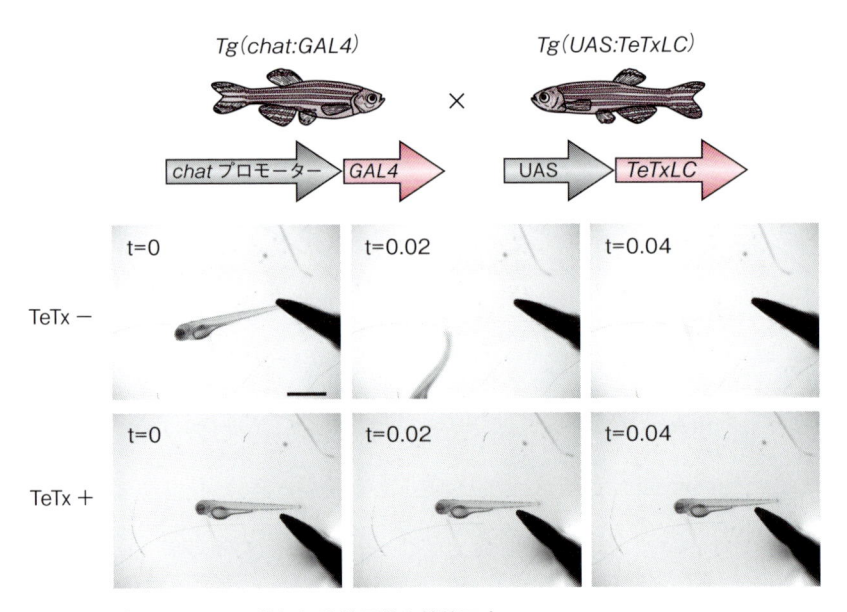

**図 3.15　生体胚における神経細胞特異的な機能阻害**
コリン作動性ニューロン特異的に働く chata プロモーター（5.3.2 項参照）を GAL4 につなぎ，この Tg(chat:GAL4) コンストラクトをゼブラフィッシュに導入した．この魚を，UAS 下流に破傷風毒素軽鎖（TeTxLC）遺伝子をもつ Tg(UAS:TeTxLC) 魚と交配し，得られた子孫（5 dpf）の中で，TeTxLC を発現する稚魚（TeTx ＋）は，針で機械刺激しても応答しない．なお，TeTxLC を発現しない稚魚（TeTx －）は正常な逃避行動を示す．t：撮影時間（秒），スケールバー，500 μm．（大貫穂乃佳氏撮影）

一方，特定ニューロンの機能阻害を行う場合，破傷風毒素（TeTx）の遺伝子が利用される．この場合，やはり GAL/UAS システムで TeTx を発現させたニューロンでは，神経活動が阻害されることになる（図 3.15）．

### 3.6.3　レーザー照射による遺伝子発現誘導：IR-LEGO

赤外レーザー誘起遺伝子発現操作法（Infrared Laser-Evoked Gene Operator；IR-LEGO）は，産業技術総合研究所の弓場俊輔らによって開発された技術であり，基礎生物学研究所の亀井保博らにより，ゼブラフィッシュ，メダカなどに導入された．これは，稚魚や胚体の中にある単一細胞を赤外レーザー光で加熱することによって，ヒートショックプロモーター支配下にある導入遺伝子の発現を誘導する手法である．IR-LEGO により，任意の時期に，特定細胞，領域にピンポイントで遺伝子を誘導することが可能となっている．

## 3.7　今後の課題

ゼブラフィッシュは，ショウジョウバエで成功した発生遺伝学を，脊椎動物に導入することをめざす流れの中で注目された動物であり，実際に古典的な突然変異体作製とその遺伝学的解析を脊椎動物で本格的に実現した．

今後，サプレッサースクリーンやエンハンサースクリーン（7.1.1c 項参照），あるいは TILLING 法による新たな変異体（対立遺伝子）作製を行うことにより，特定遺伝子と相互作用を行う新たな遺伝子の同定，遺伝子相互作用の詳細についての解明が期待される．また，TALEN 法，CRISPR/Cas 法によるゲノム編集技術は，新たな変異体作製に加え，遺伝子ノックイン，あるいは Cre-Lox システムの利用によるコンディショナルノックアウトに発展しうるものである．強調すべきは，大きな進化を遂げつつあるバイオイメージング技術を最も有効に活用できる脊椎動物の 1 つが小型魚類である，という点であろう．

今後，ゼブラフィッシュにおいて，こうした多様な研究アプローチを並行して進めることにより，脊椎動物の発生生物学，そしてさらに脳神経系やその他の生体機能に関する研究において，新たな展開の到来が期待される．

# 4章 ゼブラフィッシュ胚での
# 脳神経系の発生

　ゼブラフィッシュは，脊椎動物の発生現象を理解する上で重要な実験モデルであり，この魚を利用することにより，ほかの動物では解析のむずかしかった発生のしくみが明らかとなった例は多い．ゼブラフィッシュの場合，当初，ボディプランの確立，中胚葉や内胚葉の分化，神経誘導など，初期発生の研究が先行したが，近年は，器官形成など，より後期の発生に関する研究においても，重要性が高まりつつある．

　本章から6章までは，そうしたゼブラフィッシュ発生遺伝学における新たな展開について，脳神経系の発生・発達と心臓発生に絞って紹介する．なお，脊椎動物共通の発生制御機構の詳細については成書を参考にされたい．

## 4.1　神経誘導と神経細胞の分化

　すでに1章で述べたように，ゼブラフィッシュ発生生物学は当初，脳・神経発生の分野でスタートし，現在もこの分野で大きな成果をあげつつある．本章では，ゼブラフィッシュ個体発生における脳神経系の形成とその制御機構に関する重要な知見を中心に紹介する．

　ゼブラフィッシュ中枢神経系（CNS）は，胞胚後期から原腸形成初期にかけて，ほかの脊椎動物と同様，中内胚葉からの誘導シグナルにより外胚葉から形成されるが（神経誘導），そのしくみについてもほかの脊椎動物と共通点が多い（図4.1）．まず，卵黄細胞から分泌されるNodal（ノーダル）により胚盤の周縁部で中内胚葉が誘導され，ここから分泌される繊維芽細胞成長因子Fgf8により，外胚葉から予定後方神経領域が誘導される．

　また，原腸形成初期に胚盤葉背側に生じる胚楯がカエルのシュペーマンオーガナイザーに相当しており，ここより分泌されるChordin（コーディン）やNoggin（ノギン）などのBMP拮抗因子は，腹側から側方にかけて

## 4.1 神経誘導と神経細胞の分化

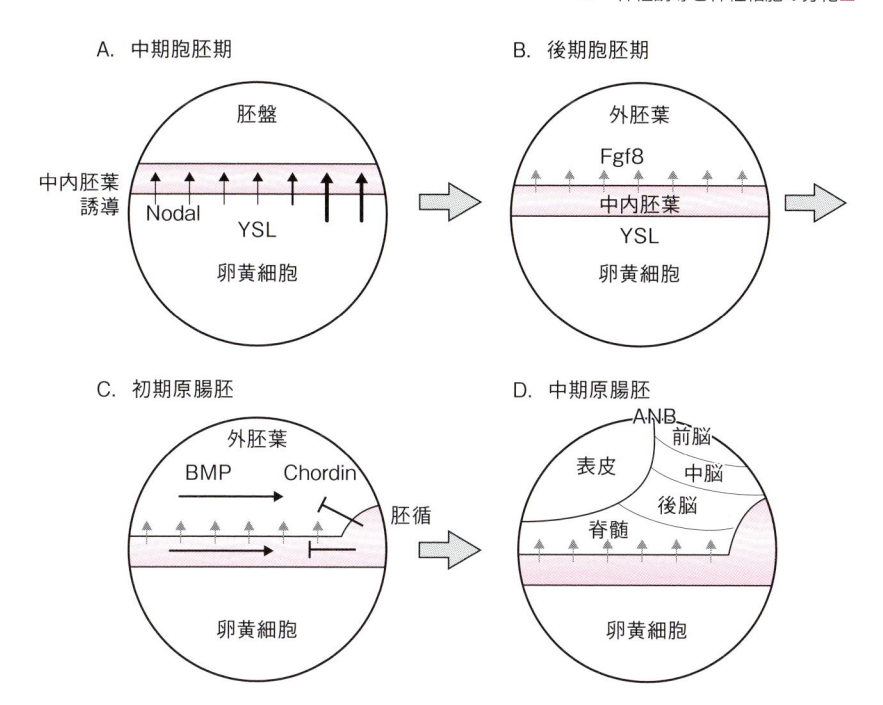

A. 中期胞胚期 / B. 後期胞胚期 / C. 初期原腸胚 / D. 中期原腸胚

**図4.1　初期ゼブラフィッシュ胚における中内胚葉誘導と神経誘導**
A：胞胚期において，卵黄細胞上層（YSL）からのシグナル（Nodalなど）により胚盤周縁部で中内胚葉が誘導される．特に卵黄細胞に近い領域では内胚葉が分化する．予定背側部位もやはり卵黄細胞からのシグナルで決定される．B：中内胚葉からのシグナル（Fgf8など）により外胚葉において後方神経系が誘導される．C：原腸形成期において，胚循から分泌されるコーディン（Chordin）がBMPシグナルを阻害する結果，胚循周辺で神経板が誘導される．D：神経板は前方神経境界（ANB）からのシグナルおよび後方化シグナルの作用により，前脳，中脳，後脳，脊髄に領域化する．

広く発現する腹側化因子BMPの働きを抑制することで，背側外胚葉から前方CNSを誘導する．この際には，神経板全域で発現するB1型Sox転写因子（SoxB1；Sox3, Sox19aなど）が重要である．SoxB1は一般的に神経前駆組織の維持に関わっており，初期神経分化の促進と最終分化の阻害を行う一方，神経分化を推進するプロニューラル遺伝子（後述）の発現を阻害する．

引き続いて神経管の形成が起こるが，1章で述べたように，この過程はほかの脊椎動物とやや異なり，神経板は神経キール，神経ロッドを経て神経

105

管となる（1.4.1e項を参照）．この過程では非正規Wnt経路（PCP経路）およびCadherin（カドヘリン）による細胞接着の関与が明らかとなっている．また，神経上皮から分泌される脳脊髄液（CSF）の液圧により，脳室が形成される．CSFはさらに神経上皮細胞の増殖と維持にも必要とされる．

　神経板・管形成と並行して，神経上皮細胞からニューロン，あるいはグリア細胞への分化が進行する．ゼブラフィッシュの場合，神経板での神経形成は後期原腸形成期に始まる．初期神経分化の基本的な遺伝子機構は，最初ショウジョウバエ，その後はカエル，マウスなどでも解明されたが，ゼブラフィッシュでも基本的には同様である．

　まず，引き金を引くのはプロニューラル遺伝子とよばれる一連の神経形成制御遺伝子群であり，最初期には，bHLH転写因子遺伝子の *neurogenin1*（*neurog1*，ニューロジェニン1）と *ascl1a*，非bHLH転写因子遺伝子の *ebf2* が重要である．プロニューラル遺伝子の発現はプロニューラルクラスターとよばれる細胞集団内に限定されており，これらが発生初期におけるニューロンの基本的な配置を決定する（コラム4章①，図4.2）．

### コラム4章①
### 神経分化機構：プロニューラルクラスターと神経前駆細胞プール

　ゼブラフィッシュ初期胚の神経板では，まず一次ニューロンを形成するプロニューラルクラスターが形成される．このクラスターは，神経分化の場ではあるが，この内部にある細胞がいっせいに分化するわけではない．高レベルでプロニューラル遺伝子を発現する一部の細胞が神経芽細胞として分化するのに対し，その周辺にあるクラスター内細胞は，その後の新たな神経分化に備えて増殖性の未分化神経前駆細胞として維持される（図4.2A）．

4.1 神経誘導と神経細胞の分化

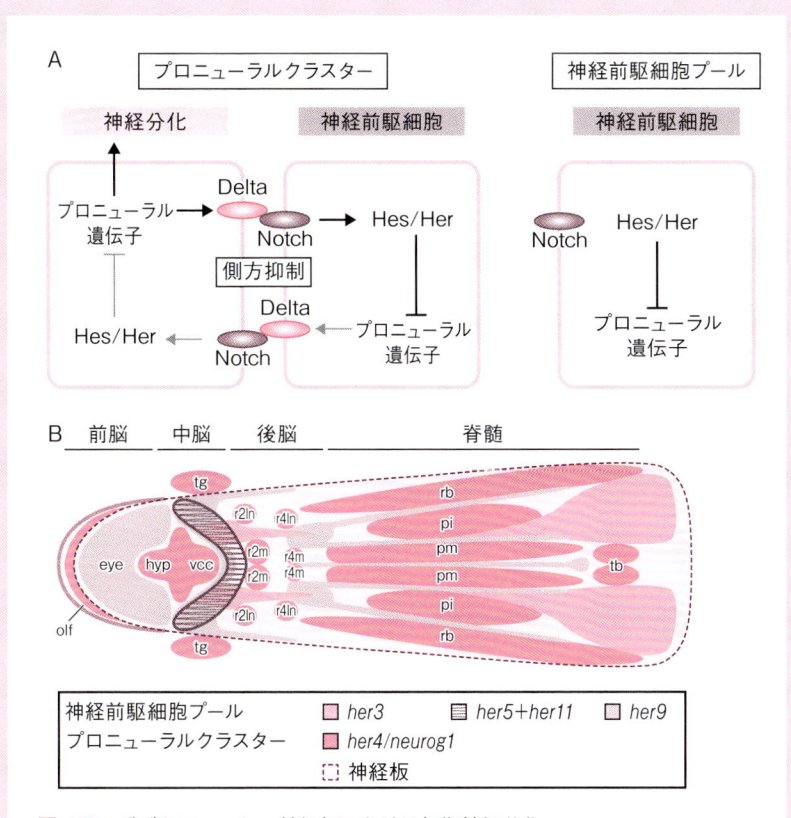

#### 図4.2 ゼブラフィッシュ神経板における初期神経分化

A：プロニューラルクラスターではNotchシグナルとプロニューラル遺伝子，Her遺伝子の作用で神経分化が制御される．神経前駆細胞プールではNotch非依存的にHerの作用で神経分化が抑制される．矢印:活性化，T字線:抑制．B：3体節期胚の神経板では，*her4*と*neurog1*により維持されるプロニューラルクラスターにおいて一次ニューロンの分化が進行する．一方，これらのクラスターにはさまれた神経前駆細胞プール（*her3*, *her5*＋*her11*, *her9*）では未分化状態が維持される．（B：Stigloher *et al.*, 2008 より改変）
eye：予定眼領域，hyp：視床下部ニューロン，olf：嗅覚ニューロン，pi：一次脊髄介在ニューロン，pm：一次脊髄運動ニューロン，r2m：r2 運動ニューロン，r2ln：r2 外側ニューロン，r4m：r4 運動ニューロン，r4ln：r4 外側ニューロン，rb：脊髄感覚ニューロン（ローハン・ベアードニューロン），tb：尾芽，tg：三叉神経節ニューロン，vcc：腹側後方クラスター．

一般に，神経分化を始めるかについての選別はNotch（ノッチ）シグナルを介した側方抑制で行われる．クラスター内でプロニューラル遺伝子（*neurog1*など）を発現する細胞では，EGFモチーフを多数もつ膜タンパク質，Delta（デルタ）の発現が活性化される．Deltaは，隣接細胞の表面にある別のEGFモチーフ膜タンパク質Notchを受容体とする．Deltaで活性化されたNotchは，bHLH-Orange（bHLH-O）型転写因子とよばれる転写抑制性bHLH転写因子の遺伝子を活性化し，これがプロニューラル遺伝子の発現を抑制する．結果的に，プロニューラル遺伝子の発現が高い細胞が神経分化を開始するのに対し，隣接細胞では未分化状態が維持されることになる．なお，Notch，Deltaなどが欠損すると，ショウジョウバエでは神経細胞が過剰となることから，これらはニューロジェニック遺伝子とよばれる．

　ゼブラフィッシュの場合，bHLH-O型転写因子はHerとよばれており，少なくとも17個の遺伝子がある．また，*notch*遺伝子は4種，*delta*遺伝子も4種知られる．これらは領域，時期ごとに使い分けられており，ゼブラフィッシュ発生初期におけるNotchを介した側方抑制では，*her4*が主要な*her*遺伝子である（図4.2B）．

　その後の胚発生，そして稚魚での脳の発達において，神経数の増大と多様化が進行するが，運動ニューロン，介在ニューロンなどの神経分化の制御は，やはり*neurog1*などのプロニューラル遺伝子と*notch/delta*などのニューロジェニック遺伝子により制御される．なお，Notchシグナルは，ショウジョウバエでは神経細胞と非神経系細胞の運命決定に関わるが，脊椎動物の場合，神経細胞の段階的な分化，そして神経前駆細胞集団の維持を保証するという役割が顕著であり，神経前駆細胞から生じる神経細胞種の選択，グリア細胞の産生にも働くことが知られる．

　プロニューラルクラスターとは別に，ゼブラフィッシュ胚の神経板では，隣接するプロニューラルクラスターにはさまれた境界領域に未分化領域が観察されており，神経前駆細胞プールとよばれる．前駆細

胞プールでは，プロニューラルクラスターとは別の her 遺伝子（her3，her5，her9，her11 など）が Notch-Delta シグナルと独立して恒常的に発現することで神経前駆細胞を維持する．これらの未分化領域がその後，適切な時期，場所において神経細胞を供給する役割を果たすことになる．また，これらの領域は脳の領域化を行うシグナルセンター，つまり局所オーガナイザーの性質をもつことがあり，代表例は中脳後脳境界（MHB）領域である（コラム4章②参照）．しかし，シグナルセンター機能と神経前駆細胞の維持機構の関係は明らかではない．

なお，一生を通じて脳を含む全身的な成長が続く硬骨魚では，成体脳の全域に多数の増殖領域が存在しており，ニューロンを生み出すことが知られる（5.5.2項参照）．こうした成体脳の増殖領域は，プロニューラル遺伝子やニューロジェニック遺伝子，あるいは Notch 標的遺伝子の her4 を発現する領域と一致しており，胚でのプロニューラルクラスターの場合と類似の神経形成が起きていると考えられる．

こうした成体脳内増殖領域には，長期持続性の神経前駆細胞が存在しており，これらは成体神経幹細胞と見なされている．そうした細胞集団の１つが中脳と後脳の間の境界領域に見られており（いわゆる峡部増殖帯；IPZ）（図5.4参照），胚の神経板で知られる MHB との関係が注目される．おもしろいことに，IPZ 細胞も her5 の発現を特徴としており，成体神経幹細胞は her5 型 bHLH-O 遺伝子により維持されると考えられる．

## 4.2 中枢神経系のパターン形成と領域化

ゼブラフィッシュ胚でもほかの脊椎動物と同様，BMP 拮抗因子により誘導された神経領域は，当初は前方神経系への分化能をもっており，後方中胚葉から分泌されるレチノイン酸，Wnt，Fgf8 により後方化され，神経板に前後パターンが生じる（図4.1）．胞胚後期に中内胚葉から放出される Fgf8 は，後方神経系を直接誘導することも知られている．その後，脳原基内で生じる

■ 4章　ゼブラフィッシュ胚での脳神経系の発生

領域の境界に二次的なシグナルセンターが生じ，周辺に新たな脳領域を誘導する（局所オーガナイザー，図4.3；コラム4章②）．

代表的なものとして，まず神経板の前端領域（前方神経境界，ANB；マウスでの前方神経隆起，ANR）があり，この領域が終脳，間脳の形成を誘導し，これらの構造を決定する．ANB に由来する分泌因子としては Wnt の拮抗因子，そして Fgf8 が重要である．間脳内では，腹側視床と視床領域の境界にZona limitans intrathalamica（ZLI）とよばれる領域が生じ，Sonic hedgehog（Shh，ソニックヘッジホッグ）などを分泌して視床などの発生を制御する．中脳と後脳の境界は中脳後脳境界（Midbrain-Hindbrain Boundary, MHB）とよばれており，Wnt1 および Fgf8 を分泌することで中脳と小脳の発生を制御する．後脳内の第4菱脳節（r4）は Fgf3 や Fgf8 を分泌し，後方の菱脳節と両脇にある内耳原基の発生を誘導する．これらのシグナルセンターの多くは，マウスやニワトリの胚でも同様の働きをもつことが知られる（図4.3）．

神経管は背腹軸に沿っても領域化されるが，この機構もほかの脊椎動物とほぼ同様である．つまり，神経管の直下に位置する脊索と神経管腹側の底板

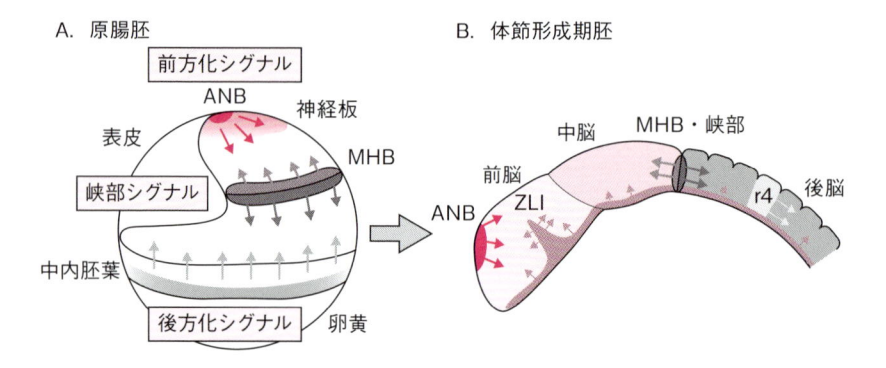

**図4.3　ゼブラフィッシュ胚の神経板におけるシグナルセンター**
ゼブラフィッシュ胚の神経板および神経管でも他の脊椎動物と同様，中脳後脳境界領域（MHB）は中脳と小脳の形成を誘導し，前方神経境界（ANB）は終脳および間脳のパターン形成シグナルを放出する．神経板全体は胚後方からの後方化シグナル（Wnt, FGF, レチノイン酸）により前後極性を獲得する．体節形成期には，間脳の ZLI および第4菱脳節も周辺で脳領域化を制御する．また，脊索および神経管腹側から分泌される Shh シグナルにより，神経管腹側の形成が誘導される．

から分泌されるShhの濃度勾配が神経管腹側において背腹に沿ったパターンを決定し，背側の蓋板や表皮外胚葉で分泌され，Shhとは逆向きの濃度勾配をつくるBMPおよびWntが，背側神経管をパターン化する．

　これら前後および背腹に沿った位置情報の組み合わせにより，脳原基において，構造単位であるニューロメアが形成される（コラム1章②）．なお，生じる神経前駆細胞は，異なるニューロメアごとに特定の性質を獲得する．たとえば後脳のニューロメアである菱脳節の各々では（図1.11），一次運動神経が腹側に形成されるが，これらの軸索投射パターンと機能は菱脳節（r1–r7）ごとに異なる．これは，各菱脳節のアイデンティティが，発現するHoxなどの転写因子により決定されるためであり，r1では滑車神経，r2では三叉神経，r4では顔面，内耳神経が分化する．こうした神経系のパターン形成と遺伝子レベルの制御は，咽頭胚において脊椎動物間で良く保存されている．

> **コラム4章②**
> ### 局所オーガナイザー
>
> 　局所オーガナイザーとは，シグナル分子の放出により周辺組織の発生を決定する特定の細胞集団を意味しており，ショルプ（Steffen Scholpp）とラムスデン（Andrew Lumsden）によって以下の性質で特徴付けられている（Scholpp & Lumsden, 2010）．
> (1) シグナル分子が特定の細胞集団により放出される．
> (2) この細胞集団の除去は結果として周辺組織の形成を欠損させる．
> (3) オーガナイザー集団の応答可能領域への移植は，異所的構造を誘導する．
> (4) オーガナイザーは，単純な空間的構造を複雑な空間構造をもつ場に変換する．
> (5) 分泌するシグナル分子を異所的に提供すると，オーガナイザーの主要機能が再現される．

(6) オーガナイザーの有効範囲は，出現のタイミング，シグナル分子の拡散効率，そしてシグナルがどのように特定応答に翻訳されるかに依存する．

神経板における脳領域化の局所オーガナイザーの中で，形成と機能の分子機構が比較的よく知られているのはゼブラフィッシュの場合，中脳後脳境界（MHB）と Zona limitans intrathalamica（ZLI）であろう．

MHB は，中脳および小脳の形成誘導とパターン化を行うことが当初，東北大学の仲村春和らによるニワトリ胚を用いた研究で示唆され，その後，ニワトリに加えてマウス，そしてゼブラフィッシュでシグナルセンターとしての役割がわかってきた．この位置は，発生後期には峡部とよばれるくびれ構造となることから峡部オーガナイザーともよばれており，シグナル本体は中脳後端で発現する Wnt1 と後脳前端で発現する Fgf8 である．

MHB は，マウスやニワトリの場合，神経板前方で広く発現する *Otx2* ホメオボックス遺伝子と後方で発現する *Gbx2* ホメオボックス遺伝子の相互作用により，これら 2 遺伝子の発現境界で形成されることが知られる（図 4.4A, B）．

ゼブラフィッシュでも前方では *otx2* が重要であるが，後方では原腸形成期に発現する *gbx1* と原腸形成終了期以降発現する *gbx2* の両方が関与することが，ドイツ・マックスプランク研究所のブラント（Michael Brand）ら，そして筆者らにより示された（Rhinn *et al.*, 2003；Kikuta *et al.*, 2003）．マウス *Gbx1* は別の脳領域で発現しており，脊椎動物進化において，MHB 形成に関わる機能が，鳥類や哺乳類では *Gbx2* のみに割り当てられたのに対し，魚類では *gbx1* と *gbx2* により発生時期ごとに分担されるようになったと考えられ，脊椎動物での脳の進化における重複遺伝子の意味を考える上で興味深い（口絵⑥参照）．

なお，発生が進行するにつれ，ゼブラフィッシュ胚の MHB では

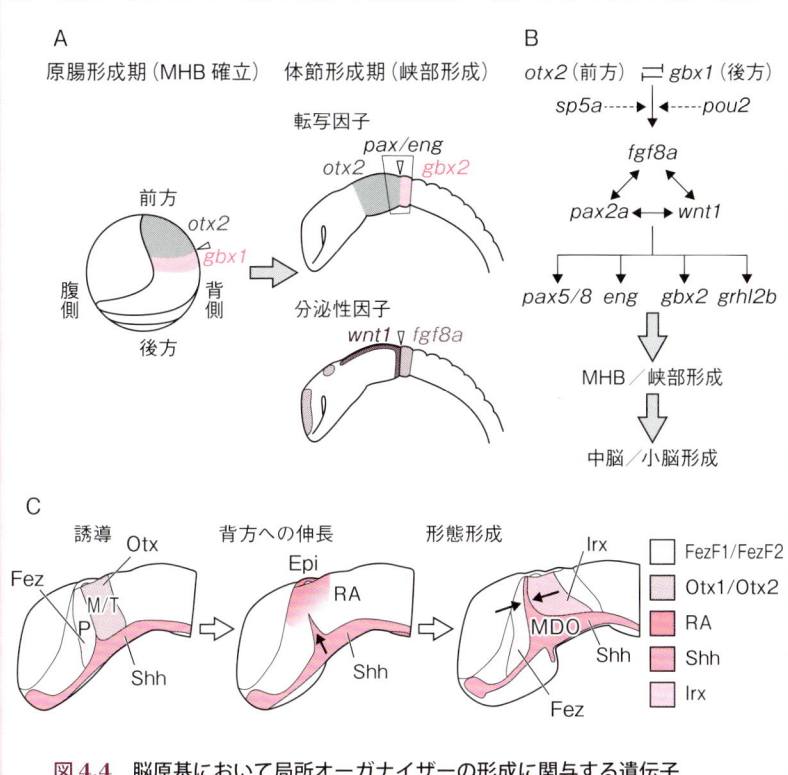

4.2 中枢神経系のパターン形成と領域化

**図 4.4 脳原基において局所オーガナイザーの形成に関与する遺伝子**
A：MHB 周辺で発現する発生制御遺伝子．原腸形成期に神経板前方で発現する *otx2* と後方で発現する *gbx1* の境界が後に MHB となる．*pax*（*pax2a*, *pax5*, *pax8*）および *eng*（*eng1a/1b*, *eng2a/2b*）は MHB をまたいで発現する．矢じり：MHB およびその後の峡部．B：MHB および峡部の形成を制御する遺伝子カスケード．*otx2/gbx1* の発現境界で MHB が確立し，峡部形成が進行する．この際，2 種の転写調節因子遺伝子 *sp5a* と *pou2*（*pou5f3*）が必要であり，*grhl2b* は峡部の形態形成を制御する．C：中脳間脳オーガナイザーの形成．*otx* と *fez* の発現境界で *shh* の発現が誘導され，中脳間脳オーガナイザー（MDO）である ZLI が形成される．初期においてはレチノイン酸（RA）が ZLI 形成を背側で抑制するが，RA シグナルが減退するにつれて ZLI は背方に伸長する（中央図矢印）．MDO 領域は Fez と Irx により限定される（右図矢印）．（C：Scholpp & Lumsden, 2010 より改変）Epi：視床上部，M/T：MDO と視床の原基，P：腹側視床原基．

*pax2a* およびその近縁遺伝子（*pax5*, *pax8*），*eng* 遺伝子（*eng1a*, *eng2a*, *eng2b* など），そして *wnt1* と *fgf8a* が誘導され，これらが峡部およびシグナルセンター活性を生み出すが，その詳細は不明である．

一方，視床およびその周辺間脳領域の発生は，間脳内の第 2/3 プロソメア（p2/p3）境界に形成される ZLI 領域からの Shh シグナルに依存しており，この領域は中脳間脳オーガナイザー（MDO）ともよばれる．MDO の働きと形成制御機構については，ドイツ・カールスルーエ工科大学のショルプらによりゼブラフィッシュで詳細が明らかにされた（図 4.4C）．

MDO の位置も転写因子の相互作用で決定される．*otx2* は上述のように発生初期には神経板前方で広く発現するが，その後，前脳の前方では発現が低下し，代わりに Zn フィンガー転写因子遺伝子である *fez* が発現する．*fez* と *otx2* の抑制的な相互作用の結果，これらの発現境界が MDO となり，*shh* が発現する．ZLI の前方と後方での発生運命については，神経板自体にすでに分化能の違い（プレパターン）があり，前方では *fez* が腹側視床，後方についてはホメオボックス遺伝子 *irx* が視床を形成すると考えられる．*shh* はこうした転写因子遺伝子と協調して腹側視床と視床を誘導するが，その後，視床後方の神経前駆細胞ではさらにプロニューラル遺伝子 *neurog1* を誘導してグルタミン酸作動性介在ニューロンの分化を促進し，視床前方と腹側視床では別のプロニューラル遺伝子 *ascl1* の発現を活性化することで GABA 作動性抑制ニューロンの分化を誘導する．

最終的に ZLI を中心とした Shh タンパク質の濃度勾配に応じて様々な視床核が分化する．マウスでの研究によると，Shh の制御下で進行する神経核形成でも Gbx2 が必要であり，この転写因子はさらに，視床の領域化，細胞移動の制限にも関わるとされる．なお，ZLI 由来シグナルとしては，Shh のほかに Wnt シグナルおよび FGF シグナルが知られる．

## 4.3 発生初期の神経発生と逃避反応

　魚類などの無羊膜類胚[*4-1]の発生で最初に出現するニューロンは一次ニューロンとよばれており，主として逃避行動に関与する．一次ニューロンを構成するのは，頭部や脊髄でのコリン作動性運動ニューロン，各種介在ニューロン，そして神経管背側に生じるグルタミン酸作動性の体性感覚ニューロンであり，16 hpf以降，軸索による神経回路が発達する（図4.5）．

　逃避反応の引き金は，側線器官，皮膚内の機械感覚性細胞，内耳の聴覚前庭システムからの，接触や水流などに関する感覚情報である．こうした刺激は体性感覚ニューロン（ローハン・ベアード（RB）細胞，三叉神経，内耳神経）により検知され，神経管腹側を前後に走る網様体脊髄路ニューロンにつながる．主要な網様体脊髄路ニューロンはr4内の両側部にあるマウスナー細胞であり，このニューロンからの軸索は，反対側運動ニューロンと抑制性交連

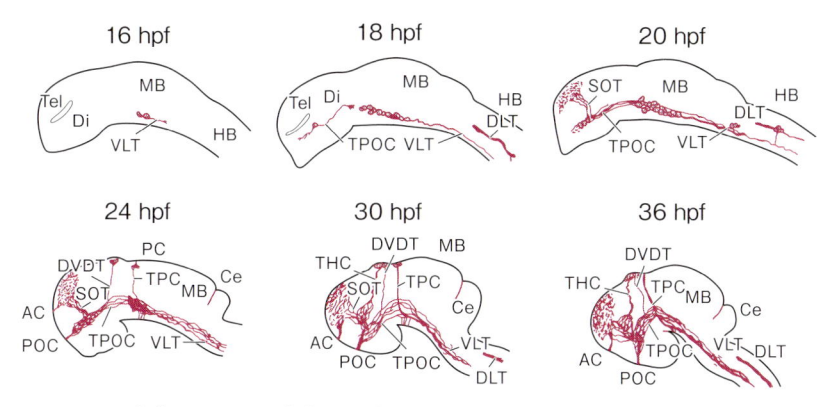

**図4.5　ゼブラフィッシュ初期胚の脳における一次ニューロン軸索の形成**
16-36 hpf胚における一次ニューロンネットワークの発達．ニューロンクラスターと軸索路を示す（Ross *et al.*, 1992 より改変）．AC：前交連，DLT：背側縦路，DVDT：背腹間脳軸索路，PC：後交連，POC：視索後交連，SOT：視索上軸索路，THC：手綱交連軸索路，TPC：後交連軸索路，TPOC：視索後交連軸索路，VLT：腹側縦路．（その他の略称は別表6参照）

---

*4-1　脊椎動物の中で，胚期において羊膜などの胚体外膜をもつ哺乳類，鳥類，および爬虫類を有羊膜類，胚体外膜をもたない両生類，魚類などを無羊膜類とよぶ．

■4章 ゼブラフィッシュ胚での脳神経系の発生

介在ニューロン（反対側のマウスナー細胞に投射）を同時に活性化する結果，反対側でのみ筋収縮が引き起こされ，刺激と逆方向に逃避する．

## 4.4 ゼブラフィッシュ脳の構造，機能，そしてその発生

ゼブラフィッシュ胚におけるCNS原基の基本構造もほかの脊椎動物と同様，前方から後方へ，前脳，中脳，後脳，そして脊髄の4領域に区分される（図1.11）．前脳は，前方の二次前脳と後方間脳に区別され，二次前脳はその後，背側で終脳，腹側で視床下部を形成する．

### 4.4.1 終 脳

ゼブラフィッシュなど条鰭類の終脳は，四足類のように前方神経管全体が

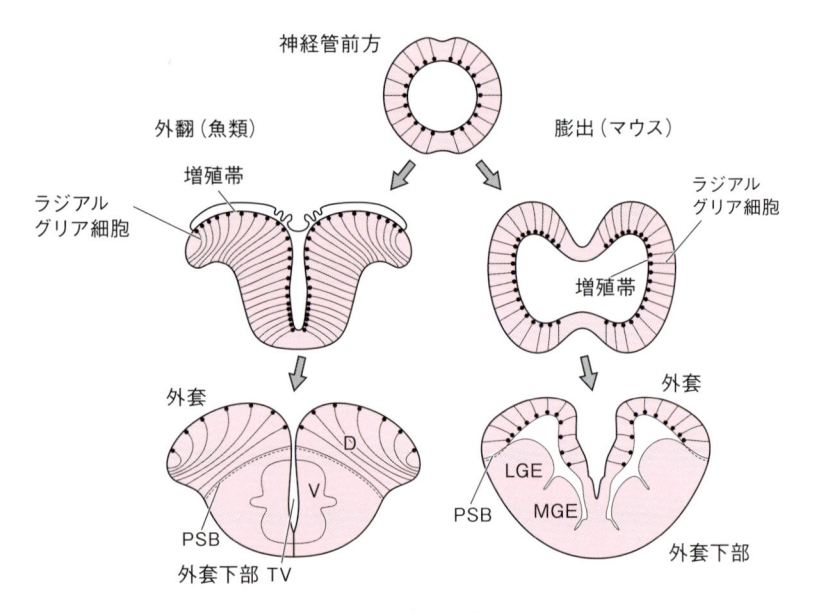

**図4.6 ゼブラフィッシュ胚における終脳形成**
多くの脊椎動物では神経管前方の外側への膨出により左右の半球ができるのに対し，魚類では蓋板が左右に拡大する結果として神経上皮が裏返り，頂端側（増殖帯）が脳の表層に位置するようになる（外翻）．外套における曲線はラジアルグリア細胞の神経突起の走行を示す．D：終脳背側野，LGE：外側基底核原基，MGE：内側基底核原基，PSB：外套・外套下部境界，TV：終脳室，V：終脳腹側野．（Mueller et al., 2011より改変）

4.4 ゼブラフィッシュ脳の構造，機能，そしてその発生

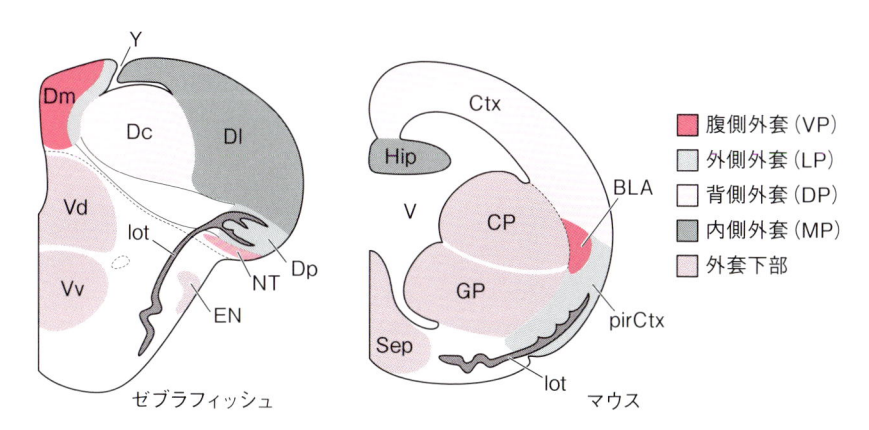

**図 4.7　ゼブラフィッシュとマウスの成体における終脳構造**
魚類と哺乳類では，終脳形成過程の違いのために外套内の対応領域が内外で逆転する．ただし，魚類の Dp 領域細胞（哺乳類の外側外套 LP に対応）は，いったん内側に入った後に外側に移動するため，哺乳類と位置関係が結果的に同じになる（Mueller *et al.*, 2011 より改変）．BLA：扁桃体基底外側部，CP：線条体（被殻と尾状核），Ctx：大脳皮質，EN：脚内核，GP：淡蒼球，Hip：海馬，lot：外側嗅索，NT：taeniae 核，pirCtx：梨状皮質，Sep：中隔，Y：外翻の結果表層に位置するようになった増殖帯の陥入．

左右に膨らむ（膨出，evagination）のではなく，蓋板の左右への拡大により反転する（外翻，eversion）ことで形成される，という大きな特徴をもつ（図 4.6）．したがって，魚類と哺乳類などの間で終脳の内部構造を比較する際には注意が必要である．

魚の場合，終脳はその後，背側の終脳背側野と腹側の終脳腹側野に区別される（図 4.7）．背側野は一般的には外套とよばれる領域であり，哺乳類では大脳皮質を形成する．腹側野は外套下部に対応し，線条体や淡蒼球などの基底核（哺乳類では通常大脳基底核とよぶ）を形成する．有羊膜類の外套は，背側外套，内側外套，外側外套，腹側外套に区分されるのに対し（図 4.7），ゼブラフィッシュの終脳外套である終脳背側野は，内側部（Dm），外側部（Dl），後部（Dp），そして中心部（Dc）に区別される（表 4.1）．

哺乳類の外套内部領域との対応関係については，近年，解剖学的研究に加え，各種脳領域マーカーの発現比較が行われた結果，詳細が明らかになってきた（コラム 4 章③）．

表 4.1　ゼブラフィッシュ終脳の内部構造

| 終脳内領域 | | 略称 | 哺乳類の対応領域 | 主要な哺乳類成体脳領域 |
|---|---|---|---|---|
| 終脳背側野 (area dorsalis telencephali) | | | 外套 (pallium) | 大脳皮質 |
| 〃 | 内側部 (pars medialis) | Dm | 腹側外套 (VP) | 扁桃体 |
| 〃 | 背側部 (pars dorsalis)*1 | Dd | ― | ― |
| 〃 | 外側部 (pars lateralis) | Dl | 内側外套 (MP) | 海馬 |
| 〃 | 中心部 (pars centralis) | Dc | 背側外套 (DP) | 大脳新皮質 |
| 〃 | 後部 (pars posterior) | Dp | 外側外套 (LP) | 梨状葉皮質 |
| 終脳腹側野 (area ventralis telencephali) | | | 外套下部 (subpallium) | 大脳基底核 |
| 〃 | 腹側部 (pars ventralis) | Vv | | 中隔 |
| 〃 | 背側部 (pars dorsalis) | Vd | LGE, MGE | 線条体, 淡蒼球 |

*1　魚類終脳背側野では一般に背側部（Dd）の存在が知られており，ゼブラフィッシュでも以前はあるとされたが，現在では存在しないと考えられている．

### コラム 4 章❸
### 硬骨魚の胚発生における終脳形成の遺伝子支配

　哺乳類の大脳は，発生学的には終脳とよばれており，硬骨魚の終脳と相同である．両者の間での対応関係については，成体での解剖学的特徴，行動制御における機能，神経連絡などに基づいて考察されてきたが，進化に伴う大規模な細胞移動・形態形成様式の変化，適応に伴った収斂進化などが障害となり，これまで結論を得るには至っていなかった．しかし近年になり，脳原基における各領域の発生的起源と発生過程，初期で働く発生制御遺伝子の発現を考慮した研究が活発に行われ，一見大きく異なる哺乳類と魚類の終脳の基本構造が，やはり高度に保存されていると考えられるようになっている．
　ゼブラフィッシュの場合，一次神経形成が 24 hpf までに起きるが，これらの多くは一過的なニューロンであり，初期の感覚，運動を制御する．前脳では，これに続いて二次神経形成が 2 dpf～5 dpf で進行するが，これがマウスにおける E9.0～E18.5（E：マウスの発生段階．受精後の日数を示す）での神経形成と対応する．特に顕著なのは，2

dpf〜3 dpfのゼブラフィッシュ胚とE12.5〜E13.5のマウス胚の間で，前脳の形成機構に関して見られる類似性である．

ゼブラフィッシュとマウスの間での類似性としてまず挙げられるのは，プロニューラル遺伝子である neurog1, neurod1, ascl1a, ホメオボックス遺伝子である dlx2a の発現である．一般に，neurog1 と neurod1 はグルタミン酸作動性ニューロンの産生に関わる．これらの遺伝子は，ゼブラフィッシュの場合，2 dpf では嗅球，終脳背側野（外套），視蓋前域（p1），視床（p2），背側・腹側後結節などで発現する一方，終脳腹側野（外套下部），視索前野，腹側視床（p3），視床下部では発現しない（図 4.8A）．

これら neurog1/neurod1 非発現領域では，GABA作動性ニューロンの分化を制御する ascl1a と dlx2a が発現する．ゼブラフィッシュ胚の前脳における以上の遺伝子発現は，前脳におけるマウス相同遺伝子（Neurog1, Neurod1, Ascl1, Dlx2）の発現とほぼ一致する．

おもしろいことに，2 dpf の段階では終脳腹側野で見られる ascl1a/dlx2a 陽性の GABA ニューロン前駆細胞が，3 dpf になると，終脳背側野でも散在して観察されるようになる．これは，GABA 前駆細胞が終脳腹側野から終脳背側野に水平移動（tangential migration）するためとされる（図 4.8B）．

実際，GABA ニューロンマーカーである gad1b（マウス Gad1/Gad67 に相同．GABA 合成酵素 GAD をコードする）の発現は，終脳形成期には，終脳腹側野背側部（Vd）内の腹側域（Vdv）にある分裂終了細胞領域，そして終脳背側野外側部の移動領域で見られるが，その後，これらの gad1b 発現細胞は，外套・外套下部境界（PSB）を横切って背側にある終脳背側野に進入し，GABA 作動性介在ニューロンとなる．哺乳類の GABA 前駆細胞も外套下部で出現し，その後，脳原基の表層を背側に移動して外套（大脳皮質）の GABA 作動性介在ニューロンとなることが知られており，同様の細胞移動は他の様々な脊椎動物胚でも一般的である．

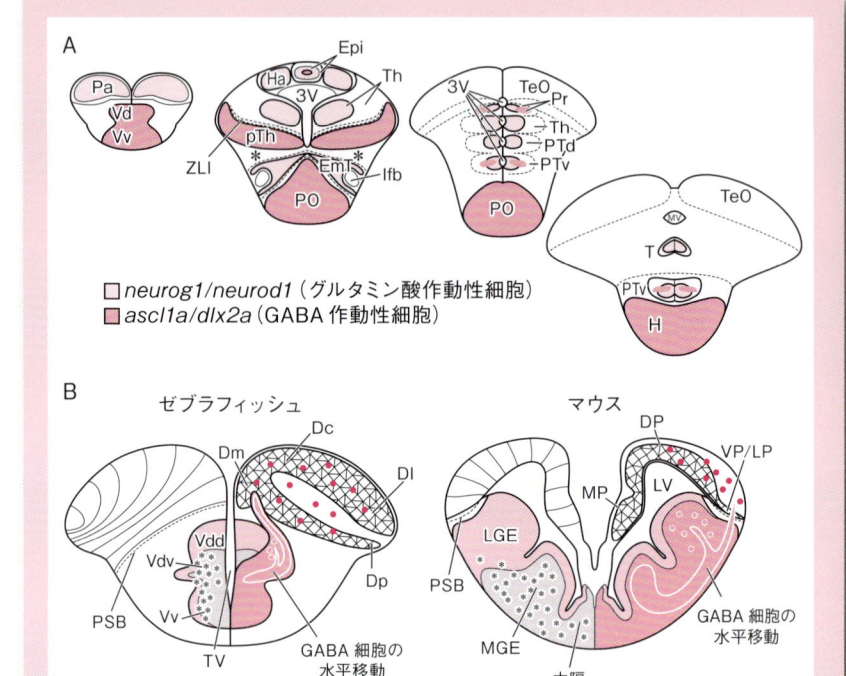

■4章 ゼブラフィッシュ胚での脳神経系の発生

□ *neurog1/neurod1*（グルタミン酸作動性細胞）
■ *ascl1a/dlx2a*（GABA作動性細胞）

□ *dlx2a*（*Dlx2*）
□ *lhx6*（*Lhx6*）
▨ *lhx8a*（*Lhx7*）
■ *gad1b*（*Gad1*）
▨ 外套介在ニューロン（GAD）
■ 線条体介在ニューロン（GAD）
▨ *eomesa*（*Eomes*）

**図4.8 ゼブラフィッシュ胚での終脳発生と遺伝子発現**
A：2 dpf胚前方脳領域の横断面模式図．左から順に前方-後方での断面を示す．*ascl1a*はGABA作動性ニューロン領域で発現する．*dlx2a*の発現も同様だが，後結節腹側部と視蓋前域では見られない．*neurog1*と*neurod1*の発現はグルタミン酸作動性ニューロンの産生部位で見られる．B：3 dpfにおける終脳の横断面模式図．ゼブラフィッシュの基底核における遺伝子発現とGABA作動性細胞の外套への移動をマウスと比較した．外套における曲線はラジアルグリア細胞の神経突起の走行を示す．なお，外套では*eomesa*（マウスでは*Eomes*）がいずれの種でも広く発現する．3V：第3脳室，EmT：視床隆起，H：視床下部，Ifb：外側前脳神経束，LV：側脳室，MV：中脳室，PTd（PTv）：後結節背側部（腹側部），T：被蓋，TV：終脳室．（その他の略称は本文，表4.1，別表6参照）（Mueller & Wullimann, 2009 より改変）

したがって，ゼブラフィッシュ脳原基での *gad1b* 発現細胞の分布と移動は，他の脊椎動物で見られる GABA 作動性細胞の外套下部―外套水平移動流と対応するといえる．なお，硬骨魚における GABA 作動性細胞の水平移動流は，脳原基の内部を通る点で表層を通る哺乳類と対照的であるが，これはまさに終脳形成の様式に関する両者の違いを反映している．

基底核は，発生的には外套下部に由来する．哺乳類の場合，この構造は大脳皮質と視床，脳幹を結びつける神経核の集合体であり，運動調節，認知機能，感情，動機付けや学習など，様々な機能を担う．主要な構造は線条体と淡蒼球であり，線条体は大脳皮質および視床からの入力部，淡蒼球は視床への出力部である．マウス胚脳原基の場合，線条体は，外側基底核原基（LGE），淡蒼球は内側基底核原基（MGE）から形成され（図 4.8B 右），上述の GABA ニューロン前駆細胞は MGE で出現する．硬骨魚の場合，淡蒼球と線条体は Vd で混在する傾向はあるものの，Vd の背側域（Vdd）は主として線条体であるのに対し，Vdv は前述したように *gad1b* が発現しており，淡蒼球にほぼ対応する（図 4.8B 左）．したがって，マウスとゼブラフィッシュのいずれでも，大脳皮質・外套における GABA 作動性ニューロンの出現部位は，外套下部の淡蒼球相当領域ということになる．

マウスの場合，E12.5 〜 E13.5 において，MGE と LGE はいずれも *Dlx2* と *Ascl1* を発現するが，MGE のみは LIM 転写因子遺伝子（*Lhx6/Lhx7*）も発現する．ゼブラフィッシュの終脳原基でも，2 dpf 〜 3 dpf において，マウス基底核原基の場合とよく似た相同遺伝子の発現が見られている．実際，*dlx2a* は，外套下部全域の増殖領域で発現するのに対し，*lhx6* と *lhx8a*（マウス *Lhx7* の近縁遺伝子）は，終脳腹側野の Vdv，つまり MGE 相当領域で発現する．

以上のように，2 dpf 〜 3 dpf でのゼブラフィッシュ胚と E12.5 〜 E13.5 におけるマウス胚では，終脳形成の基本的過程が非常によく似ており，この時期での終脳形成のしくみは，脊椎動物の種間で高度に保存されてきたといえる．

■ 4章　ゼブラフィッシュ胚での脳神経系の発生

　まず，終脳背側野内側部（Dm）は哺乳類での腹側外套に対応しており，扁桃原基と見なされる．終脳背側野外側部（Dl）は海馬を形成する内側外套に対応する．哺乳類で大脳皮質を形成する背側外套については長らく議論となっていたが，最近になって，意外なことに，外套内部に一見埋もれている終脳背側野中心部（Dc）であると考えられるに至った．実際，魚の終脳脳室は外套内部に進入しており，これにより，Dcも哺乳類の背側外套同様に脳室帯（増殖帯）をもつ．Dcも脳形成初期は脳室に面しているが，脳形成に伴って内部に陥入すると考えられる．

　また，終脳背側野後部（Dp）は，哺乳類の外側外套，つまり嗅覚に関わる梨状葉皮質の原基に対応しており，終脳背側野内側部（Dm）の中軸脳室領域（増殖性）から放射状移動で後方に位置を変えたものである．

　終脳腹側野，すなわち外套下部は基底核をつくる領域であり，大きく2つの領域（VdとVv）に区分される．この中で背側部（Vd）は線条体と淡蒼球（混在）に対応する．実際，この領域には四足類同様，GABA作動性ニューロンが存在しており，これらがドーパミン（DA）受容体（D1/D2）を発現し，上行性のDA作動性ニューロンの投射を受ける．ただし，ゼブラフィッシュのVdでは，ほかの脊椎動物の線条体とは異なり，コリン作動性介在ニューロンが見られておらず，進化の過程で失った可能性がある．

　一方，Vvは中隔に相当しており，コリン作動性ニューロンが見られる唯一の終脳領域である．この領域は，有羊膜類において，前脳基底部で見られ，アルツハイマー病との関連が知られるコリン作動性中隔ニューロン（マイネルト基底核）に対応すると考えられている．

### 4.4.2　間　脳

　ゼブラフィッシュでも，間脳（図4.9）は二次前脳の腹側（視床下部）と3個のプロソメア（p1 〜 p3）とに対応し（コラム1章②参照），後者は後方から視蓋前域（p1），視床上部（松果体と手綱）と視床（p2），そして腹側視床（p3）に区別できる．p2およびp3の腹側領域は魚類では後結節とよばれており，内側縦束核のあるp1の腹側領域を含めることもある．

4.4 ゼブラフィッシュ脳の構造，機能，そしてその発生

**図 4.9 ゼブラフィッシュ前脳の領域構造**
48 hpf 胚の前脳におけるプロソメアと二次前脳内領域構造（Manoli & Driever, 2014 より）．1/2：第 1/2 プロソメア基底部，3c：第 3 プロソメア基底部後方，3r：第 3 プロソメア基底部前方，SPV：視索上室傍領域．（その他の略称は表 4.1 と別表 6 参照）

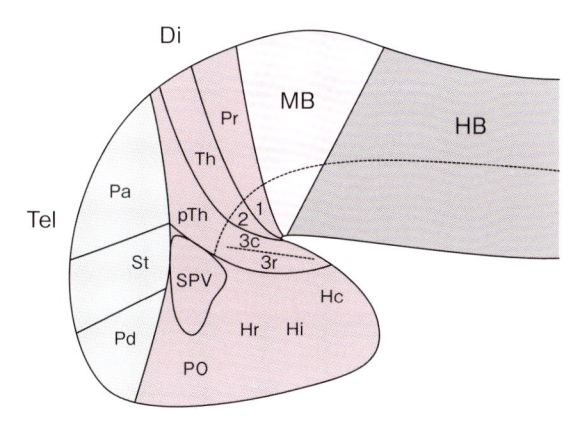

### a. 視　床

　視床は，間脳の中央部において，前方の腹側視床，後方の視蓋前域とともに発生する領域であり，哺乳類では感覚情報を大脳皮質の適切な部位に入力する上で中心的な役割を果たす．視床形成においては間脳内に生じる ZLI が局所的なシグナルセンターとして重要である（コラム 4 章②）．ZLI は p3 と p2 の境界に相当しており，ここからのシグナルにより，前方背側で腹側視床，後方背側で視床が誘導される．主要シグナル分子の Shh は，当初，前脳の腹側（基板[*4-2]）で発現しているが，ゼブラフィッシュの場合，発現領域は体節形成中期に背側に向けて伸長し，ZLI と一致するようになる．

### b. 視床下部

　視床下部は前脳前方にある二次前脳胞の腹側部から生じ，翼板成分[*4-2]と基板成分の両方を含む．ほかの脊椎動物と異なり，第 3 脳室は視床下部にも進入し，視床下部脳室となる．視床下部の基本的な構成は哺乳類のものと同様である．たとえば，視索前野，視交叉上核が生物時計の中枢として働いて

---

[*4-2] 発生過程にある神経管の側方を背腹に分けるように前後に走る境界が知られており，その背側にある神経上皮を翼板，腹側の神経上皮を基板とよぶ．ただし，神経管の最も背側と腹側にある中軸領域は各々蓋板，底板として区別される．

■4章　ゼブラフィッシュ胚での脳神経系の発生

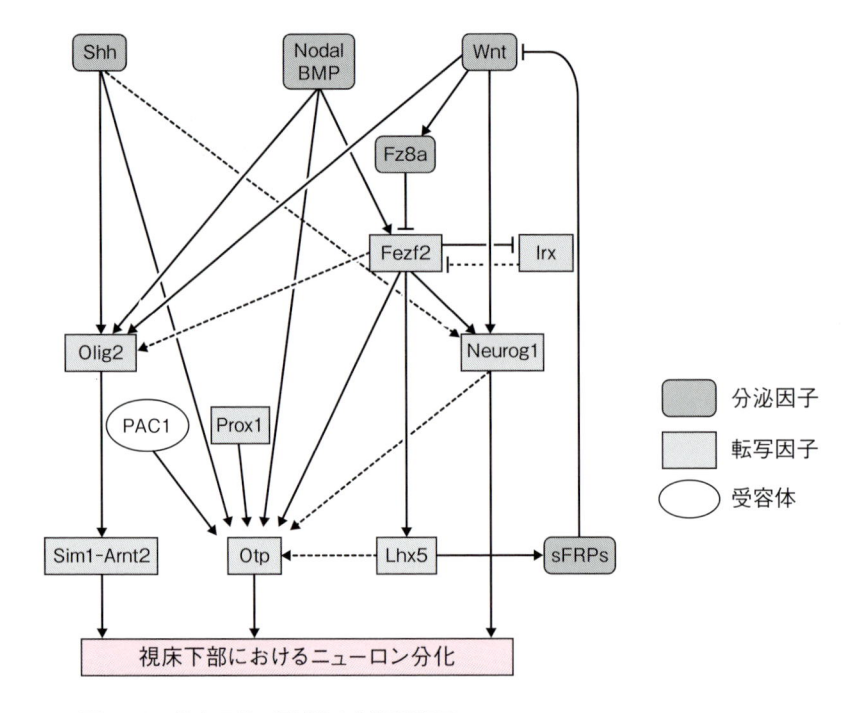

**図4.10　視床下部の領域化と制御遺伝子**
視床下部の形成は Shh, Nodal や BMP などの TGF-$\beta$ シグナル，そして Wnt シグナルにより誘導される．これらのシグナルは引き続いて転写調節因子や分泌因子などからなる調節カスケードを動員し，結果的に視床下部ニューロンの分化が制御される．(Machluf *et al.*, 2011 より改変)

おり，視索上核と室傍核は脳下垂体後葉に投射してバソトシン，イソトシン（哺乳類のバソプレシンとオキシトシンに対応）を分泌する．そのほかの視床下部内神経核については，哺乳類との対応関係がよくわかっていない．しかし視床下部の機能はよく似ており，摂食，生殖，求愛行動，攻撃行動，睡眠，心拍数，血圧，体温など，内分泌系，自律神経系の制御に関わっている．

　なお，ゼブラフィッシュでも他の脊椎動物と同様，脳下垂体は2つの領域からなり，機能もよく対応する．まず，後葉（神経葉）は上述したようにバソトシンとイソトシンを分泌する．その前方に中葉と前葉があり，中葉に副腎皮質刺激因子産生細胞，黒色素胞刺激ホルモン（$\alpha$-MSH）産生細胞，前

124

葉には，各種脳下垂体ホルモン（ACTH，PRL，TSH，GH，FSH/LH）の産生細胞が分布する．また，硬骨魚に特有であり，未だ機能のわかっていないソマトラクチンの産生細胞が中葉，前葉で見られている．

　ゼブラフィッシュの発生において，視床下部におけるニューロンの分化は，様々な分泌因子による制御を受ける．まず，脊索前板に由来するNodalとBMPが視床下部の誘導と領域化に関わる．Wntは後方化作用により間脳と中脳の発生に必要であり，Shhが視床下部の誘導とパターン形成を行う．これらの下流では，様々な転写調節因子が制御ネットワークをつくるが，特に，Znフィンガー転写因子のFezF2とbHLH因子のOlig2が重要である（図4.10）．

### c. 後結節

　後結節は，硬骨魚の間脳腹側後方を占める比較的大きな領域であり，哺乳類では知られていない．後結節核のDAニューロンは外套下部へ上行性投射しており，ほかの脊椎動物の中脳にある腹側被蓋野—黒質系と相同であるとされる．また，後結節内の両側には，聴覚，側線の機械感覚，味覚，体性感覚，視覚などの感覚情報を受容する感覚性糸球体前核領域が存在する．有羊膜類の場合，上行性感覚性投射の主要な標的は視床であるのに対し，硬骨魚の場合はこの糸球体前核領域が同じ役割を担う．つまり，硬骨魚の糸球体前核領域と有羊膜類の視床は機能的にほぼ相同といえる．

### 4.4.3　中脳および視蓋

　ゼブラフィッシュの中脳もほかの脊椎動物同様，腹側から背側に向かって大脳脚，被蓋，視蓋から構成される．大脳脚には終脳からの神経繊維が走っている．被蓋には，哺乳類同様，赤核，脳神経核，網様体の一部があるが，黒質は存在しない．最も背側の視蓋は，眼球運動，精細な運動プログラム，感覚-運動連関に関わっており，6層構造をもつ．なお，視蓋へは網膜，側線，前庭神経など，様々な感覚系，神経核からの求心性入力がある．視蓋前域，視床，視床下部の神経核に由来する神経，そして峡部核，被蓋核，前方後脳の網様体核など，脳幹に由来する神経も視蓋に投射する．

### 4.4.4 小脳

小脳は，ヒト，そして哺乳類では運動制御，認知，情動機能などに関わるとされる．魚類小脳も哺乳類のものと細胞構成がきわめて似ており，その皮質は，分子層（ML），プルキンエ細胞層（PCL），そして顆粒細胞層（GCL）という3層構造を示す（コラム4章④）．ゼブラフィッシュの小脳は，後期胚から稚魚にかけての時期に，前方後脳（r1 の背側）で形成される．顆粒細胞およびプルキンエ細胞の分化と移動は3 dpf 頃に始まる．5 dpf 頃になると，プルキンエ細胞の樹状突起が顆粒細胞からの平行繊維の入力を受けるようになり，小脳特有の層構造が見られるようになる．

小脳内ニューロンの初期分化過程も詳細がわかりつつある．まず，グルタミン酸作動性ニューロン前駆細胞は，上菱脳唇（URL）[*4-3]でプロニューラル遺伝子 *atoh1* を発現する細胞として1 dpf 以降に出現し，その後，顆粒細胞などに分化する．一方，GABA 作動性ニューロンの前駆細胞では2 dpf から bHLH 転写因子遺伝子 *ptf1a* の発現が見られ，プルキンエ細胞はこの前駆細胞に由来する．下オリーブ核ニューロンは，Vglut2a 陽性のグルタミン酸作動性ニューロンである．このニューロンは分化初期には *ptf1a* を発現するが，その後は POU 遺伝子 *pou4f1* を発現するようになる．以上で挙げたニューロン形成遺伝子の小脳形成への関与は，マウスの場合とよく対応している．実際，哺乳類とゼブラフィッシュの小脳では，いくつかの構造的違いも見られるが，GABA 作動性およびグルタミン酸作動性ニューロンにおける遺伝子発現プロファイルは両者でよく似ており，脊椎動物は小脳の機能と発生において同じ分子機構を用いると考えられる．

### 4.4.5 後脳およびその周辺に生じる脳神経

ゼブラフィッシュの後脳を構成するのは7個の菱脳節である（r1～r7, 図 1.11）．各菱脳節のニューロン構成と機能は，マウスなど他の脊椎動物の場合と基本的に同等であり，滑車神経（IV），三叉神経（V），外転神経（VI），

---

[*4-3] 後脳において，翼板の背外側部と薄く広がった蓋板との移行部は，左右に広がって菱形を形成することから菱脳唇とよばれており，前方の2辺が上菱脳唇である．

顔面神経（VII），内耳神経（VIII），舌咽神経（IX），迷走神経（X），そして側線神経が後脳で形成される（4.5.1項参照）．各菱脳節の特性がHox遺伝子により決定されるのも同様である．なお，ゼブラフィッシュの後脳でも哺乳類同様，網様体，縫線核，そして多くの上行性，下行性神経が生じる．

**コラム4章④**
**ゼブラフィッシュと哺乳類の小脳は構造的に酷似する**

　小脳は高度な情報処理機能をもつ一方で比較的単純な構造をもつことから，哺乳類において解剖学・生理学的研究が進んでいる．一般には，自己受容性感覚を含む感覚情報，運動制御に関わる情報，予測的な情報などを統合することで，正確かつ滑らかな運動制御，高次の認知，情動機能を行うとされる．ゼブラフィッシュ小脳の構造については名古屋大学の日比正彦らにより詳細な研究が行われた（Bae *et al.* 2009）．

　ゼブラフィッシュ小脳内のニューロンと軸索は，表層から深層へ順に分子層（ML），プルキンエ細胞層（PCL），そして顆粒細胞層（GCL）という3層構造を形成する．プルキンエ細胞（PC）の樹状突起は分子層において，延髄の下オリーブ核（IO）に発する興奮性の登上繊維（CF）と顆粒細胞（GCs）からの軸索（平行繊維，PF），そして星状介在ニューロン（St）からの入力を受容する．

　もう1つの求心性興奮性軸索である苔状繊維（MF）は，各種小脳前核（IOを除く）のニューロンに由来しており，小脳糸球体（Cg）において，顆粒細胞の樹状突起とシナプス連絡を行う．なお，プルキンエ細胞に加え，ゴルジ細胞（Go），星状細胞のような介在ニューロンもGABA作動性・グリシン作動性の抑制性ニューロンである．苔状繊維からの情報は平行繊維を介してプルキンエ細胞の樹状突起に伝えられ，結果的に登上繊維および苔状繊維からの情報はプルキンエ細胞で統合される．プルキンエ細胞からの軸索は，近傍のプルキンエ細

■ 4章　ゼブラフィッシュ胚での脳神経系の発生

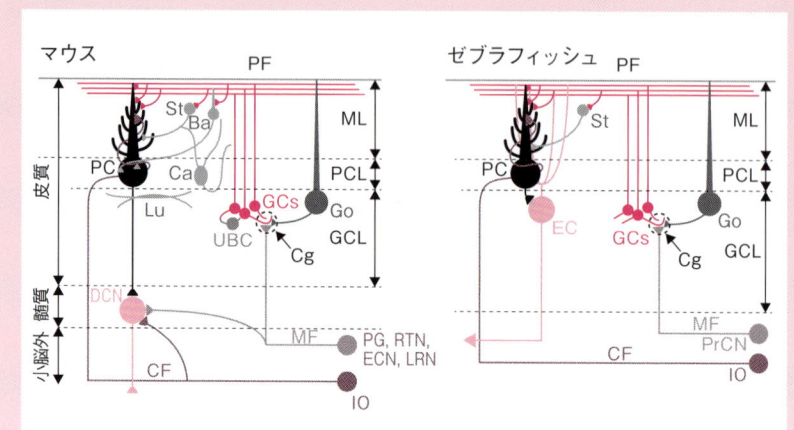

**図 4.11　マウスとゼブラフィッシュの小脳の細胞構築**
以下の略称以外は本文参照．(Hashimoto & Hibi, 2012 より改変)
Ba：籠細胞，Ca：カンデラブラム細胞，ECN：副楔状束核，Lu：ルガロ細胞，LRN：側索核，PG：橋核，PrCN：小脳前核（下オリーブ核を除く），RTN：橋網様被蓋核，UBC：単極刷子細胞．

胞または広樹状突起細胞（EC）に伸びており，広樹状突起細胞は遠心性軸索を脳の他領域に伸ばしている（図 4.11）．
　こうした構造は哺乳類のものとほぼ同様であるが，大きな違いが1つある．哺乳類では，プルキンエ細胞の入力を受けて小脳から外部に上行性投射を行うのは，小脳皮質下の白質にある深部小脳核（DCN）であるが，同じ役割を，ゼブラフィッシュ小脳では皮質内にある広樹状突起細胞が果たすのである．深部小脳核と広樹状突起細胞の発生的，機能的，進化的関係が注目される．
　なお，硬骨魚の小脳は，3つの主要部，すなわち小脳弁（小脳の一部が中脳室腔に突出したもの），小脳体，そして前庭外側葉（顆粒隆起と小脳尾葉）から構成される（図 5.1 参照）．小脳弁と小脳体は典型的3層構造を示すが，硬骨魚で見られる前庭外側葉は顆粒細胞層のみから構成されており，背側後脳の小脳稜および内側聴側線核と連携して小脳の機能をもつと考えられている（小脳様構造）．

## 4.5 末梢神経系の発生

末梢神経系は，脳・脊髄と末梢器官をつなぐものであり，運動や感覚に関わる脳・脊髄神経，そして，交感神経，副交感神経，腸管神経系などの自律神経系から構成される．ここではゼブラフィッシュにおける感覚性ニューロンと自律神経系の発生を紹介する．

### 4.5.1 頭部および脊髄の感覚神経節

ほかの無羊膜類と同様，ゼブラフィッシュ胚で最初に出現する感覚ニューロンは，後脳と脊髄の背側に生じる RB 細胞である．これらのニューロンは受精後数日でアポトーシスにより消失し，後脳では頭部感覚神経節細胞，脊髄では背根神経節（DRG）のニューロンで徐々に置き換えられる．これらは軸索を皮膚直下に伸長し，機械的，熱的，化学的刺激を検出する．

DRG は神経管の側方に移動した神経堤細胞に由来しており，DRG が生ずる位置の決定には，分泌因子の Neuregulin（ニューレギュリン）が関与する．DRG ニューロンの発生運命は *sox10* と *foxd3* により決定され，*neurog1* により神経分化が進行する．その後，36 hpf までに新生 DRG ニューロンは軸索を脊髄および末梢器官の両方に伸長させる．

頭部の感覚性脳神経としては，嗅神経（Ⅰ），三叉神経（Ⅴ），顔面神経（Ⅶ），内耳神経（Ⅷ），舌咽神経（Ⅸ），迷走神経（Ⅹ）の 6 対があるが，これらの形成には，ゼブラフィッシュにおいても他の脊椎動物と同様，神経堤細胞と感覚性プラコードの両方が参加する．これらの感覚性脳神経の中で，三叉神経はすべて神経堤に由来し，嗅神経および内耳神経はすべてプラコードから生じるのに対し（各々 嗅覚プラコードと内耳プラコード），他の頭部感覚性神経は神経堤とプラコードの両方に由来する．

内耳プラコードは，後脳の側方に生じ，小胞状の耳胞を形成した後，付随する感覚有毛細胞とともに内耳神経節を形成する．これに関連して，側線プラコードがやはり頭部において，下述する上鰓プラコードの背側に出現し，感丘原基を形成しつつ体表を全身に広がる．最終的に，感丘は機械感覚有毛細胞により水流を検知する感覚器となり，感覚神経節および RB 細胞に情報

■ 4章　ゼブラフィッシュ胚での脳神経系の発生

を伝達する．上鰓プラコードは後方咽頭弓の背側に位置し，咽頭嚢を支配する内臓性感覚ニューロンに分化する（顔面，舌咽，迷走神経）．すべてのプラコードとそれに由来する感覚ニューロンで *neurog1* の発現が見られる．

特定プラコードの分化は局所的シグナルにより制御されており，上鰓プラコードの場合，BMP と FGF が関与する．三叉神経節の形成にはケモカインシグナル，そして E- および N-cadherin による細胞接着が関与しており，頭部感覚神経節から中枢および末梢に存在する標的細胞への軸索ガイダンスでは N-cadherin が必要である．

### 4.5.2　自律神経系

脊髄側方を腹側に向けて移動した神経堤細胞は，Neuregulin の作用で背側大動脈の側方に集まった後，交感神経前駆細胞となる．これらの細胞の分化は 2 dpf 以降の時期に前方から後方へ進行し，神経節の凝集とノルアドレナリン作動性ニューロン出現が観察されるようになる．

副交感神経系は，主として中脳領域の神経堤細胞から生じる神経節に由来する．これらの細胞は一過的にノルアドレナリン作動性の性質を示した後，最終的にコリン作動性を獲得する．心臓のコリン作動性神経による支配は 5 dpf までに始まる．腸管の運動制御に関わる腸管神経前駆細胞は，主として頸部領域の迷走神経堤で生じ，腸に移動した後，内胚葉由来の分泌因子（Shh，GDNF など）の作用で分化する．

# 5章 ゼブラフィッシュにおける脳神経系の機能とその発達

　ゼブラフィッシュにおける神経発生研究の対象は，現在後期発生，そして個体の成長過程における脳の機能的発達にまで拡大しており，成体での神経生理学や行動生物学の分野においても，そのアドバンテージを生かすことで大きな成果をあげつつある．本章ではこうした分野における近年の成果を紹介する．また，後期発生での脳の機能的発達を理解する上で不可欠なゼブラフィッシュ脳・神経系の構造，解剖学についても併せて解説したい．

## 5.1　感　覚　系

　ゼブラフィッシュと四足類との間では，感覚伝達経路についても多くの類似性が認められているが，無視できない違いもあり，進化的な多様性が生じたと考えられる．なお，この魚は本来，水生植物が茂り，流れの緩やかな，浅い淡水環境で群遊，生息する．また，繁殖，産卵は氾濫原や水田で行うが，その後は河川に復帰する．ゼブラフィッシュ脳神経系の機能とその発達を考える上では，こうした自然界での生態を考慮することも重要であろう．
　ゼブラフィッシュなどの硬骨魚の場合，各種感覚の中で，視覚情報は哺乳類と同様に主として視床を介するが，終脳内では外套の代わりに外套下部に到達する．嗅覚は，嗅球を経由して外套嗅覚野相当領域（Dpなど）および外套下部に伝達される．聴覚情報や側線からの機械刺激情報などは，外側縦束内を多数のシナプスを経て上行し，主として後結節にある糸球体前核，聴覚に関してはこれに加えて視床内の核を介し，外套に伝えられる．硬骨魚において，味覚は延髄の二次味核と間脳の糸球体前核を介して外套に到達する．最後に，硬骨魚では脊髄内に上行性体性感覚系があり，これが直接，あるいは間接的に視床と糸球体前核に投射している．
　このように，ゼブラフィッシュでの上行性感覚性投射の主要な間脳内標的

131

は，後結節の外側部にある糸球体前領域にあり，有羊膜類と異なって視床ではない．魚の場合，感覚情報の終脳への伝達において，視床の機能は限定的といえる．実際，糸球体前核は魚類において高度に分化した細胞構築をもっており，有羊膜類の視床と機能的に非常によく似ている．また，両者はいずれも間脳の大きな領域を占め，内部に特定感覚系ごとに対応する小領域があり，そのほとんどは外套と双方向の連絡をもっている．

## 5.2 運動制御系と統合センター

中脳視蓋と小脳は，終脳に次ぐ主要な情報統合の中枢である．これらの脳領域の構造は，魚類と四足類でよく似ており，統合された方向付け作業，たとえば注目する対象の同定と位置決定に関与するとともに，統合的な運動制御にも重要である．特にゼブラフィッシュの小脳は，四足類と同様の細胞群，内部神経回路，3層構造の皮質をもっており（コラム4章④参照），哺乳類と同様に運動の学習と統合に関わると考えられる．

魚類の運動神経とそれを制御する神経系も哺乳類のものと同様である．実際，下行性の脊髄投射路は，網様体のすべての領域，下縫線核，前庭，感覚性三叉神経核，そして赤核から発する．また，内側縦束核は，延髄，脊髄レベルまで下行する脊椎動物共通の原始的な運動前神経系である．

## 5.3 モノアミン作動性ニューロンによる制御系

ゼブラフィッシュでもほかの脊椎動物同様，多くのニューロンは，興奮性（グルタミン酸，アスパラギン酸など）または抑制性（GABA，グリシンなど）の神経伝達物質を標的細胞の制御に用いるが，これらに加えて神経調節系[*5-1]と呼ばれるモノアミンを介した制御機構が存在する．神経調節を行う神経核は，感覚性，運動性，統合性の神経回路を調節し，動物の内部状況を

---

＊5-1 神経調節は，一般には少数のニューロンが集合した核により行われる．これらの神経核は，脳全体に投射し，様々な標的細胞（ニューロン，グリア細胞）の機能をシナプスではなく神経調節物質の拡散性伝達により調節する．これは，シナプス前ニューロンがシナプス後ニューロンを一種類の神経伝達物質により直接興奮させる場合とは対照的である．

外部環境に適合させるものであり，様々な行動（報酬，動機付け，情動，意識，攻撃，睡眠，摂食，生殖行動など）の制御に関わる．神経調節性モノアミンにはカテコールアミン（ノルアドレナリン/NA, ドーパミン/DA），インドールアミン（セロトニン/5-HT），そしてヒスタミンやアセチルコリン（ACh）がある[*5-2]．

### 5.3.1 カテコールアミン作動性ニューロン

　カテコールアミン作動性ニューロンは，通常はカテコールアミン合成の律速段階であるチロシンヒドロキシラーゼ（TH）をマーカーとして，免疫染色や in situ hybridization 法で検出される．これらには NA 作動性ニューロンと DA 作動性ニューロンが含まれる（図 5.1A）．

　DA ニューロンは，嗅球，網膜アマクリン細胞，腹側視床，視蓋前域，視索前野，後結節などのほか，終脳腹側野（外套下部）でも散在する．後結節にある多数の DA ニューロンは終脳腹側野の背側部（Vd, 表 4.1）に上行性に投射することが確認されている．

　NA 作動性システムとしては，臓性感覚カラムに近接する延髄の最後野（A1/A2 に対応）と青斑核（哺乳類の A6）が知られる．青斑核からの NA ニューロン軸索は，前方の中脳，前脳に広範に上行性投射する一方，一部は後脳と脊髄にも投射する．哺乳類の場合, A1/A2 の神経核は, 呼吸のペースメーカー, 青斑核は覚醒中枢の 1 つとされるが，魚での機能はよくわかっていない．

　上に述べたように，視床下部の後結節には多数の DA ニューロンがあるが，この一部は，機能的に有羊膜類の黒質・腹側被蓋核（A9/A10）に対応するとされており，外套下部である終脳腹側野のほか，一部は外套領域にも投射する．実際，これらのあるものは哺乳類同様，報酬，情動，動機付けに関わっている．上行性 DA 作動性ニューロンが，哺乳類では中脳被蓋（黒質）に存在するのに対し，ゼブラフィッシュでは視床下部にある点，興味深く，進化の過程で特定神経核の移動が起きた可能性がある．

---

[*5-2] 哺乳類の場合, NA 作動性ニューロンとして A1〜A7 細胞, DA 作動性ニューロンは A8〜A15 細胞, セロトニンニューロンには B1〜B9 細胞が同定されている．

■ 5章 ゼブラフィッシュにおける脳神経系の機能とその発達

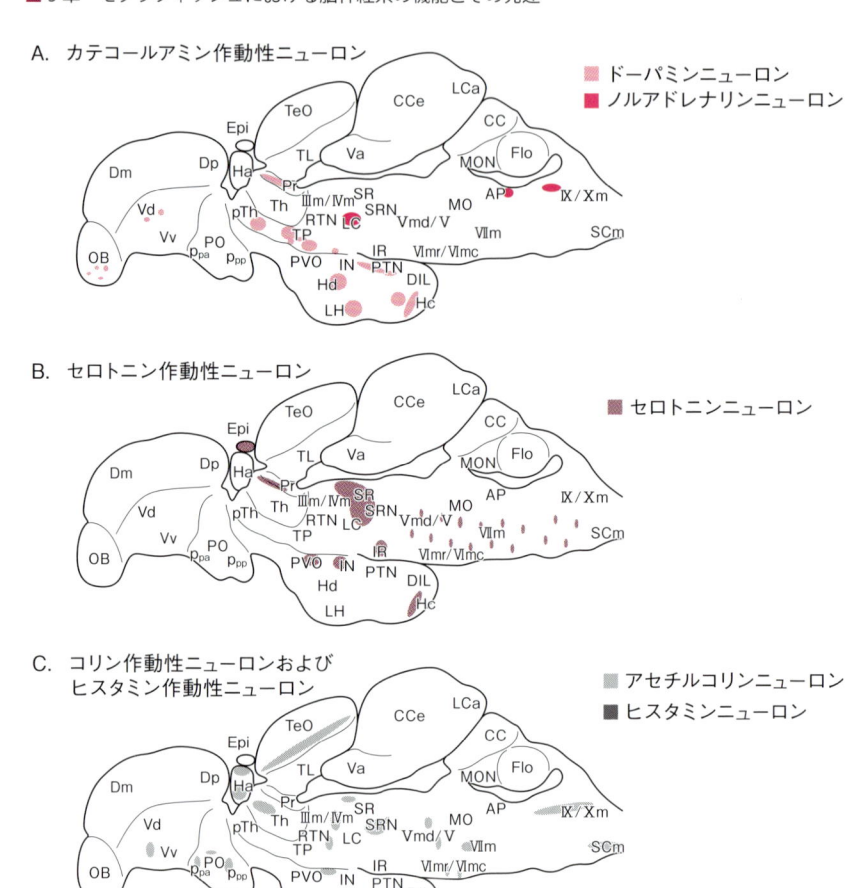

#### 図 5.1 ゼブラフィッシュの脳における主要な神経調節系
成体ゼブラフィッシュの脳におけるカテコールアミン作動性ニューロン (A), セロトニン作動性ニューロン (B), コリン作動性ニューロンおよびヒスタミン作動性ニューロンの分布を示す. ドーパミン細胞は主として脳前方に分布しており, 間脳より後方には存在しないのに対し, ノルアドレナリン細胞は青斑核 (LC) と延髄のみで見られる. セロトニン細胞とコリン作動性ニューロンは脳全領域で見られており, ヒスタミン細胞は後方視床下部に分布する. (Bally-Cuif & Vernier, 2010 より改変)
Ⅲm～Xm：各々 第Ⅲ～X脳神経運動核, AP：最後野, CC：小脳稜, Flo：顔面葉, IN：中間核, LCa：小脳尾葉, LH：視床下部外側核, MON：内側聴側線核, ppa：前小細胞性視索前核, ppp：後小細胞性視索前核, PT：視蓋後部, PTN：後結節核, PVO：旁脳室器官, RTN：前被蓋核, SCm：脊髄運動神経核, SRN：上網様核, TPZ：視蓋増殖帯. (その他の略称は表 4.1 と別表 6 参照)

### 5.3.2　セロトニン作動性ニューロンとコリン作動性ニューロン

5-HT作動性ニューロンについては，一般に，情動制御，摂食抑制，覚醒の促進とREM睡眠の抑制などへの関与が知られており，ゼブラフィッシュでも，不安，そして覚醒の制御への関与が報告されている（図5.1B）.

ゼブラフィッシュ脳での5-HT作動性ニューロンの分布に関しても有羊膜類との類似性が見られる．このニューロンの検出には，セロトニン合成の律速段階であるトリプトファンヒドロキシラーゼ（TPH）がマーカーとして用いられる．ゼブラフィッシュの場合，TPH遺伝子は3種知られており（tph）（哺乳類では2種），tph1aは網膜アマクリン細胞，視索前野，後結節，鰓弓関連ニューロン，tph1bは松果体で発現する．一方，tph2は前方菱脳節（r1とr2）の上縫線核と後方菱脳節（r4とその後方）の下縫線核に発現する[*5-3].

上縫線核は哺乳類での背側縫線核（B6/B7），上中心核（B5/B8）に対応しており，主要な標的はおそらく視床下部内の核，線条体，外套領域と考えられる．下縫線核および後方外側にある網様体の5-HT細胞は，各々哺乳類の大縫線核（B3），淡蒼縫線核（B1）/ 不確縫線核（B2）に対応するとされ，後脳と脊髄に下行性の軸索を伸ばす．

コリン作動性ニューロンは，哺乳類の場合，末梢神経系では運動制御，自律神経系の神経伝達物質として機能し，脳では認知，学習，報酬系，睡眠・覚醒の制御に関わる．ゼブラフィッシュのコリン作動性ニューロンも，ACh合成酵素（コリンアセチルトランスフェラーゼ，CHAT）の免疫化学染色，あるいはその遺伝子（chata, chatb）の発現で検討されており，有羊膜類と同様の分布を示す（図5.1C）．まず，脳および脊髄におけるすべての運動ニューロンがコリン作動性である．外套下部（Vv）と脳幹（被蓋核など）にも存在しており，これらは有羊膜類の前脳基底部や上行性の網様体系（脚橋．外背側被蓋系）と対応する．また，視索前野，手綱，視床下部・後結節，視蓋などにも分布する．ゼブラフィッシュでの発生過程に関する研究は少な

---

*5-3　哺乳類の場合，tph発現細胞は縫線核に局在するが，多くの脊椎動物では魚類と同様，脳内に広く分布する．

いが，一次運動ニューロンではすでに 16 hpf で *chata* の発現が見られており，脳での発現は 2 dpf 胚前後から明瞭になってくる．

### 5.4 情動と認知

認知および情動に関する解析手法の進歩により，ゼブラフィッシュもマウスなどと同様，高度に複雑な行動をとること，そして行動を制御する神経機構が脊椎動物において保存されていることがわかってきた（コラム 5 章）．

---

**コラム 5 章**
**ゼブラフィッシュで実現した意思決定プログラムの解析**

　ヒトは日常生活のなかで様々な行動の選択を行っているが，こうした行動は，過去のある状況で，どのように行動して問題を解決したかを記憶し，それを読み出しているからこそ可能である．状況に応じた適切な行動プログラムの選択，言い換えれば，意思決定のメカニズムを明らかにすることは，脳科学の重要な課題である．

　こうした行動プログラムの選択には，哺乳類の場合，大脳皮質―基底核回路とよばれる神経回路が関わることはわかっていた．この神経回路は，大脳皮質，大脳基底核，視床など，脳内の複数領域の間の神経連絡で成り立っているが，通常の電気生理学的技術では，こうした広範な脳内神経回路を同時に解析することがむずかしい．

　ゼブラフィッシュは，胚・稚魚での透明性，コンパクトな脳のサイズに加え，近年における様々な蛍光タンパク質技術の開発とレーザー顕微鏡技術の進化のため，脳・神経の機能を個体・全脳レベルにおいて，行動と関連づけて解析することができる優れた実験系となりつつある．理化学研究所の岡本 仁らは，魚が特定の行動を選択する際，脳が実際にはどのように働くかを，Ca センサー蛍光タンパク質インバース・ペリカム（IP）を利用することで可視化することに成功した

5.4 情動と認知

（3.5 節および表 3.2 参照）．

　彼らは，2 つの部屋と連絡通路からなる水槽の中に，IP 遺伝子が導入された魚個体を準備した（図 5.2）．この遺伝子導入魚では，蛍光タンパク質の蛍光強度の変化により神経活動を測定・可視化することが可能である．まず，一方の部屋にいる魚に赤色ランプを提示し，反対側の部屋に逃げなければ軽い電気ショックを与えるという試行を繰り返して回避行動を学習させた．そうした上で，回避行動プログラムを思い出していると考えられる魚個体の脳で神経活動を Ca イメージング法により解析したところ，学習成立から短時間では（30 分後）

A. 回避行動の学習　　　　B. 赤色光提示後の脳での神経活動

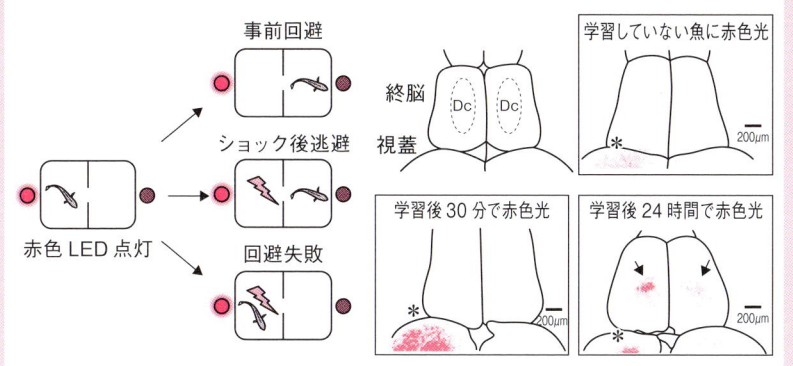

**図 5.2　学習したゼブラフィッシュの脳における神経活動**
A：インバース・ペリカム（IP）遺伝子をもつゼブラフィッシュの成体魚を，2 つの部屋が連絡通路でつながった水槽に入れる．一方の部屋にいる魚に赤色光を短時間提示し，その後 同じ部屋に電気ショックを加える．魚はもう 1 つの部屋に移動すれば電気ショックを回避できる．こうした試行をくり返すことで魚は回避行動を学習する．
B：学習していない魚，学習後 30 分，あるいは 24 時間後の魚に右から赤色光を提示し，脳における神経活動を IP 蛍光の減少で測定した．図では観察した魚個体の脳の輪郭をトレースし，ドットの濃淡で神経活動を模式的に示した．なお，すべての個体において，赤色光の刺激による視覚情報に応じ，左側の視蓋（＊）で神経活動が見られる．(Aoki et al., 2013 より改変)

特に明瞭な脳活動は検出されなかったが，長時間（24時間）経過した個体では，終脳背側野（外套）にスポット状の神経活動パターンが見られた．

つまり，長期的に記憶された回避行動プログラムがまさに読み出される過程を可視化したのである．これらの領域では電気生理学的にも活動の亢進が確認された．おもしろいことに，ここで観察された活動領域は，大脳皮質相当領域とされる Dc を含めた外套領域であり，哺乳類での記憶のしくみとの類似性がうかがえる（表 4.1）．

また，この脳領域を回避学習する前に破壊すると，学習した回避行動についての長期記憶が失われていたことから，同定された外套領域は，行動プログラムの長期記憶とその読み出し，そして適切な行動選択に関わると考えられる．

今後，ゼブラフィッシュを利用することで，ヒトを含む動物の行動プログラムが脳でどのように記憶され，読み出されるのか，どのように意思決定がなされるのか，という問題への解答が得られるものと期待される．

### 5.4.1 報酬，情動，そして動機付け

何らかの欲求が満たされた，あるいは満たされることがわかったときに活性化し，個体に快の感覚をもたらす神経系のことを報酬系とよぶ．哺乳類の場合，中脳の腹側被蓋野から線条体や大脳皮質に投射する DA 神経系がこれに対応するとされる．報酬系を活性化する報酬物質のスクリーニング，そして報酬系の研究においては，連合学習が一般的に行われる．たとえば条件性場所嗜好性テストでは，それ自体は意味のない手がかりをポジティブな刺激と結びつけ，手がかりに対して動物が獲得した嗜好性を測定する．これまでの研究により，ゼブラフィッシュにおいて，アルコール，中毒性薬物，食物

など，多様な化合物が報酬となること，哺乳類と同様，DAシステムが情動，報酬，そして動機付けに関わることが明らかになった．たとえば，モルヒネで条件付けされた場所選好がDA受容体のアンタゴニスト処理により弱められることがわかっている．

これまで，報酬行動の異常を示す変異体が見いだされている．*too few*（*tof*，トゥーフュー）変異体の稚魚（原因遺伝子の産物はZnフィンガー転写因子FezF2）ではモルヒネによる増強作用が見られないが，この原因は間脳にあるDA/5-HT作動性ニューロンの発生異常とされる．また，AChを分解するアセチルコリンエステラーゼ（AChE）が欠損するためにAChレベルが増大した魚では，アンフェタミン条件付けによる場所選択性が低下する．一方，コカインなどの中毒性薬物に対する応答異常変異体のスクリーニングが進行しており，これにより報酬と動機付けの基盤となる遺伝的，神経解剖学的経路がさらに明らかになると期待される．

これまで，関与する神経調節物質，そして神経回路の比較解剖学的知見から，報酬，情動，動機付けに関わる脳内領域が推定されている．前述したように，後結節にある2つのDAニューロン集団（周室核の小細胞群と近傍にある大型梨状細胞）が外套下部に投射するが（5.3.1項参照），これらの投射は哺乳類における中脳腹側被蓋核から線条体への投射と対応すると考えられる．なお，視床上部の非対称性をNodalシグナルの阻害（Nodal遺伝子の1つ*southpaw*のノックダウン）でランダム化すると，稚魚の運動開始が異常となることなどから，この部位に形成される副松果体・手綱回路が動機付けに関わるとされる．さらに，アンフェタミン非感受性変異体（*no addiction*，*nad*）を用いたマイクロアレイ解析では，神経形成の場である成体終脳・脳室帯で発現し，薬剤で発現異常となる遺伝子群が同定されており，報酬系についての遺伝子機構解明に貢献すると期待される．なお，*nad*変異の原因遺伝子はまだ同定されておらず，今後の研究が待たれる．

### 5.4.2　学習と記憶

哺乳類の場合，学習・記憶システムとしては，関係学習に関わる海馬，潜在学習の中枢である小脳，そして情動記憶においては扁桃体が重要である．

■ 5 章　ゼブラフィッシュにおける脳神経系の機能とその発達

　ゼブラフィッシュでも，場所選択についての報酬テストにより学習に関する研究が行われている（図 5.3A）．一般にこうした手法では学習，記憶，報酬系の区別がむずかしいが，ある種の変異体ではこれらの区別が可能である．たとえば，AChE 変異体でも，エサを報酬として行った迷路実験において速やかに学習するが，精神刺激薬の増強効果が低下しており，ACh はこの場合，学習よりも報酬系に関与すると推定される．

　なお，金魚での脳領域破壊実験の結果，終脳背側野外側部（Dl）が空間記憶，関連づけ，そして時間的記憶に関わるのに対し，終脳背側野内側部（Dm）は情動記憶で重要とされた．実際，前述のように（4.4.1 項参照），発生，遺伝子的に Dl は海馬，Dm は扁桃体と相同であり，魚類での機能解析の結果は，哺乳類で既に知られる記憶制御の機構とよく一致する．

　ゼブラフィッシュにおいても，哺乳類同様 ACh が学習に深く関与することが AChE 変異体を用いた研究で示された．記憶における ACh の役割は，ニコチン性 ACh 受容体（nAChR）の活性化による記憶と学習の促進効果でも支持されている．ヒスタミンについては，長期記憶との関連性が示唆された．ヒスチジンカルボキシラーゼ阻害剤でゼブラフィッシュ成体を処理すると，脳内ヒスタミンレベルが低下し，ヒスタミン作動性ニューロンの減少が起きる．これらの動物でも学習能力は正常であるが，学習効果が見られるのは短期間であり，この効果は数日後には見られなくなる．ヒスタミン作動性ニューロンは後方視床下部に存在するが（図 5.1C），終脳，視床下部，縫線核のモノアミン作動性ニューロンと密接な連絡があり，記憶・学習へのこの神経連絡の関与が注目される．

　また，ゼブラフィッシュと金魚の両方で N-メチル-D-アスパラギン酸（NMDA）[*5-4] 受容体の記憶への関与が観察された．実際，これらの魚を NMDA 受容体アンタゴニストで処理すると，回避条件付けの獲得が阻害される．NMDA が成体ゼブラフィッシュ終脳で長期増強（LTP，記憶の形成と固定）を引き起こすことも知られる．

---

[*5-4]　神経伝達に関わるグルタミン酸受容体の 1 つである NMDA 受容体を活性化する．

5.4 情動と認知

A. 学習と記憶に関わる行動実験

① T字型迷路

スタート　　好みの場所

② 視覚性逃避テスト

a　b　回転

③ 探索的攻撃テスト

c　d

④ 場所嗜好性テスト

e　f　g

B. 不安：新規水槽ダイビングテスト

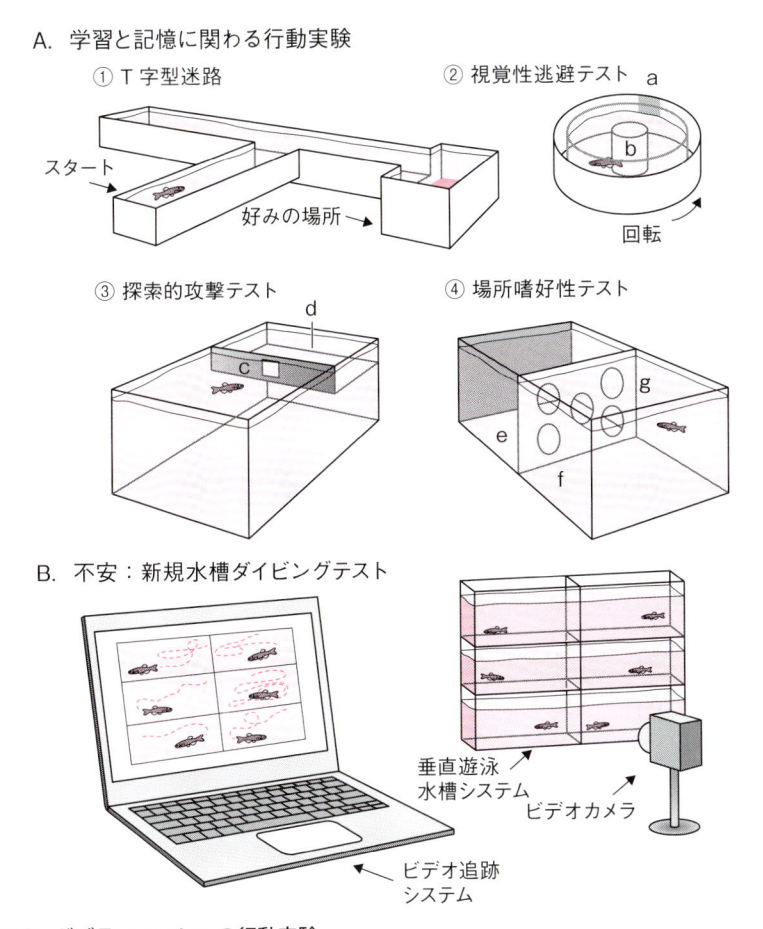

垂直遊泳水槽システム
ビデオカメラ
ビデオ追跡システム

#### 図 5.3　ゼブラフィッシュの行動実験

A：学習と記憶の研究に用いる行動実験装置の例．① T字型迷路．識別や空間的，非空間的な移動経路決定（ナビゲーション）に関わる学習と認知の研究に用いられる．② 視覚性逃避テスト．移動する刺激(a)からの逃避行動により視覚機能を検討する．この場合，黒い縞模様（a）の回転に反応して魚は中心柱（b）の陰へ避難する．③ 探索的攻撃テスト．魚には，上方に設けられた台の上に入り口（c）から入ってガラス玉などの刺激（d）をつつくという行動を習得させる．行動（脳機能）の左右性，刺激に対する順応（慣れ）の研究が行われた．④ 場所嗜好性テスト．場所選択が条件刺激への親和性の評価に用いられる．この例ではテストの場は2つに仕切られており（eとf），一方の場に入れた魚に無条件刺激を与えた後，仕切り（g）を開放し，どの場を好むかを評価する．
B：新規水槽ダイビングテスト．ゼブラフィッシュは，新しい水槽に移されてまもなくは水底に沈んでそこに留まる傾向があるが，環境に慣れるにつれて上層に移る．これにより，不安，ストレスへの応答を評価する．（Levin and Cerutti, 2008 より改変）

### 5.4.3 不安

不安は，動物実験においてはオープンフィールドテスト[*5-5]における大胆さの程度で表現されている．魚の場合，たとえば，水槽で自由に遊泳できる状況において，大胆さは中央，もしくは中程度の深さでの滞在時間として数値化することが一般的である（図 5.3B）．

ストレスと不安は，多様な刺激（新しい環境，カフェイン処理，依存性となった薬剤の除去など）で惹起される．こうした行動の指標の多くは，ゼブラフィッシュにおいても，GABA の効果を強化するために抗不安薬として広く使われるベンゾジアゼピン（ジアゼパム）の処理で低下するのに対し，不安惹起効果が知られるベンゾジアゼピン逆作動薬[*5-6]により再現される．5-HT アゴニストや 5-HT 再取り込み阻害剤もまた，抗不安効果をもつことから，魚でも哺乳類同様 5-HT 経路が不安行動に関わると考えられる．ACh を介したニコチンの抗不安活性も観察されている．しかし，不安に関連するゼブラフィッシュの脳内領域の詳細は現在不明である．

### 5.4.4 攻撃性

ゼブラフィッシュの攻撃行動は様々な測定系で解析されている．たとえば，同じ性の個体が同じタンクで飼育される場合，優位下位関係が確立する．また，水槽の側面にミラーを置くと，これに映った自分を侵入者と考えて攻撃行為，威嚇行為を示すため，これにより攻撃性の測定が行われる．

攻撃性，社会性と関連のある神経ペプチドとして，哺乳類ではバソプレシンが知られるが，その相同神経ペプチドであるバソトシンの発現が，集団内のゼブラフィッシュ個体の地位によって異なることが明らかにされた．優位個体では大細胞性視索前野にある大型ニューロンで発現するのに対し，下位個体では小細胞性視索前野の小型ニューロンで発現するのである．また，優位性，攻撃性は，合成エストロジェン暴露で低下することから，こうした好

---

[*5-5] 新規環境下での自発的な活動性を測定するテスト．
[*5-6] アンタゴニストは受容体と結合してもそれ自体は効果をもたないことで本来のリガンドの作用を抑えるのに対し，逆作動薬は，結合すると受容体を抑制する効果をもつ．

戦的行動はエストロジェンで抑制されているといえる．おもしろいことに，攻撃行動には脳の左右性が関わっており，捕食者は右目で見るとされるが，その神経解剖学的機構は不明である．

## 5.5 神経系の可塑性

### 5.5.1 ニューロンおよびシナプスの可塑性

　ゼブラフィッシュでもほかの動物と同様，ニューロン，シナプスの可塑性が発生過程，そして成体で観察されており，分子，細胞レベルでの機構も明らかとなりつつある．エペンディミンは硬骨魚の髄膜繊維芽細胞が分泌する糖タンパク質であり，脳脊髄液，そして成体脳の上衣層に存在する．HNK-1 とよばれる糖鎖抗原で修飾されており，金魚とゼブラフィッシュで神経突起の成長と神経束形成に必要であることから，ニューロン，シナプス可塑性に関与すると考えられる．細胞接着因子 L1.1 も，記憶固定，そしてシナプスの安定化に働いている．

　二次感覚ニューロン投射[*5-7]（特に側線器官からの投射）については，初期にまず過剰な神経支配が生じ，その後，成体になるまでに神経突起の退縮が起きる．*notch1a* の変異体（*deadly seven*）では Notch（ノッチ）シグナルが低下する結果，過剰なマウスナーニューロンが生じるが，この変異体においては，マウスナー細胞 1 個あたりの軸索側枝が減少する．なお，これら増加したニューロンは各々異なる運動ニューロン集団に投射することがわかっている．したがって，マウスナーニューロンからの出力は，ニューロンが増加した場合も全体として適切に調整されており，神経系構築における可塑性の例といえる．

　視覚系の場合，光受容体終末での小棘形成は視覚入力に依存する．また，稚魚における網膜神経節細胞（RGC）の軸索分岐レベルは，NMDA 受容体

---

[*5-7] 感覚受容器から大脳皮質に感覚情報が伝わるまでに 3 種類のニューロンが関与する．これらを末梢から順に一次，二次，三次ニューロンといい，二次ニューロンは延髄から視床まで情報を上行させる．

■5章　ゼブラフィッシュにおける脳神経系の機能とその発達

に依存した神経活動，そしてプロテインキナーゼC活性の変化で制御される．なお，視神経は網膜内の位置に対応して視蓋上の異なる領域に神経を投射しており，両者の間に空間的な対応関係が成立する（体性局在）．こうした網膜と視蓋の関係は，発生初期にRGCの活動とは独立して確立されるが，その後，活動依存的にマップの正確さが向上することがわかっており，シナプス可塑性の別の例と言える．

### 5.5.2　成体での神経発生

ゼブラフィッシュでも，ほかの硬骨魚類と同様，成体脳において神経形成が継続し，多様なニューロンが生じる．嗅球や外套下部ではTHニューロンとGABA作動性ニューロン，間脳腹側ではDAニューロンと5-HT細胞，中脳ではグリシン作動性ニューロン，小脳ではグルタミン酸作動性ニューロンの新生が知られる（図5.4）．魚の成体における神経形成や脳の成長は，やはり成長を続ける全身からの感覚性入力の増大とのマッチングに貢献すると

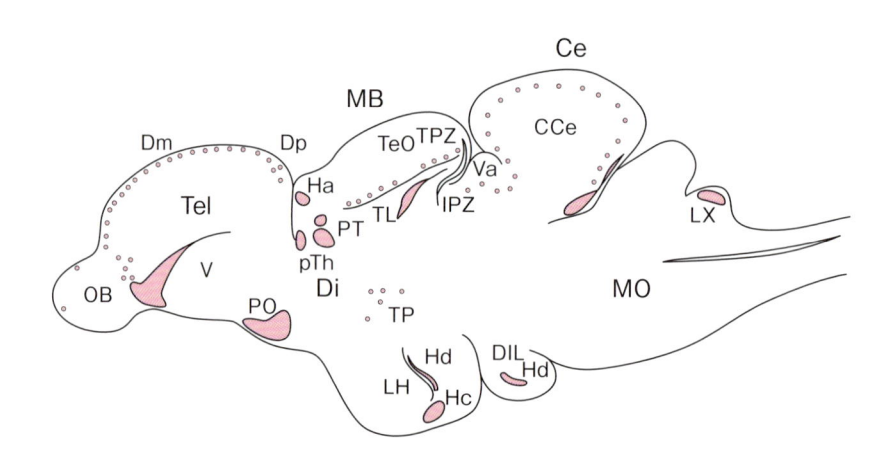

**図5.4　ゼブラフィッシュ成体脳における神経形成領域**
成体脳の正中断面において，増殖領域が赤色の領域，または小円で示されている．（Bally-Cuif & Vernier, 2010 より改変）
IPZ：峡部増殖帯，LH：視床下部外側核，LX：迷走葉，PT：視床後部，TPZ：視蓋増殖帯，V：終脳腹側野．（その他の略称は表4.1と別表6参照）

考えられる．実際，ゼブラフィッシュ成体の脳全域で計 16 か所の増殖帯が，主として脳室帯で同定され，これらの部位で実際にニューロン分化が確認されている．また，緩やかに増殖するラジアルグリア様前駆細胞[*5-8]がすべての増殖帯に存在している．

　成体における神経形成の詳細はわかっていないが，非増殖性の脳室層ラジアルグリア細胞では，神経前駆細胞マーカー（Nestin, Sox2）が発現する．また，これらの細胞では FGF 受容体や FGF シグナル標的遺伝子の発現も見られており，神経前駆細胞の増殖制御，神経幹細胞の維持に FGF シグナルが関与すると考えられる．特に Fgf8 は成体小脳において，顆粒細胞の産生に関与することがわかっている．成体脳での神経幹細胞維持に Notch シグナルとその下流の Her 転写因子が関与することも知られる（コラム 4 章①参照）．

　脳再生や適応行動の可塑性（学習，記憶，動機付け）に対する成体神経形成の寄与についてはよくわかっていない．しかし，成魚では多数の新生ニューロンが長期間生存し，神経回路に取り込まれており，ゼブラフィッシュ脳回路の機能的可塑性に貢献すると考えられる．この関連で，ゼブラフィッシュ終脳の外套外側部（Dl）で活発な増殖が見られるが，この領域は前述のように空間記憶との関与がわかっており（5.4.2 項参照），記憶と神経新生の関係を示唆している．

### 5.5.3　損傷を受けた神経の可塑性と再生

　無羊膜類の CNS では一般に軸索損傷後の再生能力が顕著であり，ゼブラフィッシュも例外ではない．たとえば，ゼブラフィッシュで脊髄を切断した場合，切断面より上位にある脳からの脊髄投射ニューロン軸索が再生し，運動能の回復も見られる．ただし，上行性脊髄神経繊維の場合，脳への投射の回復は知られていない．神経再生に関わる分子としては，成長関連タンパク質 GAP-43 や細胞接着因子（L1.1，L1.2）が知られている．

---

[*5-8] ラジアルグリア細胞は，主として発生段階において神経上皮を構成する細胞であり，神経幹細胞として機能するとともに，この細胞から生まれた神経前駆細胞が表層に向かって移動する際の足場を提供する．

## ■5章　ゼブラフィッシュにおける脳神経系の機能とその発達

　網膜での視神経を切断しても，RGCの軸索が再生するとともに視覚が回復する．この際に発現変動を示す遺伝子がマイクロアレイで検討され，多くの遺伝子が活性化されることが明らかとなった．また，これらの遺伝子の中で2種のZnフィンガー転写因子遺伝子（*klf6a*と*klf7a*）が実際にRGCの再生に必要であることが確認されている．

　さらに，軸索だけでなく，ニューロン自体も再生できることがわかってきた．たとえば，脊髄損傷が起きた場合，損傷部位近傍の脳室層においてラジアルグリア細胞の増殖が誘導され，生じた前駆細胞から運動ニューロンが生じ，脊髄神経回路に組み込まれる．これは，ゼブラフィッシュ脊髄細胞の環境変化への高い適応能力，修復能力を示している．また，網膜の視神経に損傷が入った場合，Müllerグリア細胞が増殖し，この細胞よりほとんどの網膜内ニューロンが産生されることもわかっている．

# 6章 ゼブラフィッシュにおける心臓血管系の発生遺伝学

　心臓血管系は，それ自体生物学的に興味深い動物の器官系であるが，さらに，ヒトの健康という点からもきわめて重要である．近年，ゼブラフィッシュは，脊椎動物における心臓血管系の発生遺伝学，生理学，そして各種心血管疾患の発症機構や治療法の研究分野において，モデル動物としての重要性を増しつつある．

## 6.1　ゼブラフィッシュでの心臓血管系の発生

　心血管疾患は現代社会では深刻な健康上の問題であり，がんや糖尿病と並んで主要な死因となっている．これには心筋症，QT 延長症候群（LQTS，コラム 6 章参照），冠状動脈不全，動脈瘤，脳卒中などが含まれる．心血管疾患の病因解明，関与する遺伝子の同定，早期診断法・治療法の開発を行う上で，ヒト疾患を再現するゼブラフィッシュモデルを用いた発生遺伝学的，そして生理学的研究が期待されている．

### 6.1.1　心臓血管系研究の新たなモデル

　ゼブラフィッシュの心臓血管系には，哺乳類，そしてヒトのものと比べ，当然ながら生理学的違いが見られる．しかしながら，心臓の機能，そして心臓発生に関する基本的な細胞生物学・遺伝学的機構は，脊椎動物でよく保存されており，ゼブラフィッシュで得られる知見の多くは，ヒトの心臓形成機構と疾患の理解にも適用可能と期待される．
　心臓血管系研究においても，ゼブラフィッシュの体外発生，透明性，多産性などの特徴，そして発生遺伝学的研究手法の多様さは大きなアドバンテージであるが，加えて，心臓形成を行う細胞系譜の詳細が明らかとなっており，細胞生物学的研究にも優れる．心臓血管系の発生と機能に対する化学物質の効果の検討，治療薬の大規模スクリーニングが容易であることも重要であろう．

■ 6章　ゼブラフィッシュにおける心臓血管系の発生遺伝学

### 6.1.2　ゼブラフィッシュ胚での心臓発生

心臓は，中枢神経系と並んで発生の早い時期から形成され，機能する器官であり，内皮組織である心内膜とその外部にある心筋層から構成される．心筋細胞運命と血管成長の決定因子（遺伝子）については，近年，様々な脊椎動物で詳細が明らかとなりつつある．基本的には種間で同様であるが，ここではゼブラフィッシュを中心に述べる．

● 心臓（心筋）前駆細胞　　● 心内膜前駆細胞　　○ 心室前駆細胞　　○ 心房前駆細胞

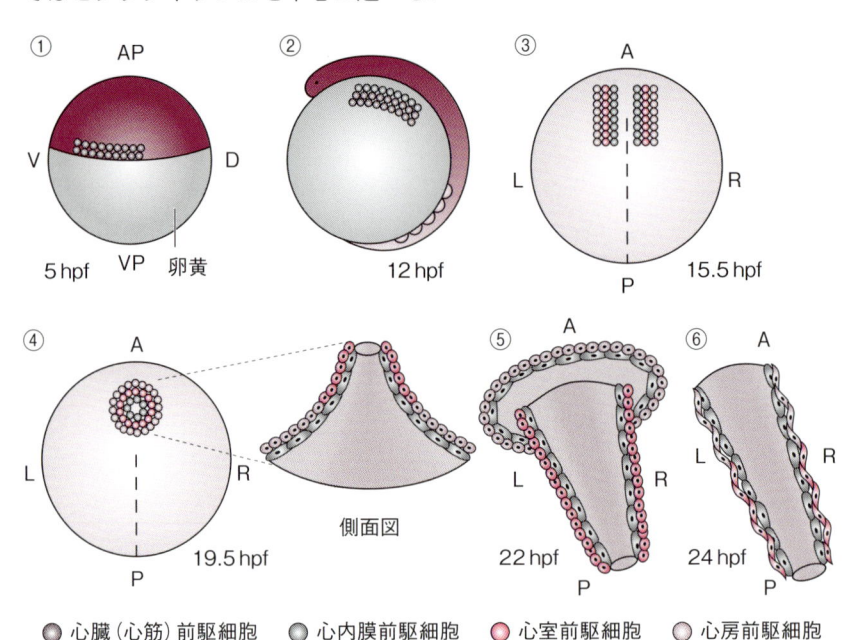

**図 6.1　ゼブラフィッシュ胚での心臓前駆細胞の分化と心臓の発生**

原腸形成直前（5 hpf）に胚の腹・側方領域に存在する心臓前駆細胞は（①），体節形成期になると中軸に収斂し，予定後脳の側方に至る（12 hpf 前後）．これらの細胞はさらに左右で前後に3列に並び，内側は心内膜前駆細胞，外側は心筋前駆細胞となる（②）．13体節期（15.5 hpf）までに心筋前駆細胞は心室前駆細胞（中央列）と心房前駆細胞（外側列）に分離する（③）．19 hpf 以降，後方で融合し，前方でも細胞が中軸方向に移動するため，心臓原基は円錐状となり，心室細胞は中央の頂点部，心房細胞はその周縁部に位置する．心内膜前駆細胞は円錐構造の内面を覆う（④）．引き続き，円錐は伸長して管状となり，まず心室領域，次いで心房構造が形成される（⑤）．24 hpf までに管構造は前後方向に配置され，心房側は中軸より左に偏って位置する（⑥）．30 hpf までに心臓は心房，心室に区画化される（図1.12）．A：前方，AP：動物極，D：背側，L：左，P：後方，R：右，V：腹側，VP：植物極．（Stainier *et al.*, 2001 より改変）

## 6.1 ゼブラフィッシュでの心臓血管系の発生

　心筋前駆細胞は，まず初期胞胚（512細胞期）の胚盤周縁部側方で左右に出現し，巻き込み運動により胚盤葉下層に移行して前方側板中胚葉の一部となる．これらの細胞は中軸に収斂して融合し，18 hpfまでには心臓管前駆体を形成する．引き続いて円錐状構造（心室前駆細胞が尖端部）をとり（22 hpf），さらに内側部と外側部が各々心室細胞と心房細胞に分化する（図6.1）．

　心臓原基の初期分化を制御する様々な因子が変異体解析で明らかにされた（図6.2，図6.3，表6.1）．これらには，Gata4, Nkx2.5, Hand2などの転写調節因子，Bmp2/4やFgf8などの分泌因子が含まれる．前駆細胞の中軸方向への移動は，他種と同様，内胚葉からのシグナルに依存しており，実際，各種内胚葉欠損変異体では中軸での心臓融合が起きない（二叉心臓）．

　その後，心臓管では心室が心房の後方右側に位置するようになり，結果的

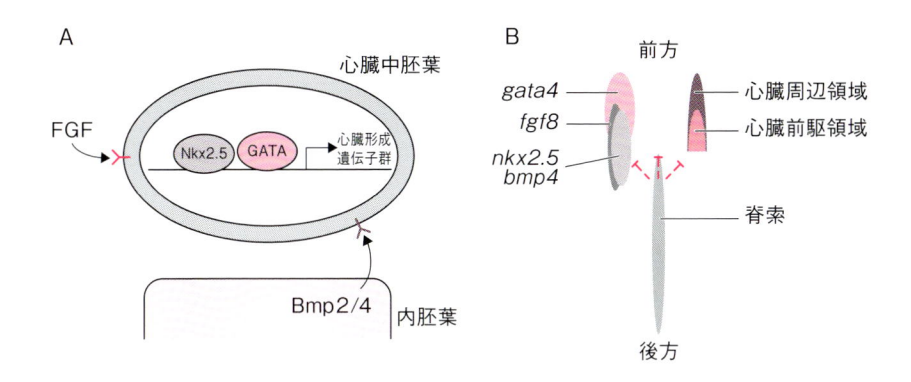

**図6.2　ゼブラフィッシュ胚での初期心臓前駆細胞の分化と制御遺伝子**
A：転写因子のNkx2.5とその関連因子，そしてGATAファミリー転写因子（Gata4, Gata5など）が心臓形成遺伝子の活性化に必須であり，BMPやFGFなどのシグナル分子は心臓原基の誘導を行う．これらの分泌因子は，周辺の内胚葉や中胚葉に由来する．このしくみは脊椎動物で共通と考えられる．
B：ゼブラフィッシュの予定心臓領域について，細胞分化能（右）と遺伝子発現パターン（左）を示す．心臓領域は分化能に関して心臓前駆領域とその周辺領域（前駆細胞を除去すると新たに心臓を形成する領域）に区別できる．Gata4, Fgf8a, Nkx2.5, Bmp4の発現は心臓前駆領域内で重なっており，これらの因子の協調作用で心臓が形成される．なお，Gata4の発現領域は周辺領域を含む．脊索は，後方の予定心臓領域の後端を，nkx2.5を抑制することにより決定する．（Chen & Fishman, 2000より改変）

■6章 ゼブラフィッシュにおける心臓血管系の発生遺伝学

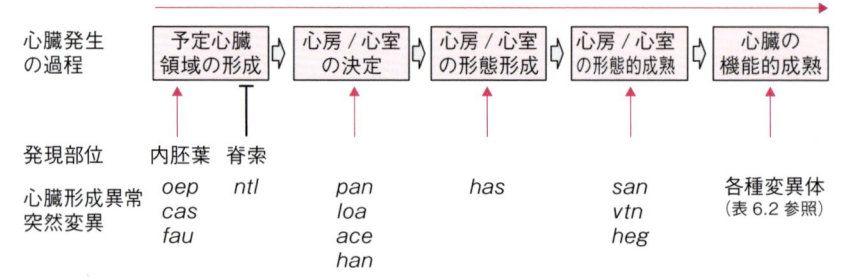

| 心臓発生の過程 | 予定心臓領域の形成 | 心房/心室の決定 | 心房/心室の形態形成 | 心房/心室の形態的成熟 | 心臓の機能的成熟 |
|---|---|---|---|---|---|
| 発現部位 | 内胚葉 | 脊索 | | | |
| 心臓形成異常突然変異 | *oep*<br>*cas*<br>*fau* | *ntl* | *pan*<br>*loa*<br>*ace*<br>*han* | *has* | *san*<br>*vtn*<br>*heg* | 各種変異体<br>(表6.2参照) |

発生の進行 →

**図6.3　ゼブラフィッシュ変異体の解析で明らかとなった心臓形成の遺伝子経路**
内胚葉が欠損する変異体（*oep*, *cas*, *fau* など）の胚では，心臓前駆細胞が減少する上，これら前駆細胞集団の中軸への移動が起きない．*nkx2.5* の発現は，後方では脊索シグナルで抑制される．4つの変異（*pan*, *loa*, *ace*, *han*）では，心室が縮小する．*has* 変異胚では，心臓管形成に先立ち心房，心室細胞の配置が異常であり，*san*, *vtn*, *heg* 変異の胚では，心室壁の肥厚が不完全となる．こうした表現型から，原因遺伝子の心臓発生における役割が推定される．変異体の詳細は表6.1と表6.2を参照．(Chen & Fishman, 2000より改変)

に右側に湾曲する（心臓ルーピング，図1.12(1)）．同じ頃に律動的，蠕動的な運動が始まり，引き続いて心房から心室への収縮の波の伝播が見られるようになる．こうしたプロセスの基本は脊椎動物共通であるが，魚類の心臓は1心房1心室として機能するのに対し，哺乳類では，心房・心室内，そして心臓流出路で左右を分ける隔壁が形成される結果，2心房2心室となり，肺循環が始まる．この点が両者の間で見られる大きな違いであり，ゼブラフィッシュモデルを用いる際には注意が必要である．

前方側板中胚葉からの心臓の形成については，*cloche*（*clo*，クロウシュ）とよばれる興味深い突然変異が同定された．この変異では，血球と血管芽細胞（angioblast）が欠損する一方で心臓の肥大が見られる．一方，血球血管芽細胞（hemangioblast，血球と血管内皮細胞共通の前駆細胞）の分化制御遺伝子である *scl/tal1* と *lmo2* を同時に強制発現すると，血管細胞が増大する一方で心筋前駆細胞が減少する．こうした結果などから，前方側板中胚葉では，心筋細胞または血管内皮細胞への発生運命の選択が行われており，血球血管芽細胞は心臓分化を抑制すると考えられている．

6.1 ゼブラフィッシュでの心臓血管系の発生

**表 6.1 ゼブラフィッシュで同定された初期心臓形成に関する突然変異**

| 突然変異（略称） | 原因遺伝子（産物） | 心臓の表現型 | 他の表現型 |
|---|---|---|---|
| 予定心臓領域の形成 | | | |
| swirl (swr) | bmp2b (BMPシグナル) | nkx2.5の発現の低下や消失 | 胚体の背側化 |
| no tail (ntl) | ta (Tボックス転写因子) | nkx2.5の発現の後方への拡大 | 尾部の欠損 |
| one-eyed pinhead (oep) | tdgf1 (EGF-CFCファミリー) | nkx2.5の発現の低下や消失，二叉心臓，心室組織の減少 | 内胚葉組織と中胚葉の一部の減少 |
| faust (fau) | gata5 (GATA転写因子) | nkx2.5の発現の低下や消失，二叉心臓，心室組織の減少 | 内胚葉組織の減少 |
| acerebellar (ace) | fgf8a (FGFシグナル) | nkx2.5の発現の低下や消失，心室組織の減少 | 小脳と峡部の欠損 |
| 心臓原基の形成と心房・心室の区画化 | | | |
| hands off (han) | hand2 (bHLH転写因子) | 二叉心臓，心室組織の減少 | 胸びれの退縮 |
| bonnie and clyde (bon) | mixl1 (ホメオドメイン転写因子) | 二叉心臓 | 内胚葉組織の減少 |
| casanova (cas) | sox32 (Sox転写因子) | 二叉心臓 | 内胚葉の欠損 |
| miles apart (mil) | s1pr2 (EDGファミリー)[1] | 二叉心臓 | 尾部での水腫形成 |
| two-of-hearts (toh) | spns2 (S1P輸送体) | 二叉心臓 | 尾部での水腫形成 |
| natter (nat) | fibronectin 1a (フィブロネクチン) | 二叉心臓 | |
| cloche (clo) | - | 心内膜の欠損 | 内皮細胞と血球の欠損 |
| pandora (pan) | supt6h (転写伸長因子) | 心室の退縮 | 眼，耳，体節の異常 |
| lonely atrium (loa) | - | 心室の退縮 | |
| 心臓の形態形成 | | | |
| heart-and-soul (has) | prkci[2] | 心臓管の異常 | 消化管ルーピングの異常 |
| jekyll (jek) | ugdh[3] | 弁の欠損 | 鰓弓と耳の欠損 |
| cardiofunk (cdf) | acta1b (アクチン) | 弁の欠損 | |
| 心臓の形態的成熟 | | | |
| santa (san) | krit1 (アンキリンリピートタンパク質) | 心室壁の発達不全 | |
| valentine (vtn) | ccm2 (Malcavernin) | 心室壁の発達不全 | |
| heart of glass (heg) | heg1 (EGFモチーフ膜タンパク質) | 心室壁の発達不全 | |

1：スフィンゴシン-1-リン酸 (S1P) 受容体 2. 2：タンパク質キナーゼ C，イオタ.
3：UDPグルコース-6-デヒドロゲナーゼ.
(Stainier et al., 2001 より改変)

■6章　ゼブラフィッシュにおける心臓血管系の発生遺伝学

なお，心筋前駆細胞の分化開始後，心臓管の形成に先立ち，イオンチャネル機能，心収縮・拡張サイクルの細胞内 $Ca^{2+}$ による調節，筋繊維形成など，心臓機能に直結する遺伝子の発現が起きる．筋小胞体の形成は収縮開始前にすでに見られるが，サルコメアの形成開始は収縮開始後になる．心房と心室の協調的な収縮が始まった後，引き続いて神経支配の開始，組織的な刺激伝達機構の出現，そして洞房結節，房室結節の形成が観察される．

## 6.2　ゼブラフィッシュ心臓血管系の発生変異体スクリーニング

ゼブラフィッシュにおける心臓血管系の発生遺伝学的研究は，スタニエ（Didier Stainier）とフィッシュマン（Mark Fishman）により行われた変異体スクリーニングにより大きく推進された．ゼブラフィッシュ胚の場合，哺乳類モデルとは異なり，血液循環が異常でも体外から拡散により酸素が供給されるため，比較的長期にわたって生存可能である．実際，これまでに多数の心臓血管系異常変異体系統が単離されている（図 6.3, 表 6.1, コラム 6 章）．

また，ゼブラフィッシュでは内皮細胞特異的に蛍光タンパク質を発現する遺伝子導入魚が作製されており，血管系の蛍光ライブイメージングのために広く利用されている．

こうした多様な突然変異系統，そして遺伝子導入魚を活用することで，心臓血管系の形成に重要な遺伝子ネットワークや心臓・血管系の生理学の理解，疾患の原因などの解明が期待される．

### 6.2.1　心臓血管系の発生異常変異体

これまでに同定された心臓と血管の形態異常変異としては，心室形成不全，二叉心臓，心房と心室の配置異常，大動脈の異常などが知られる（*bubblehead*, *redhead*, *gridlock* など）（表 6.1）．また，血管パターン形成の異常，内皮細胞と血球の欠損，血管新生における発芽[*6-1]の欠如などを示す変異体も得られている．

---

[*6-1] 既存の血管を構成する血管内皮細胞の増殖・遊走により新しい分岐血管が形成されること．

### コラム 6 章
### ゼブラフィッシュの心臓血管系変異体は各種心血管疾患のモデルである

　ゼブラフィッシュでの大規模変異体スクリーニングでは，心臓形成異常の変異体とは別に，多様な心臓機能変異体が同定されている．得られた突然変異の多くでは，ヒトの各種心血管疾患と，原因遺伝子，あるいはその症状が共通しており，心血管疾患の病因解明，治療法の開発，そして治療薬のスクリーニングと改良への貢献が期待される．
　たとえば，変異体 *slow mo*（*smo*，スローモー）では，心臓は低拍動となる．原因は心臓ペースメーカーの異常とされるが，変異の起きた遺伝子は現在不明である．
　*tremblor*（*tre*，トレンブラー）変異と *reggae*（*reg*，レゲエ）の場合，拍動リズムに加えて収縮の協調性にも異常が見られる．*tre* は心細動のゼブラフィッシュモデルと見なされるが，原因は $Na^+$-$Ca^{2+}$ exchanger 1（Slc8a1a）の欠損によるカルシウム移行異常であることが明らかにされた．
　一方，*reg* 変異の原因遺伝子は電位開口型カリウムチャネル遺伝子の 1 つ（*kcnh6*）である．当初同定されたのはミスセンス変異による亢進型変異であり，心筋細胞から心房への収縮の伝達低下，収縮の協調性欠如，などの特徴から，ヒトにおける不整脈（心房細動，洞房ブロックなど）のモデルと見なされている．
　対照的に，*breakdance*（*bre*，ブレイクダンス）は *kcnh6* の機能低下型変異であり，2:1 房室ブロック（心室の収縮 1 回あたり心房が 2 回収縮）が見られる．実際，ヒト先天性 QT 延長症候群（LQTS，心臓収縮後の再分極が遅延し，心室頻拍のリスクを伴う心疾患）の 1 つ，LQT2（先天性 LQTS の 25 〜 30%）の原因ヒト遺伝子 *KCNH2* は，*KCNH6* と近縁である．

*island beat*（*isl*，アイランドビート）は，原因遺伝子がポジショナルクローニングで判明した最も初期のゼブラフィッシュ突然変異の1つである．L型電位依存型カルシウムチャネル遺伝子（*cacna1c*）の変異であり，心室に収縮性がない，心房内の個々の細胞が非同期的に収縮するなど，ヒトの心房細動に似ている．

収縮の減弱している変異も同定された．*tell tale heart*（*tel*，テルテイルハート）変異と *lasy susan*（*laz*，レイジースーザン）ではいずれもミオシン軽鎖遺伝子が欠損しており（各々 *cmlc1* と *myl7*），これらの変異体では，心臓機能の欠損に加え，サルコメア構造自体が異常となる（表6.2）．

**表 6.2　心臓機能に異常を示す代表的なゼブラフィッシュ突然変異体**

| 表現型 | 変異体 | 原因遺伝子 | 遺伝子産物 |
| --- | --- | --- | --- |
| 心拍数の異常 | *slow mo* (*slwm*) | 未同定 | 不明 |
| 拍動リズムの異常 | *tremblor* (*tre*) | *slc8a1a* | $Na^+/Ca^{2+}$ 交換輸送体 |
| 興奮伝導の異常 | *island beat* (*isl*) | *cacna1c* | 電位依存性カルシウムチャネル |
|  | *liebeskummer* (*lik*) | *ruvbl2* | ATPアーゼ |
|  | *main squeeze* (*msq*) | *ilk* | インテグリン結合キナーゼ |
|  | *tell tale heart* (*tel*) | *myl7* | ミオシン軽鎖 |
|  | *breakdance* (*bre*) / *reggae* (*reg*) | *kcnh2* | 電位依存性カリウムチャネル |
| 収縮の減弱 | *weak atrium* (*wea*) | *myh6* | ミオシン重鎖 |
|  | *pickwick* (*pik*) | *ttna* | チチン，筋弾性タンパク質 |
|  | *lazy susan* (*laz*) | *cmlc1* | ミオシン軽鎖 |
|  | *silent partner* (*sil*) | *tnnc1a* | トロポニンC |
|  | *silent heart* (*sih*) | *tnn2a* | トロポニンT |

おもしろいことに，心臓血管系の変異の多くは機能低下変異（hypomorph）として見いだされている．通常の遺伝子破壊法による完全機能欠失では，大規模な発生異常が起きる結果として心臓血管系の異常は見落とされる可能性が高く，表現型に基づいた順遺伝学的手法が有効に働いたものといえる．

### 6.2.2 心臓の機能に異常をもつ変異体

心臓機能の異常変異も多数見いだされており，これらの中には，収縮異常，興奮伝達異常，そして拍動リズムの異常などが含まれる．心臓血管系の生理学研究，そして心血管疾患のモデル動物として，医学上の応用研究が期待される（コラム 6 章）．

## 6.3 内皮細胞の分化と血管形成

ゼブラフィッシュ血管内皮細胞の分化も，ほかの脊椎動物と同様の機構で決定される．まず，胚循期までに胚盤葉周縁部の腹側領域（腹側中胚葉），そして側板中胚葉において，血球血管芽細胞が BMP シグナルの働きにより生じる．この細胞はその後，血管芽細胞と血球前駆細胞（primitive erythrocyte）に分化し，血管芽細胞はさらに動脈，あるいは静脈特異的性質を獲得する．

### 6.3.1 内皮細胞の発生

内皮細胞の初期分化に異常を示す変異として前述の *clo* が同定された．その原因遺伝子は未だ不明だが，候補とされるリゾカルジオリピンアシルトランスフェラーゼ遺伝子（*lycat*）は，Ets 転写因子遺伝子と bHLH 転写因子遺伝子 *scl/tal1* を介して，様々な内皮細胞特異的遺伝子の発現を制御する．Ets 転写因子はさらに Forkhead 転写因子（Foxc1a/b）と協調的に内皮細胞特異的な遺伝子の転写制御を行い，Scl/Tal1 は LIM ドメインタンパク質 Lmo2 と協調的に働いて内皮細胞分化を制御する（図 6.4）．

ゼブラフィッシュの場合，計 31 個ある Ets 遺伝子の中で，12 遺伝子が血球血管芽細胞で発現するが，その中で，体節形成初期という早い時期から側板中胚葉で発現する *etsrp* が血球血管芽細胞の初期分化に必要である．また，同じ時期に発現が始まる別の Ets 遺伝子，*fli1* と *erg* については，分化した

■6章　ゼブラフィッシュにおける心臓血管系の発生遺伝学

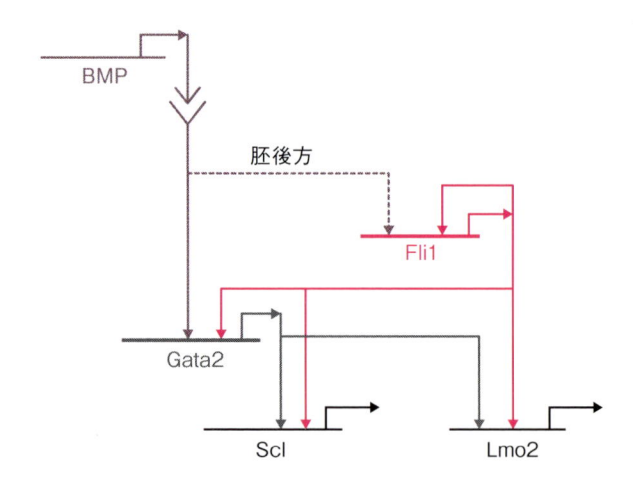

**図6.4　ゼブラフィッシュ血管内皮細胞の分化を制御する遺伝子カスケード**
BMPシグナルの作用により，GATA因子やEts転写因子Fli1の遺伝子が活性化される．これらの転写因子の働きで誘導されるScl, Lmo2の作用により，内皮細胞が分化する．直線は直接の制御を示すが，破線についての調節機構は不明である．（Liu *et al.*, 2008より改変）

内皮細胞の維持，あるいは血管新生に必要であることがわかっている．

### 6.3.2　動脈と静脈の形成

　血管芽細胞ではまず，動脈，あるいは静脈への発生運命の決定がなされる．動脈への分化決定ではShhとVEGFの両シグナルが重要である．Shhは脊索で発現し，近接する体節においてVEGFの発現を誘導する（図6.5）．VEGFは脊索の腹側にある血管芽細胞に作用し，PLCγとERKを活性化，PI3Kを阻害することで大動脈への分化を誘導する．

　動脈の分化にはNotchシグナルも必要であり，このシグナルが阻害されると，静脈マーカー遺伝子が動脈中で異所的に発現する．Notchシグナルで活性化される下流標的遺伝子の1つは，bHLH-Orange型転写因子遺伝子 *hey2* である．実際，この遺伝子の変異体（*gridlock*，グリッドロック）の前方体幹部では，左右の背側大動脈が合流して中軸背側大動脈となる部位が異常となり（図1.12参照），後方への血流が阻害される．この表現型については，ある種のヒト先天性心臓血管系疾患との類似性が指摘されている．

6.3 内皮細胞の分化と血管形成

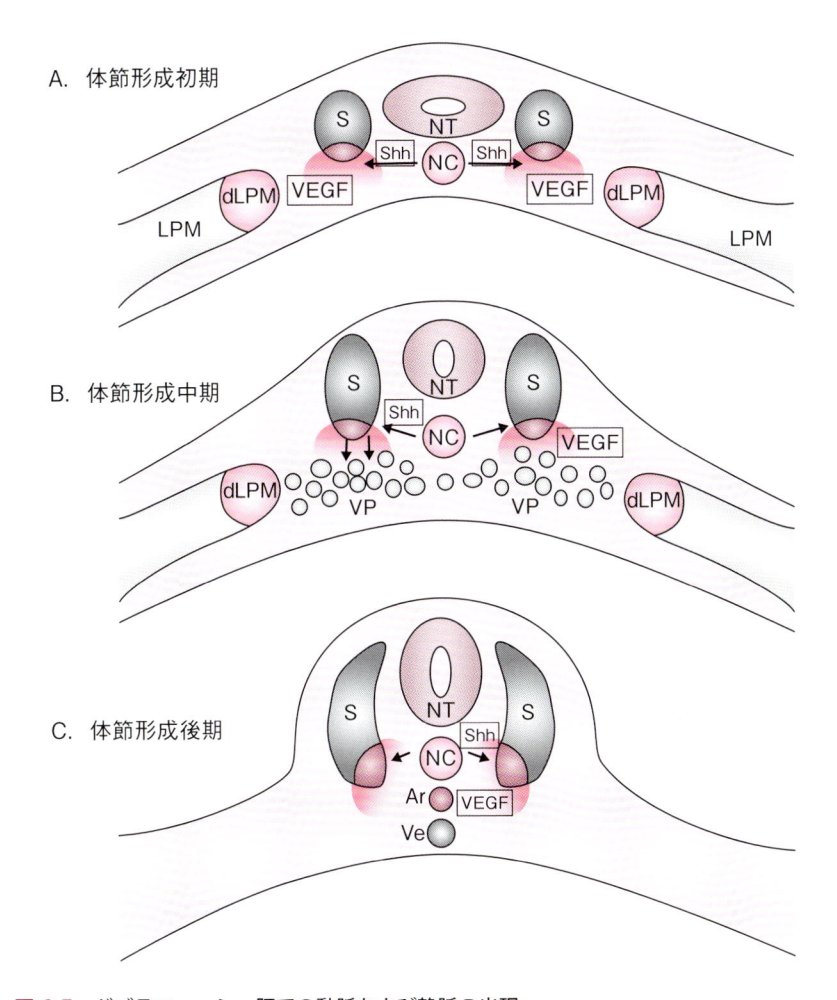

**図 6.5 ゼブラフィッシュ胚での動脈および静脈の出現**
ゼブラフィッシュ胚胴部の横断面模式図を示す．
A：10体節期において，脊索で発現するShhが周辺の体節組織において *vegfaa*（ゼブラフィッシュでの主要VEGF遺伝子）の発現を活性化する．この時期に血管芽細胞が背側側板中胚葉（dLPM）から分化し，VEGF分泌部位近傍に移動する．
B：体節形成中期になると，血管前駆細胞（VP）が，動脈形成細胞を先頭に中軸に移動し，局所的なVEGFシグナルが背側大動脈の前駆細胞において，Notch経路を活性化する．
C：体節形成後期では，静脈マーカー遺伝子の発現が，背側の予定動脈細胞（Ar）ではNotchシグナルの働きで低下し，腹側に生じる静脈（Ve）に限定される．
LPM：側板中胚葉，NC：脊索，NT：神経管，S：体節．(Lawson & Weinstein, 2002)

■ 6章　ゼブラフィッシュにおける心臓血管系の発生遺伝学

大動脈より腹側では，脊索から離れているためにVEGFのレベルが低く，静脈が分化する．ゼブラフィッシュにおいて静脈形成の機構はよくわかっていないが，HMG型転写因子遺伝子 *sox7* と *sox18* が必要である．

### 6.3.3　血管芽細胞の細胞移動と血管パターンの形成

ゼブラフィッシュでは，血球前駆細胞と血管芽細胞の前駆体は，いずれも12～17体節期において，側板中胚葉で分化し，体節と内胚葉の間を通って中軸方向に移動する（図6.5）．血管芽細胞の移動には2つのピークがあり，第1は14 hpf，第2のピークは16 hpfに始まる．この移動は前方中胚葉で始まり，徐々に後方でも開始するが，これは，体節の発生が前方で先行し，順次後方で起きるのと対応する．その後，中軸の下索[*6-2]直下で細胞の索状構造が凝集して背側大動脈原基を作り，さらに内腔が形成される．背側大動脈には背側-腹側のパターンがあるが，これは脊索からのShh，腹側にある中胚葉組織からのBMPシグナルに依存する（図6.6）．

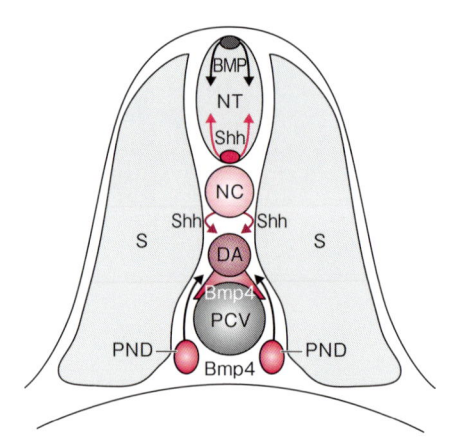

**図6.6　ゼブラフィッシュ胚の背側大動脈における背腹パターンの確立**
胴部の背側大動脈（DA）の背腹パターンは，脊索（NC）からのShh，DAの腹側にある間充織や前腎管（PND）からのBMPにより決定される．神経管（NT）の背腹パターンもShhとBMPにより決定されるが，DAの形成機構とは鏡像対称の関係にある．PCV：後主静脈，S：体節．（Wilkinson *et al.*, 2009より改変）

---

[*6-2] 下索は脊索直下にある組織であり，胚循の側方部に由来する．背側大動脈の位置の決定に関わる．

### 6.3.4 血管系の発達

背側大動脈の内腔形成は 18 〜 30 hpf で進行するが，この際，血管断面は 4 〜 6 個の細胞で囲まれる．これらの細胞の間では，17 hpf で初めて密着結合と接着結合が観察される．一方，後主静脈は，上述のように 2 波にわたって中軸へ移動する血管芽細胞により 24 hpf までに形成され，30 hpf までに動脈同様に内腔が形成される．一方，小血管，たとえば体節間血管の発生過程は様相が異なる（コラム 1 章③参照）．まず微小な飲小胞が内皮細胞内で形成され，これらの小胞がさらに融合して細胞内空隙をつくる．その後，隣接内皮細胞が融合することで細胞内空隙が集合し，内腔が形成される．

一般に，脊椎動物の心臓血管系の発生と成熟においては，周囲に平滑筋が生じるが，ゼブラフィッシュ胚でも血管内皮を囲むように平滑筋前駆細胞が生じるのが観察されており，血管壁細胞（mural cell）とよばれる．この細胞は，72 hpf 以降，前方外側背側大動脈，前方腸間膜動脈，心臓原基の流出路，腹側大動脈に分布しており，ほかの脊椎動物で見られる血管平滑筋細胞と，形態的，分子的，機能的に類似する．

## 6.4 ゼブラフィッシュ心臓血管系の再生

ゼブラフィッシュでは組織再生能力が顕著であり，尾びれの再生時に見られる血管の再生，そして心臓の再生について，研究が進んでいる．

### 6.4.1 血管の再生

成体の尾びれの場合，大部分を除去しても，新たな血管が骨，そしてひれ組織とともに数週間で再生するため，成体血管新生に関する優れた研究モデルとなっている．尾びれでは 1 本の鰭条ごとに，1 本の動脈と 2 本の静脈，動脈と静脈をつなぐ血管，そして鰭条間血管が見られる．ひれの切断直後，血管の開口部が 1 日以内にふさがり，2 日までに血管間で吻合構造が生じ，血管叢（網状構造）が数日で形成され，1 か月程度で血管の長さも回復する．

ひれ再生に関する変異体もこれまでに数種が同定された．*reg6* 変異ではひれの再生血管に形態異常があり，原因遺伝子は血管の分岐に必要とされる．原因遺伝子については，血管新生への関与が知られる転写因子遺伝子（*early growth response 1, egr1*）と連鎖することが示されている．また，ヒスタミンメチルトランスフェラーゼの阻害剤（SKF91488）が *reg6* 変異の表現型を緩和することから，血管新生やひれ再生にヒスタミンが関与するとされる．なお，ひれ再生は血管新生に強く依存しており，VEGFシグナルを阻害するとひれ組織の成長が阻害される．

### 6.4.2 心臓の再生

ヒト成人の場合，損傷を受けた心筋組織は再生できず，繊維性瘢痕で置き換えられるために心臓機能は損なわれてしまう．しかし，ヒト心臓の細胞が増殖能をまったく持たないかについてはわかっておらず，損傷を受けた心筋が速やかに修復できるかは医療上重要である．ゼブラフィッシュ成体の心臓は，哺乳類とは異なって顕著な再生能をもっている．実際，心室を20％程度切除すると，心筋細胞の増殖が誘発され，2か月程度で心臓は完全に修復される．したがって，心臓再生の分子制御機構の研究でもゼブラフィッシュは有用である．

たとえば，心筋細胞の成長促進，あるいは内在細胞プールからの心臓再生の活性化に効果のある低分子を同定する上で，ゼブラフィッシュ胚が利用されている．心外膜が心室細胞をFGF依存的に補給することがわかっているが，実際，FGFシグナル伝達因子MAPキナーゼを抑制するタンパク質脱リン酸化酵素（Dusp6）の低分子阻害剤に，心臓細胞系譜の拡大効果があることが，ゼブラフィッシュを用いたケミカルスクリーニングアプローチ（7.3項参照）により見いだされている．

# 7章 疾患研究モデルとしての ゼブラフィッシュ

　従来，様々なヒト疾患に関する病因の研究と診断法・治療法の開発には，主としてマウス・ラットなどの齧歯類が用いられてきた．しかし，これらの動物では，大規模な遺伝学的研究，そして個体レベルの薬剤スクリーニングが困難である．こうした限界を解決するための新たな疾患研究モデルとして，ゼブラフィッシュが注目されている．ゼブラフィッシュでは，突然変異体などによるヒト疾患の再現が可能であり，個体におけるリアルタイムでの病理学的研究，新規薬剤の大規模探索，治療法の開発などへの貢献が期待される．

## 7.1　先天性疾患のゼブラフィッシュモデル

　発生異常突然変異体は先天性疾患と見なすことができる．したがって変異体作製が容易であり，ゲノム情報，各種ゲノム関連リソースを備えたゼブラフィッシュは，各種ヒト疾患の原因遺伝子の同定とその機能解析，発症機構の解明，そして治療法の開発に優れている（図 7.1）．

### 7.1.1　順遺伝学的アプローチ

　ヒトで疾患原因遺伝子が判明している場合，今では相同遺伝子をゼブラフィッシュで破壊することが可能である．しかし，実際のヒト先天性疾患の病因は多様であり，原因遺伝子の機能欠損のみならず，機能低下や機能獲得変異も含まれるため，通常の遺伝子破壊法による完全機能欠失変異ではヒト先天性疾患の再現はむずかしい．変異原処理により作製される変異体が期待される所以である．さらに，原因遺伝子が不明であるヒト疾患と表現型が類似する魚変異体も，その疾患の貴重な研究モデルとして期待されている．

#### a. ヒト疾患の原因遺伝子が判明している場合

　同定されたゼブラフィッシュ変異体と特定ヒト疾患が同じ遺伝子の異常に起因する場合，発生遺伝学的，分子生物学的研究アプローチが豊富なゼブラ

## ■ 7章　疾患研究モデルとしてのゼブラフィッシュ

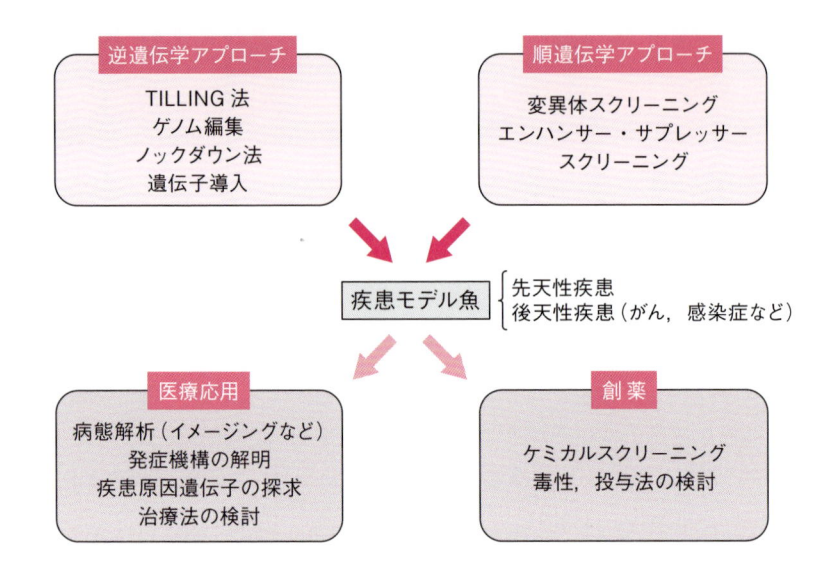

**逆遺伝学アプローチ**
- TILLING 法
- ゲノム編集
- ノックダウン法
- 遺伝子導入

**順遺伝学アプローチ**
- 変異体スクリーニング
- エンハンサー・サプレッサースクリーニング

→ 疾患モデル魚
- 先天性疾患
- 後天性疾患（がん，感染症など）

**医療応用**
- 病態解析（イメージングなど）
- 発症機構の解明
- 疾患原因遺伝子の探求
- 治療法の検討

**創薬**
- ケミカルスクリーニング
- 毒性，投与法の検討

**図 7.1　疾患研究におけるゼブラフィッシュ**
ゼブラフィッシュを用いて得られた疾患モデルは，医療，創薬の両面で利用される．

フィッシュを用いることで，より詳細な研究が可能である．

たとえば，ゼブラフィッシュで得られた筋変性変異体 *sapje* では，最も一般的な筋ジストロフィーであるデュシェンヌ型筋ジストロフィー（DMD）と同じくジストロフィンが変異を起こしているが，ゼブラフィッシュでの研究で，DMD の発症部位が筋腱接合部であることが示されている．

また，光感受性赤血球をもつ貧血性変異体（*yquem*，イーケム）は，ヒトの骨髄肝性ポルフィリン症と同様にウロポルフィリノーゲンデカルボキシラーゼが原因遺伝子であり，ポルフィリン異常をもつ貧血性変異体（*dracula*，ドラキュラ）は，骨髄性プロトポルフィリン症と同じくフェロケラターゼ遺伝子の変異による．これらの変異体はいずれも貧血性疾患のモデルとなっている．

*santa*（サンタ）と *valentine*（バレンティン）という2つの変異体では心臓の拡張と心筋層の肥厚が観察されるが（図 6.3，表 6.1 参照），原因遺伝子

はヒト大脳血管疾患（脳海綿状血管奇形）の原因遺伝子と相同であった（各々 *krit1* と *ccm2*）．これらの変異体において，血管異常の原因は血管内皮細胞とその周辺細胞の相互作用の欠損であることが示されている．

ヒト血管異常疾患の遺伝性出血性毛細血管拡張症（HHT）2 型は，TGF-$\beta$ のⅠ型受容体（Alk1）における変異であるが，ゼブラフィッシュ *violet beauregarde*（*vbg*，バイオレットボーレガード）変異体でも相同遺伝子の変異が起きている．*vbg* 変異体とヒト HHT のいずれでも，頭部血管の奇形が見られており，*vbg* はこのヒトの疾患の症状を再現している．

### b. ヒト疾患での原因遺伝子が不明である場合

ヒト疾患で原因遺伝子が不明でも，ゼブラフィッシュ変異体の表現型がヒト疾患の症状と類似性を示す場合，ヒト疾患の原因遺伝子が推定されることがある．

ヒトのディ・ジョージ症候群（DiGeorge syndrome）は，副甲状腺低形成による低カルシウム血症，胸腺低形成，心流出路障害など，複雑な症状を示す疾患であり，頸部神経堤細胞の第 3，第 4 鰓弓への遊走障害に起因する．この疾患では染色体 22q11.2 で欠失が起きているが，この領域には多数の遺伝子が存在する．症状に類似性が見られるゼブラフィッシュ変異として *van gogh*（*vgo*，バン・ゴウ）があり，やはり咽頭弓，胸腺などの咽頭弓由来器官に欠損が見られるが，おもしろいことにその原因遺伝子は T box 型転写因子遺伝子 *tbx1* であった．22q11.2 領域にもヒト相同遺伝子 *TBX1* が存在しており，この遺伝子の疾患への関与が強く示唆されたといえる．

ヒト多発性嚢胞腎（PKD）では，左右の腎臓で嚢胞が多発性に出現し，腎機能が低下する．頻度の高い遺伝性腎疾患であるが，発症機構には不明の点が多く，有効な治療法は確立していない．ところが，同様の症状を示すゼブラフィッシュ変異が多数分離され，その中の 2 つの変異について明らかとなった原因遺伝子（*hnf1ba* と *pkd2*）が，既知のヒト PKD 原因遺伝子と一致した．したがって，その他の変異についても原因遺伝子未知の PKD のモデルとして期待される．

なお，東京大学の武田洋幸らによりメダカで単離された左右性異常変異体

*kintoun*（*ktu*，キントウン）がやはり PKD 症状を示す．同定された原因遺伝子がコードする新規タンパク質は，繊毛形成に不可欠であること，この欠損がヒトの繊毛病の原因であること，などが判明している．

ゼブラフィッシュ変異体 *retsina*（*ret*，レツィーナ）では赤血球系細胞の分裂が異常であり，当初，ヒト先天性赤血球異形成貧血のⅡ型（CDA Ⅱ）との類似性が指摘された．しかしその後，*ret* 変異の原因遺伝子は，赤血球系細胞の細胞骨格タンパク質である赤血球陰イオン交換タンパク質 1（AE1）の遺伝子（*slc4a1*）であり，CDA Ⅱについては小胞輸送タンパク質 SEC23B の異常に起因することが判明した．ヒトでは AE1 は球状赤血球症で異常となっていることがわかっており，CDA Ⅱとは症状が異なる．このように，ヒトとゼブラフィッシュで症状（表現型）の比較が時にむずかしいことがあるが，この例は，ゼブラフィッシュが多様な貧血症のモデルとなりうることも示している．

### c. 疾患の症状が遺伝的背景の影響を受ける場合

多くのヒト疾患（感染症感受性，心血管疾患，がん，各種依存症など）は，単一遺伝子の異常ではなく，多数の遺伝子に別々に存在する異常に起因する．そのため，ある遺伝子に変異のあるゼブラフィッシュ系統を元に新たな変異体スクリーンを行うことで，疾患が発症する体質を決定する遺伝的背景の解明が期待される（サプレッサースクリーニング，エンハンサースクリーニング[*7-1]）．

ヒトの場合，体質的ながんの素因が知られているが，こうした先天的，遺伝学的な背景の解明にもゼブラフィッシュでの変異体スクリーニングが期待される．たとえば，モザイクアイ・アッセイ（体細胞突然変異を検出するために開発された手法）を用いたスクリーンにより，ゲノム不安定性をもつ変

---

[*7-1] サプレッサースクリーニングとは，ある変異体の表現型を軽減する変異（サプレッサー変異）を獲得する目的で行うスクリーニングであり，注目する変異体に対して変異原処理を行う．一方，エンハンサースクリーニングでは既知変異の表現型をさらに亢進する新奇突然変異を同定する．いずれのスクリーニングとも，既知遺伝子と機能的に関連する遺伝子を探索する遺伝学的な方法として用いられる．

異体が 12 系統同定されており，これらの多くでヘテロ接合体において腫瘍自然発生率の上昇が見られている．

また，増殖細胞マーカーのリン酸化ヒストン H3 を利用したスクリーンでは 8 種の増殖異常変異体が得られ，この一部について，実際に発がん性の上昇が見られた．こうした研究により，がんの素因についての遺伝学的な解析が進められている．

### 7.1.2 逆遺伝学的アプローチ

すでに多くのヒト先天性疾患で，連鎖解析により原因遺伝子が解明されつつあり，ゼブラフィッシュにおいて相同遺伝子を破壊することで，当該疾患について，詳細な解析，治療法や薬剤の開発が可能となる．しかし，前述したようにヒト先天性疾患の病因は多様であり，通常の完全機能欠失変異では疾患の再現はむずかしい．一方，ゼブラフィッシュで行われる TILLING 法では，遺伝子ごとにランダムな突然変異による多様な変異体が期待できるため，現実の疾患を反映した研究モデルの作製が可能である．

*rag1* 遺伝子は，重症複合免疫不全症の原因遺伝子の 1 つであり，リンパ球 V(D)J リコンビナーゼをコードする．この遺伝子のゼブラフィッシュ変異体が TILLING 法により 15 系統得られており，アミノ酸置換，ナンセンス変異が含まれている．これらの変異でも V(D)J 組換えが異常となっており，T 細胞，B 細胞がない状態で適応免疫に関与する免疫細胞の存在が明らかとなった．

p53 遺伝子は Rb に次いで同定されたがん抑制遺伝子であり，G1 細胞周期チェックポイント制御[*7-2]，アポトーシスにおいて重要である．実際，ヒトの腫瘍の約 50％で p53 に変異が認められており，この遺伝子の先天的，後天的な欠損はがんの発症に大きな関わりをもつと考えられる．TILLING 法により p53 の DNA 結合ドメインにミスセンス変異の入ったゼブラフィッシュ

---

＊7-2 細胞周期チェックポイント：細胞周期が次の段階に進む際，必要な過程が正常に終了したかを監視する制御機構のこと．DNA 複製開始（G1 チェックポイント），DNA 複製の完了（DNA 複製チェックポイント），M 期の開始（G2 チェックポイント），紡錘体の形成（紡錘体チェックポイント）を監視する機構が知られる．

系統が4系統分離されており，p53の作用機構，そしてがん発症機構の研究で利用された．p53変異体は，アポトーシス，細胞周期，腫瘍抑制に関わる別の遺伝子を探索するためのプラットフォームとしても有用であろう．

最近になり，TALEN法，CRISPR/Cas法などの人工ヌクレアーゼにより，効率的な遺伝子破壊がゼブラフィッシュでも可能となっており，今後，疾患研究にも大いに利用されると思われる．この場合，マウスで行われる相同組換えでの遺伝子破壊とは異なり，1か所への変異導入で様々な欠失，挿入が起きるため，多様な機能異常変異の作出が期待される．

なお，ある疾患の発症における特定遺伝子の影響を検討する際，mRNA導入による強制発現やモルフォリノオリゴによる遺伝子ノックダウン法などの従来からの手法も，マウスでは得難い簡便かつ迅速な研究手法として今でも非常に有効である．

### 7.1.3 遺伝子導入系統魚アプローチ

ゼブラフィッシュでは，蛍光イメージングにより細胞，組織，器官などを生体で追跡できるため，疾患モデルとなりうる変異体の効率的スクリーニングが可能であり，リアルタイムで生体内の病理学的過程を解析することも容易である．また，下述するように，組織特異的プロモーターを利用して特定組織における疾患遺伝子の強制発現が行われる（がん発症モデルなど）．

## 7.2 後天性疾患のゼブラフィッシュモデル

後天性疾患についても，従来の哺乳類モデル動物では，大規模な遺伝学的解析や後述するケミカルスクリーニングがむずかしい．しばしば利用される細胞アッセイ系では，当然ながら個体での発症機構の解析には不十分である．こうした理由で，後天性疾患モデルとしてもゼブラフィッシュは注目されている．

### 7.2.1 腫瘍形成

ゼブラフィッシュでも，自然発生的に，あるいは突然変異原，発がん物質にさらされることで，悪性腫瘍が発症する．すでにマウス，ヒトを用いた研究で多くのがん遺伝子が見いだされているが，これらの遺伝子をゼブラフィッシュに導入することで，やはりがんが発症する．たとえば，マウス

*c-Myc*，アポトーシス抑制因子 Bcl2 をコードするゼブラフィッシュ遺伝子 *bcl2*，代表的なヒト融合がん遺伝子（*ETV6-RUNX1*），ヒト *NOTCH1* などがゼブラフィッシュにおいて白血病の発症に関与する．また，ヒト悪性黒色腫はセリン/スレオニンキナーゼ遺伝子 *BRAF* の亢進型変異により発症するが，同じ遺伝子をゼブラフィッシュ胚の神経堤で強制発現させた場合，黒子様の異所的黒色素胞が出現する．

ヒト遺伝子疾患において，ヘテロ接合体でも前駆症状や発症遅延が見られることがあるが，同様の現象はゼブラフィッシュ変異体での発がんについても知られる．APC はがん抑制遺伝子の 1 つであり，変異の結果，家族性大腸腺腫症を起こすことが知られる．本来の機能は $\beta$-catenin（β-カテニン）の不安定化を介した Wnt シグナルの抑制であり，欠損すると，Wnt シグナルが恒常的に活性化され，腫瘍形成に至る．ゼブラフィッシュでは TILLING 法により APC 変異体が分離された．この場合，ホモ変異体は致死となるが，ヘテロ接合体の場合，腸，肝臓，膵臓で腫瘍が生じるとともに，発がん物質への感受性が上がるなど，ヒトでの状況が再現されている．

こうした結果から，魚類でもヒトと共通の発がん機構が存在するといえる．ゼブラフィッシュの場合，細胞を蛍光標識することで，腫瘍の出現と追跡，そして成長の測定が生体において可能であるため，発症機構と治療法の開発，あるいは抗がん剤の効果判定が容易である．

### 7.2.2 感染と炎症

ゼブラフィッシュも哺乳類同様に，グラム陽性菌，グラム陰性菌，マイコバクテリア，原生生物，ウイルスに感染する．したがって，この魚は，病原菌の感染や炎症のしくみの理解，そして治療法の開発においても優れた材料と言える．実際，ゼブラフィッシュは，ショウジョウバエや線虫とは異なり，マクロファージ，好中球などの貪食細胞，サイトカインとそのシグナル伝達物質，適応（獲得）免疫，細胞性免疫など，哺乳類と同様の生体防御システムをもっている．

また，免疫細胞の蛍光標識，あるいは蛍光標識した病原菌の生体での追跡が可能であり，宿主-病原体の相互作用のリアルタイムイメージングが行わ

れている．今後，ゼブラフィッシュを用いることで，特定の病原菌に対する感受性や抵抗性などに関与する遺伝子が同定されるものと期待される．

## 7.3　創薬とゼブラフィッシュ

ゼブラフィッシュは，薬理学的な治療法の開発，あるいはケミカルスクリーニングによる治療効果の大きい新薬の開発においても優れたモデルとなりうる．実際，この魚を用いたアッセイにより，個体レベルで低分子ライブラリーの大規模スクリーニングが行われている．

### 7.3.1　ケミカルスクリーニングによる新薬の開発

ゼブラフィッシュの胚，または稚魚を96穴マイクロタイタープレートに移した上，化学物質ライブラリーの各試料を自動的に各ウェルに分注し，胚への効果を検討することで，化学物質の大規模スクリーニングが可能である（ケミカルスクリーニング）(図7.2)．その際は，特定抗原や分子・遺伝子についての免疫染色，*in situ hybridization* 解析，あるいはGFPなどで蛍光標識された胚の観察に加え，自動化された大規模定量的解析や動画解析が行われる．また，生物学的利用能（薬物が投与後生体に取り込まれる割合）や毒性試験の検討も可能である．以上のスクリーニングでは，遺伝子導入魚，あるいは特定表現型をもつ疾患モデル魚の利用が有効となる．

こうした大規模個体レベルスクリーニングにより，細胞培養系，生化学スクリーニングに頼る従来の創薬システムでは避けられない様々な限界を回避することが可能である．実際，ゼブラフィッシュにおける表現型スクリーニングでは，標的となる分子や細胞内経路についての知識は不要であり，既存の情報からは想定できない有用な化学物質の同定が期待される．

たとえば，ヒトの先天性心血管疾患のモデルとして期待されているゼブラフィッシュ変異体 *gridlock*（6.3.2項参照）を用い，5000種の低分子物質について個体レベルでのスクリーニングが行われた結果，2つの化学物質が表現型を軽減することが判明した（GS3999，GS4012）．これらの作用は，血管新生の促進効果をもつ増殖因子VEGFの発現誘導であり，さらにGS4012についてはヒトでも血管形成を起こすことが見いだされた．

7.3 創薬とゼブラフィッシュ

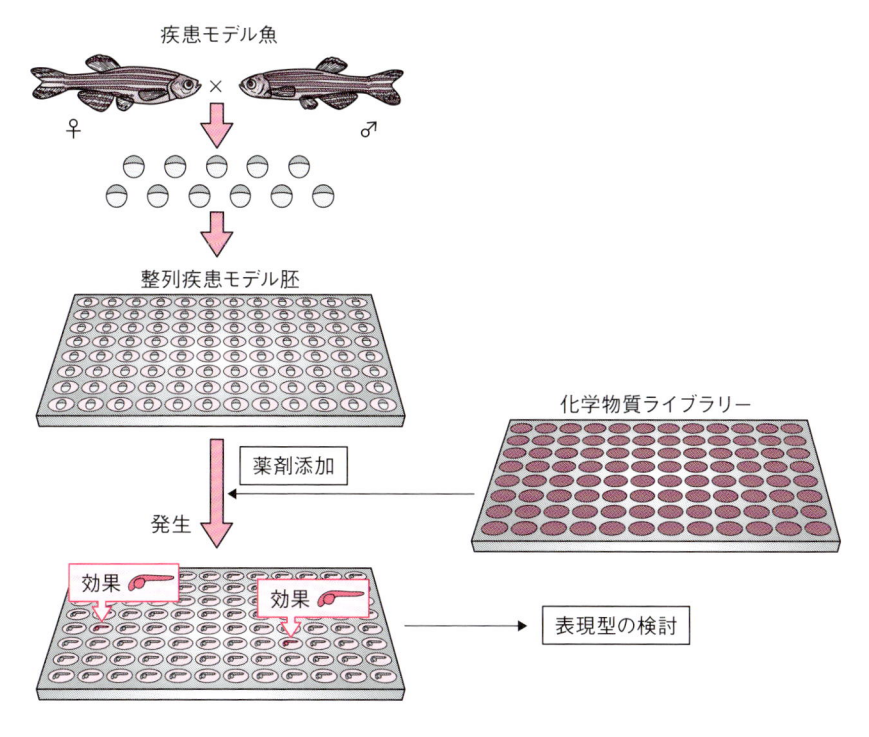

**図 7.2 ゼブラフィッシュ胚を用いたケミカルスクリーニング**
突然変異体などの疾患モデル魚胚を多数準備してマルチウェルプレートに整列し，各ウェルに化学物質ライブラリーの化合物を個別に添加した上で発生させ，表現型（症状）の緩和などの効果を検討する．

なお，ゼブラフィッシュを用いた治療法の研究においては，哺乳類，特にヒトとの間で，遺伝子機能，細胞・個体レベルの生理学，化学物質の取り込みと代謝などに違いがある可能性に注意する必要がある．当然ながら，ゼブラフィッシュで有効とされた化学物質については，哺乳類システムでさらに検討することになる．しかし，いずれにしても個体レベルでの効率的な検討が可能である点は大きな魅力である．また，現在は主として胚や稚魚が用いられているが，老化，生活習慣病，認知障害など，現在深刻となりつつある各種疾患については，今後，成体を用いた大規模研究が必要となると予想される．

### 別表1　ゼブラフィッシュ（*Danio rerio*）の発生段階表[*1]

| 発生段階 | 時間[*2] (h) | 特徴 |
|---|---|---|
| **接合子期** | | |
| 1細胞期 | 0 | 細胞質が動物極方向に流動し，胚盤を形成する． |
| **卵割期** | | |
| 2細胞期 | 3/4 | 初期卵割は部分割（卵黄細胞と連絡をもつ）． |
| 4細胞期 | 1 | 2×2に配列． |
| 8細胞期 | 1 1/4 | 2×4に配列． |
| 16細胞期 | 1 1/2 | 4×4に配列（この段階以降，胚盤周縁部以外の細胞は卵黄細胞との連絡をもたない）． |
| 32細胞期 | 1 3/4 | 割球が2層を形成する．時に4×8に配列． |
| 64細胞期 | 2 | 割球は3層となる． |
| **胞胚期** | | |
| 128細胞期 | 2 1/4 | 割球は5層となる．卵割面は不規則となる． |
| 256細胞期 | 2 1/2 | 割球は7層となる． |
| 512細胞期 | 2 3/4 | 割球は9層となる．また卵黄多核層（YSL）が形成される． |
| 1000細胞期 | 3 | 割球数は約1000となり，11層をなす．YSLの核が1列となって胚盤を囲む．胚盤細胞の分裂がやや非同調的となる． |
| 高胚盤期 | 3 1/3 | 割球は11層以上となる．胚盤が平たくなり始め，YSL核が2列となる．細胞分裂は顕著に非同調的となる． |
| 楕円胚期 | 3 2/3 | 胚体が楕円球形となり，YSL核は多重の列をなす． |
| 球形胚期 | 4 | 胚体は球形となり，胚盤と卵黄の境界は平面となる． |
| ドーム期 | 4 1/3 | エピボリーが始まるとともに卵黄細胞が動物極方向に隆起する． |
| 30%エピボリー期 | 4 2/3 | 胚盤葉は均一の厚さで逆向きのお碗状となり，胚盤葉周縁部は動物極から植物極方向に向かって30%の位置に達する． |
| **原腸胚期** | | |
| 50%エピボリー期 | 5 1/4 | 胚盤葉の厚さは引き続き均一である．なお，胚循環期までエピボリーは50%の位置に留まる． |
| 胚環期 | 5 2/3 | 胚盤葉の辺縁部に環状の肥厚（胚環）が生じる． |
| 胚楯期 | 6 | 将来の背部に対応する胚盤葉周縁部に肥厚（胚楯）が生じる． |
| 75%エピボリー期 | 8 | 胚盤葉の背側が肥厚するとともに胚体が前後軸に沿って伸長する．胚盤葉上層と胚盤葉下層が形成される．腹側胚盤葉が動物極周辺で薄くなる． |
| 90%エピボリー期 | 9 | 脳原基が肥厚し，脊索原基が体節板から分離する． |
| 尾芽期 | 10 | 尾芽が顕著となり，脊索原基も神経キールと区別できる．神経板最前端部の深部で孵化腺前駆細胞が肥厚部を形成する（ポルスター）．神経柱前部では正中部に溝ができる．エピボリーは100%となる． |
| **体節形成期** | | |
| 1体節期 | 10 1/3 | 第1体節が分離する． |
| 5体節期 | 11 2/3 | ポルスターが顕著となる．眼胞，クッパー胞が形成される． |
| 14体節期 | 16 | 体長0.9 mm．聴板，ニューロメア，V字状の胴部体節，前腎管が形成される．卵黄伸長部はまだ明瞭ではない． |

**別表1（続き）** ゼブラフィッシュ（*Danio rerio*）の発生段階表[1]

| 発生段階 | 時間[2] (h) | 特　徴 |
|---|---|---|
| 20体節期 | 19 | 体長1.4 mm. 0.5<YE/YB<1.0. 筋肉の収縮が始まり，レンズ，耳胞が形成される．菱脳部屈曲および菱脳節が顕著となり，尾部が発達する． |
| 26体節期 | 22 | 体長1.6 mm. 耳石が顕著となる．また側線原基の後方への移動が見られるようになり，第3体節に達する（原基段階-3期）． |
| **咽頭胚期** | | |
| 原基段階-5期 | 24 | 体長1.9 mm. YE/YB = 1. HTA = 120°. OVL = 5. 網膜と皮膚で色素形成が始まる．正中ひれ原基が形成され，赤血球分化と心臓の拍動が始まる． |
| 原基段階-15期 | 30 | 体長2.5 mm. HTA = 95°. OVL = 3. 尾部が直線状となる．接触刺激に対する反射が見られる一方で自発的な筋収縮は減少する．網膜に色素が出現し，背側のストライプパターンが形成される．弱い血液循環が始まる．第1咽頭弓動脈で血流が見られ，尾動脈が尾部後端までの半分まで伸長する．尾静脈が網目状となり，胸びれの原基が出現する． |
| 原基段階-25期 | 36 | 体長2.7 mm. HTA = 75°. OVL = 1. 運動性が見られ始める．尾部の色素形成，腹部のストライプ形成が顕著となる．血液循環が活発となるが，咽頭では第一咽頭弓動脈が形成され，尾動脈は後方へ3/4の位置に達する．心膜はまだ膨潤していない．胸びれ原基に外胚葉性頂堤（AER）が形成される． |
| ハイペック期 | 42 | 体長2.9 mm. HTA = 55°. 卵殻除去胚は遊泳後は体を横にして休止する．胸びれ原基のAERが顕著となる．背部ストライプはほぼ完成し，側方ストライプが出現する．黄色素胞が頭部に生じ，虹色素胞は網膜で見られる．心膜が顕著となり，心房，心室，体節間血管，第1/2咽頭弓，前腸，鼻板の繊毛が形成される．耳胞が発達する． |
| **孵化期** | | |
| ロングペック期 | 48 | 体長3.1 mm. HTA = 45°. OVL = 0.5. 静止状態でも背部を上に向けるようになる．円筒形だった卵黄伸長部が円錐形に変形．胸びれはとがった形状をとり，背部および腹部のストライプが尾部で合流する．側方ストライプの形成が進む．網膜上には虹色素胞が蓄積し，頭部は黄色みを帯びる．第2－4咽頭弓動脈弓および体節間血管でも血液の循環が行われる．鼻板上の繊毛が運動を開始する．三半規管，側線器官の感丘が形成される． |
|  | 60 | 体長3.3 mm. HTA = 35°. 運動が活発となる．側方ストライプの色素細胞は10個近くとなる．胸びれが発達し，軟骨，条鰭が出現する．血液循環が活発となる．虹色素胞が網膜上で環状となるほか，背部ストライプでも見られる．消化管が形成され，耳胞は2つの区画に分かれる．顎の軟骨形成が始まり，第5－6咽頭弓動脈でも血流が見られる．口はまだ小さく，眼にはさまれて腹面に開口している． |
|  | 72 | 体長3.5 mm. HTA = 25°. 口部は広く開口し，眼部より前方に突出する．虹色素胞が黒色素胞のストライプに沿って見られるようになり，また眼部の表面の半分を覆うようになる．胚体背部も頭部と同様に黄色みを帯びる．鰓裂，鰓葉芽が形成される．第1，第5鰓弓に軟骨が形成される．第1（第2）鰓弓は鰓蓋で覆われる．擬鎖骨が生じる． |

[1] Kimmel *et al.*, 1995.
[2] 発生時間は標準飼育温度とされる28.5℃で飼育した場合の受精後の時間（h）を示す．
YE/YB：卵黄伸長部の長さ／卵黄球の直径．HTA：頭部と胴部のなす角度（頭部胴部角）．発生が進行するとともに胚体が直線状となり，HTAは徐々に小さくなる．OVL：眼胞と耳胞の距離をその間に入る耳胞数で表す（耳胞長）．原基段階-*n*：側線器官原基の後部進行前縁が第*n*節に達する発生時期．

**別表2　ゼブラフィッシュ研究で一般的に用いられる野生型系統**[1]

| 系統 | 略称 | 由来・特徴 | 入手先・連絡先 |
|---|---|---|---|
| AB | AB | ストライジンガーらによりオレゴンで樹立．樹立の過程で致死変異についての選別が行われ，米国で広く使われている．なお，その後，この系統から単為発生により新たな系統（*AB, star-AB）が樹立され，現在やはりABという名称で呼ばれている． | ZIRC |
| Darjeeling | DAR | インドのダージリン地方で採集された個体に由来し，同系交配により維持された．ゲノムに多型が多く，連鎖解析に利用される． | — |
| IM[2] | IM | IND系統から新屋，酒井により20世代以上の兄妹交配で樹立された近交系．多型は5%以下とされる． | 国立遺伝学研究所・小型魚類研究室 |
| India | IND | インドのダージリン地方で採集された個体に由来． | Driever研究室 |
| Nadia | NA | インドのナディヤー地方で採集された個体に由来し，オレゴンの研究グループにより樹立された． | Postlethwait研究室 |
| RIKEN WT | RW | 理化学研究所の岡本らにより樹立． | NBRP |
| SJA, SJC, SJD[3] | SJA, SJC, SJD | 各々DAR, C32（ストライジンガーらにより樹立された近交系），AB系統に由来する近交系ゼブラフィッシュ．ただし部分的に多型があることが知られる． | ZIRC, Johnson研究室 |
| Tuebingen | TU | ニュスライン＝フォルハルトらによりテュービンゲンで樹立．サンガーによるゲノムプロジェクトで用いられた． | Nüsslein-Volhard研究室，ZIRC |
| Tupfel long fin | TL | 2つの突然変異，$leo^{t1}$と$lof^{dt2}$についてホモ接合体であり，ストライプパターンの異常と長い尾びれを特徴とする． | ZIRC |
| WIK | WIK | TUと比べてゲノムに多型が多く，多型マーカーを利用した連鎖解析に適する． | ZIRC |

[1] ZFINホームページ．[2] Shinya & Sakai, 2011．[3] Bradley *et al*., 2007．
ZIRC：ゼブラフィッシュ国際リソースセンター．NBRP：ナショナルバイオリソースプロジェクト（1.7.2項を参照）

**別表3** ゼブラフィッシュの飼育に用いる人工飼育水

| 溶　　液 | 調製法 |
|---|---|
| **飼育水** | |
| 　成魚 | 国内では水道水の汲み置きで十分なことも多いが，水質に問題がある場合，浄水器（活性炭）を通す，あるいはさらに逆浸透膜に通した純水に塩類を添加し，用いる．水道の水質は地方により異なるため，最適な方法を検討する． |
| **胚や稚魚の飼育水** | |
| 　一般的胚飼育水 | 人工海水の素（インスタントオーシャンなど）を純水に溶かしてストック液とする（40 g/L）．実際の飼育のためには1.5 mLストック液を1 L純水で希釈する（最終濃度；60 µg/mL）．ただし，卵殻を除去した胚については以下のようにCa塩を添加する必要が指摘されている． |
| 　10％ハンクス液<br>　（$Ca^{2+}$/$Mg^{2+}$強化） | 13.7 mM NaCl, 0.54 mM KCl, 0.025 mM $Na_2HPO_4$, 0.044 mM $KH_2PO_4$, 0.42 mM $NaHCO_3$, 1.3 mM $CaCl_2$, 1.0 mM $MgSO_4$ |
| 　リンガー液 | 116 mM NaCl, 2.9 mM KCl, 1.8 mM $CaCl_2$, 5.0 mM HEPES, pH 7.2 |
| 　E2飼育液 | 15 mM NaCl, 0.5 mM KCl, 1 mM $CaCl_2$, 1 mM $MgSO_4$, 0.15 mM $KH_2PO_4$, 0.05 mM $Na_2HPO_4$, 0.7 mM $NaHCO_3$<br>$CaCl_2$およびはNaHCO_3$は各々500倍濃度ストック液として調製．それ以外の塩類をすべて含む20倍ストック液を別に調製し，これら3種類のストック液を個別にオートクレーブにかけ，用時に混合する．<br>胚の状態が悪い際に抗生物質を加えて用いられる． |
| 　E3飼育液 | 5 mM NaCl, 0.17 mM KCl, 0.33 mM $CaCl_2$, 0.33 mM $MgSO_4$, $10^{-5}$％ methylene blue<br>60倍ストック液（methylene blue不含）を調製して冷蔵保存し，希釈してmethylene blueを加えて用いる．<br>一般的な胚の飼育に用いられる． |
| **薬剤処理液** | |
| 　PTU液 | 0.003％ 1-フェニル-2-チオウレア（PTU，胚飼育液を用いて調製）．色素細胞によるメラニン合成を阻害する．通常は産卵当日に処理を始める． |
| 　麻酔液 | 400 mgトリカイン（3-Aminobenzoic Acid Ethyl Ester Methanesulfonate）粉末を97.9 mL水に溶解し，1 M Tris-HCl, pH 9でpH 7に調整する．用時には100〜160 mg/Lの濃度で用いる． |

**別表4　ゼブラフィッシュ研究に関連するウェブサイト**

| ウェブサイト（機関） | 内容 | URLアドレス |
| --- | --- | --- |
| **ゼブラフィッシュに関連する各種データベースとリソース入手先** | | |
| Zebrafish Information Network（ZFIN） | ゼブラフィッシュ研究に関わる遺伝学，ゲノムと遺伝子，発生生物学，研究者などの情報を扱う統合データベース． | http://zfin.org/ |
| Zebrafish International Resource Center（ZIRC） | 米国オレゴン大学に設置されたリソースセンター． | http://zebrafish.org/ |
| Sanger Center Zebrafish Genome Project | 2001年以来英国のサンガー研究所で進行してきたゲノムプロジェクトに由来する各種リソースの供給． | http://www.sanger.ac.uk/resources/zebrafish/ |
| Zebrafish Gene Collection（ZGC） | ゼブラフィッシュの遺伝子に関する各種リソースの供給．NIHにより運営． | http://zgc.nci.nih.gov/ |
| Ensembl Zebrafish Genome Server | サンガー研究所で推進したゼブラフィッシュゲノムプロジェクトで得られた膨大なゲノムデータを提供． | http://asia.ensembl.org/Danio_rerio/Info/Index |
| Vega Genome Browser Zebrafish | 高精度でのアノテーションが行われているゲノムデータベース． | http://vega.sanger.ac.uk/Danio_rerio/ |
| Zebrafish Mutation Project（ZMP） | TILLINGなどで作製されたゼブラフィッシュ変異体を提供． | http://www.sanger.ac.uk/resources/zebrafish/zmp/ |
| Zebrafish K-12 | 高校生，大学の学部レベルの学生を対象としたゼブラフィッシュの情報提供サイト． | http://www.neuro.uoregon.edu/k12/zfk12.html |
| National Bioresource Project Zebrafish（NBRP Zebrafish） | わが国におけるナショナル・バイオリソース・プロジェクトの一環．主としてゼブラフィッシュ遺伝子導入系統の収集・保存・提供． | http://www.shigen.nig.ac.jp/zebra/ |

**別表 4（続き）　ゼブラフィッシュ研究に関連するウェブサイト**

| ウェブサイト（機関） | 内容 | URLアドレス |
|---|---|---|
| BAC/PAC Resource Center | チルドレンズホスピタルオークランドリサーチセンター（CHORI）により運営．ゼブラフィッシュゲノムのBACクローンを提供． | http://bacpac.chori.org |
| Source BioScience LifeSciences | ゼブラフィッシュゲノムBACクローンの提供． | http://www.lifesciences.sourcebioscience.com |
| 染色体地図および多型マーカー | | |
| The Children's Hospital Zebrafish Genome Project Initiative | ポジショナルクローニングに関する各種情報の提供． | http://zfrhmaps.tch.harvard.edu/ZonRHmapper/ |
| Tübingen Map of the Zebrafish Genome | ポジショナルクローニングに関する各種情報の提供． | http://wwwmap.tuebingen.mpg.de |
| ZFIN View ZMAP | ポジショナルクローニングに関する各種情報の提供． | https://zfin.org/cgi-bin/mapper_select.cgi |
| 他の魚類に関するウェブサイト | | |
| Fugu Genome Project | トラフグゲノムに関するデータベース． | http://www.fugu-sg.org |
| Stickleback Genome Project | トゲウオ（イトヨ）ゲノムに関するデータベース． | https://www.broadinstitute.org/models/stickleback |
| Online Information Service for Medaka Ricefish | メダカゲノムに関するデータベース． | http://mbase.nig.ac.jp/mbase/medaka_top.html |
| Tetraodon nigroviridis. A fish with a compact genome | ミドリフグゲノムに関するデータベース． | http://www.cns.fr/spip/Tetraodon-nigroviridis-a-fish-with.html |
| TALENとCRISPRの標的配列検索サイト | | |
| TAL effector Nucleotide Targeter 2.0 | TALENの標的部位の検索 | https://tale-nt.cac.cornell.edu/node/add/talen-old |
| ZiFiT Targeter Version 4.2 | CRISPRの標的部位の検索 | http://zifit.partners.org/ZiFiT/ChoiceMenu.aspx |
| E-CRISP | CRISPRの標的部位の検索 | http://www.e-crisp.org/E-CRISP/designcrispr.html |

**別表5　ゼブラフィッシュの遺伝子，突然変異，遺伝子導入魚の命名法**[*1]

| 遺伝子・系統 | 命名法 | 例 |
|---|---|---|
| 遺伝子 | 正式遺伝子名は小文字，イタリック体とする．略称は原則3文字以上の小文字でやはりイタリック．略称は，マウスやヒトの遺伝子とオーソロガスの場合は同じとするが，オーソロジーが不明の場合は異なるものとする．ゼブラフィッシュを表す文字は含めない（z，zfなど）．遺伝子名はZFINで登録される必要がある． | 正式名：*engrailed 1a*，略称：*eng1a* |
| 重複遺伝子 | ゼブラフィッシュでは，真骨魚で起きたゲノム重複により他脊椎動物に比べて遺伝子が重複していることがある．この場合，原則としてヒトやマウスのオーソログで使われている名称にa，bをつける． | *hoxb1a*と*hoxb1b* |
| 遺伝子未同定の突然変異座位 | 通常は変異の表現型に基いて暫定的な名称が与えられるが，遺伝子が同定された場合に改めて通常のルールに従って命名される． | *touchy feely* (*tuf*) |
| ゲノムプロジェクトで同定された遺伝子 | 大規模ゲノムプロジェクトで同定・予想された新規遺伝子はしばしばその性質が不明であり，「接頭辞：クローン名と番号」の形をとった暫定記号名がつけられる．接頭辞は遺伝子を同定した研究機関を示す（例：siはサンガー研究所）．1つのクローンに複数の予測ORFが存在する場合，各遺伝子の区別はピリオドの後に番号をつけて区別する．遺伝子情報が得られた段階で標準名称が改めてつけられる． | *si:bz3c13.1*, *si:bz3c13.2*, *si:bz3c13.3* |
| 他のプロジェクトで同定された遺伝子 | ESTや全長cDNAクローンの大規模配列決定の結果予想された未同定遺伝子には，「研究機関略号：クローン番号」の形で暫定名がつけられる． | *im:7044540*, *zgc:165514* |
| 転写産物バリアント | 同じ遺伝子に由来する転写産物バリアントは，遺伝子名の後にコンマ，"transcript variant"，そして通し番号がつけられる．略称の場合，略称の後にアンダーバー，"tv"，そして通し番号がつく． | 正式名：*myosin VIa, transcript variant 1* 略称：*myo6a_tv1* |
| タンパク質 | タンパク質の略称は遺伝子の略称と同じとするが，ローマン体で示し，最初の文字は大文字とする． | Eng1a, Ntl |
| 変異体系統 | 野生型遺伝子は上付きの+で表し，変異対立遺伝子は遺伝子名に続けて系統名を上付きで示す．系統名はしばしば研究機関を示す記号（1〜3文字）と通し番号で示す．遺伝子導入魚系統の名称も同じルールで示す． | *ndr2*[+]と*ndr2*[b16] |
| 遺伝子型 | 特定の変異座位におけるホモ接合体，ヘテロ接合体は個々の対立遺伝子をスラッシュではさんで並べる． | *ndr2*[b16]/*ndr2*[+] (*ndr2*[b16/+]), *ndr2*[b16]/*ndr2*[b16] (*ndr2*[b16/b16]) |

**別表5（続き）** ゼブラフィッシュの遺伝子，突然変異，遺伝子導入魚の命名法[*1]

| 遺伝子・系統 | 命名法 | 例 |
|---|---|---|
| 染色体 | 半数体で25本ある染色体をChr1 - Chr25と表記する（当初多型マーカーによるマッピングで同定された連鎖群と対応）． | |
| 遺伝子導入魚の作製に用いられた導入遺伝子コンストラクト | 導入遺伝子を表す*Tg*の後の括弧内に，まず転写調節配列を示し，コロンをはさんでコード領域名をおく．調節配列，またはコード配列のみの場合，コロンは不要．コンストラクトで既知遺伝子の配列が用いられる場合，標準のゼブラフィッシュ遺伝子略称を用いる．導入遺伝子名全体はイタリックとする．調節領域，またはコード領域が由来の異なるものの融合である場合，ハイフンでつないで示す． | *Tg*(*fgf8a:EGFP*)<br>*Tg*(*actb2:stk11-mCherry*) |
| 遺伝子導入魚系統 | 遺伝子導入魚系統には2つのタイプがあり，1つは対立遺伝子となるもの，もう1つはそうではないものである． | |
| | (1) 対立遺伝子でない場合，コンストラクト名に系統番号を添え，上付き文字は使わない．系統番号は研究室略称の後におく． | *Tg*(*hsp70l:GFP*) mik6 |
| | (2) ある遺伝子の対立遺伝子となる場合，標準的な遺伝子表記を用いる．つまり，対立遺伝子表記を上付きにして遺伝子名の後におき，さらにTgを付加して遺伝子導入による対立遺伝子であることを示す． | *arnt2*[hi2639cTg] |

[*1] ZFIN Zebrafish Nomenclature Guidelines から抜粋．

**別表 6　脳内領域名の略号**

| 略号 | 英語名 | 日本語名 |
| --- | --- | --- |
| Ce | cerebellum | 小脳 |
| CCe | corpus cerebelli | 小脳体 |
| Di | diencephalon | 間脳 |
| DIL | diffuse nucleus | 分散核 |
| Epi | epithalamus | 視床上部 |
| Ha | habenula | 手綱 |
| HB | hindbrain (rhombencephalon) | 後脳（菱脳） |
| Hc | caudal hypothalamus | 後方視床下部 |
| Hd | dorsal hypothalamus | 背側視床下部 |
| Hi | intermediate hypothalamus | 中間視床下部 |
| Hr | rostral hypothalamus | 前方視床下部 |
| IR | inferior raphe | 下縫線核 |
| LC | locus coeruleus | 青斑核 |
| MB | midbrain (mesencephalon) | 中脳 |
| MO | medulla oblongata | 延髄 |
| OB | olfactory bulb | 嗅球 |
| Pa | pallium | 外套 |
| Pd | pallidum | 淡蒼球 |
| PO | preoptic area | 視索前野 |
| Pr | pretectum | 視蓋前域 |
| pTh | prethalamus | 腹側視床 |
| SC | spinal cord | 脊髄 |
| SR | superior raphe | 上縫線核 |
| St | striatum | 線条体 |
| Tel | telencephalon | 終脳 |
| TeO | optic tectum | 視蓋 |
| Th | thalamus | 視床 |
| TL | torus longitudinalis | 縦隆起 |
| TP | posterior tuberculum | 後結節 |
| Va | valvula cerebelli | 小脳弁 |

## 参考文献・引用文献

1 章

Development, Zebrafish Issue (1996) 123, The Company of Biologists, Limited. (Development 誌の Zebrafish 特集号)

Gilbert, S. F.（阿形清和・高橋淑子 監訳）(2015)『ギルバート発生生物学』メディカル・サイエンス・インターナショナル.

Haffter, P. *et al.* (1996) Development, **123**: 1-36.

Harper, C., Lawrence, C. (2011) "The Laboratory Zebrafish" CRC Press.

Isogai, S. *et al.*, (2001) Dev. Biol., **230**: 278-301.

Isogai, S. *et al.*, (2003) Development, **130**: 5281-5290.

Jones, F. C. *et al.*, (2012) Nature, **484**: 55-61.

Kai, W. *et al.* (2011) Genome Biol. Evol., **3**: 424-442.

Kelsh, R. N. *et al.* (1996) Development, **123**: 369-389.

Kimmel, C. B. *et al.* (1995) Dev. Dyn., **203**: 253-310.

Lessman, C. A. (2009) Gen. Comp. Endocrinol., **161**: 53-57.

Lorenz, K.（丘 直通・日高敏隆 翻訳）(2005)『動物行動学〈1, 2〉』新思索社.

Naruse, K. (2011) "Medaka: A Model for Organogenesis, Human Disease and Evolution" Naruse, K. *et al.* eds., Springer, Tokyo, Japan, p.19-37.

Nüsslein-Volhard, C., Wieschaus, E. (1980) Nature, **287**: 795-801.

Nüsslein-Volhard, C., Dahm, R. eds. (2002) "Zebrafish: A Practical Approach" Oxford University Press.

Puelles, L., Rubenstein, J. L. (2003) Trends Neurosci., **26**: 469-476.

Puelles, L. (2009) "Developmental Neurobiology" Lemke, G. ed., Academic Press, p.95-99.

Schilling, T. F., Kimmel, C. B. (1997) Development, **124**: 2945-2960.

Solnica-Krezel, L. *et al.* (1995) Bioessays., **17**: 931-939.

Takehana, Y. *et al.* (2003) Zool. Sci., **20**: 1279-1291.

Vogel, A. M., Weinstein, B. M. (2000) Trends Cardiovasc. Med., **10**: 352-360.

Westerfield, M. ed. (1995) "Zebrafish Book: A guide for the laboratory use of zebrafish (Danio rerio)" ver. 3, University of Oregon Press.

Wilt, F. H., Hake, S. C.（赤坂甲治・大隅典子・八杉貞雄 監訳）(2006)『ウィルト発生生物学』東京化学同人.

Wolpert, L., Tickle, C.（武田洋幸・田村宏治 監訳）(2012)『ウォルパート発生生物学』メディカル・サイエンス・インターナショナル.

Wullimann, M. F., Mueller, T. (2004) J. Comp. Neurol., **475**: 143-162.

Yamamoto, T. (1975) Medaka (killifish): Biology and Strains Keigaku Publishing Company, Tokyo, p. 47.

岡本 仁 (1992) 細胞工学, 11: 600-604.

細胞工学（2002）21 特集『集まれ！モデル生物たち』秀潤社.

武田洋幸・相賀裕美子（2007）『発生遺伝学』東京大学出版会.

2 章

Amsterdam, A., Hopkins, N. (2004) Methods Cell Biol., **77**: 3-20.

Driever, W. *et al.* (1996). Development, **123**: 37-46.

Haffter, P. *et al.* (1996) Development, **123**: 1-36.

Kishimoto, Y. *et al.* (2004) Mech. Dev., **121**: 79-89.

Kotani, T. *et al.* (2006) Methods, **39**: 199-206.

Langdon, Y. G., Mullins, M. C. (2011) Annu. Rev. Genet., **45**: 357-377.

Mullins, M. C., Nüsslein-Volhard, C. (1993) Curr. Opin. Genet. Dev., **3**: 648-654.

Nüsslein-Volhard, C., Dahm, R. eds. (2002)"Zebrafish: A Practical Approach" Oxford University Press.

Shimoda, N. *et al.* (1999) Genomics, **58**: 219-232.

van Eeden, F. J. M. *et al.* (1999) Methods Cell Biol., **60**: 21-41.

桂 勲・小原雄治 編 (1997)『線虫』共立出版.

川上浩一 (2004) 細胞工学 **23**, 55-58.

武田洋幸他 編 (2000)『小型魚類研究の新展開』, 蛋白質 核酸 酵素, **45**(17) 共立出版.

3 章

Aoki, T. *et al.* (2013) Neuron, **78**: 881-894.

Aramaki, S., Hatta, K. (2006) Dev. Dyn., **235**:2192-2199.

Arrenberg, A. B. (2009) Proc. Natl. Acad. Sci. USA, **106**: 17968-17973.

Asakawa, K. *et al.* (2008) Proc. Natl. Acad. Sci. USA, **105**: 1255-1260.
Becker, T. *et al.* (2002) Mech. Dev., **117**: 75-85.
Cermak, T. *et al.* (2011) Nucleic Acids Res., **39**: e82.
Copeland, N. G. *et al.* (2001) Nat. Rev. Genet., **2**: 769-779.
de la Garza, G. *et al.* (2013) J. Invest. Dermatol., **133**: 68-77.
Dekens, M. P. S., Whitmore, D. (2008) EMBO J., **27**: 2757-2765.
Del Bene, F. *et al.* (2010) Science, **330**: 669-673.
Douglass, A. D. *et al.* (2008) Curr. Biol., **18**: 1133-1137.
Harper, C., Lawrence, C. (2011) "The Laboratory Zebrafish" CRC Press.
Higashijima, S. *et al.* (1997) Dev. Biol., **192**: 289-299.
Higashijima, S. *et al.* (2003) J. Neurophysiol., **90**: 3986-3997.
Hori, H. *et al.* (1998) J. Mar. Biotechnol., **6**: 206-207.
Hsu, C. L. *et al.* (2012) Dev. Dyn., **241**: 1545-1561.
Huang, H. *et al.* (2012) Arterioscler. Thromb. Vasc. Biol., **32**: 2158-2170.
Janovjak, H. *et al.* (2010) Nat. Neurosci., **13**: 1027-1032.
Kaji, T., Artinger, K. B. (2004) Dev. Biol., **276**: 523-540.
Khan, A. *et al.* (2012) Mech. Dev., **129**: 219-235.
Kim, J. H. *et al.* (2011) PLoS One., **6**: e18556.
Kizil, C. *et al.* (2012) Neural Dev., **7**: 27.
Lillesaar, C. (2011) J. Chem. Neuroanat., **41**: 294-308.
Lou, Q. *et al.* (2012) Biochim. Biophys. Acta., **1823**: 1024-1032.
Mavropoulos, A. *et al.* (2005) Dev. Biol., **285**: 211-223.
Mayor, C. *et al.* (2000) Bioinformatics., **16**: 1046-1047.
Mosimann, C., Zon, L. I. (2011) Methods Cell Biol., **104**: 173-194.
Müller, F. *et al.* (1997) Mol. Reprod. Dev., **47**: 404-412.
Muto, A. *et al.* (2011) Proc. Natl. Acad. Sci, USA. **108**: 5425-5430.
Nasevicius, A., Ekker, S. C. (2000) Nat. Genet., **26**: 216-220.
Nüsslein-Volhard, C., Dahm, R. eds. (2002) "Zebrafish: A Practical Approach" Oxford University Press.
O'Shields, B. *et al.* (2014) Biochim. Biophys. Acta., **1843**:1818-1833.
Ota, S. *et al.* (2009) Mech. Dev., **126**: 1-17.

Pan, Y. A. *et al.* (2013) Development, **140**: 2835-2846.
Pisharath, H., Parsons, M. J. (2009) Methods Mol. Biol., **546**: 133-143.
Postlethwait, J. H. *et al.* (1994) Science, **264**: 699-703.
Sabel, J. L. *et al.* (2009) Dev. Biol., **325**: 249-262.
Sato, T. *et al.* (2006) Genesis, **44**: 136-142.
Shimozono, S. *et al.* (2013) Nature, **496**: 363-366.
Stuart, G. W. *et al.* (1990) Development, **109**: 577-584.
Stuart, G. W. *et al.* (1988) Development, **103**: 403-412.
Sugiyama, M. *et al.* (2013) Proc. Natl. Acad. Sci. USA, **106**: 20812-20817.
Taniguchi, Y. *et al.* (2006) Genome Biol., **7**: R116.
Thermes, V. *et al.* (2002) Mech. Dev., **118**: 91-98.
Wang, F. *et al.* (2012) Curr. Biol., **22**: 373-382.
Wang, T.-M. *et al.* (2014) Nat. Neurosci., **17**: 262-268.
Westerfield, M. eds. (1995) "The Zebrafish Book: A guide for the laboratory use of zebrafish (Danio rerio)" ver. 3, University of Oregon Press.
Wong, G. K. W. *et al.* (2012) J. Neurosci., **32**: 223-228.
Woolfe, A. *et al.* (2005) PLoS Biol., **3**, e7.
Zhang, P. *et al.* (2014) Cell Rep., **6**: 1110-1121.
浅川和秀・川上浩一（2007）バイオテクノロジージャーナル , **7**: 603-606.
大倉正道・中井淳一（2013）日薬理誌 , **142**: 226-230.
岡本 仁 (1992) 細胞工学 , **11**: 600-604.
亀井保博 (2011)『生物機能モデルと新しいリソース・リサーチツール』小幡裕一 他編集，エル・アイ・シー，p. 579-582.
川上浩一 (2004) 細胞工学 , **23**, 55-58.
畑田出穂 (2014) 実験医学 , **32**, 1690-1696.
山本 卓 編（2014）『今すぐ始めるゲノム編集』（実験医学別冊）羊土社

## 4 章

Bae, Y. K. *et al.* (2009) Dev. Biol., **330**: 406-426.
Bally-Cuif, L., Vernier, P. (2010) "Fish Physiology: Zebrafish" vol. 29, Perry, S. F. *et al.* eds., Academic Press, p. 25-80.

Hashimoto, M., Hibi, M. (2012) Dev. Growth Differ., **54**: 373-389.
Kikuta, H. *et al.* (2003) Dev. Dyn., **228**: 433-450.
Machluf, Y. *et al.* (2011) Ann. N. Y. Acad. Sci., **1220**: 93-105.
Manoli, M., Driever, W. (2014) Front. Neuroanat., **8**: 145.
Mueller, T. *et al.* (2011) Brain Res., **1381**: 95-105.
Mueller, T., Wullimann, M. F. (2009) Brain Behav. Evol., **74**: 30-42.
Reichenbach, B. *et al.* (2008) Dev. Biol., **318**: 52-64.
Rhinn, M. *et al.* (2003) Mech. Dev., **120**: 919-936.
Rhinn, M., Brand, M. (2001) Curr. Opin, Neurobiol., **11**: 34-42.
Ross, L. S. *et al.* (1992) J. Neurosci., **12**: 467-482.
Scholpp, S., Lumsden, A. (2010) Trends Neurosci., **33**: 373-380.
Stigloher, C. *et al.* (2008) Brain Res. Bull., **75**: 266-273.
Wullimann, M. F., Mueller, T. (2004) J. Comp. Neurol., **475**: 143-162.
大隅典子（2010）『脳の発生・発達』朝倉書店.

5章

Adolf, B. *et al.* (2006) Dev. Biol., **295**: 278-293.
Aoki, T. *et al.* (2013) Neuron, **78**: 881-894.
Bally-Cuif, L., Vernier, P. (2010) "Fish Physiology: Zebrafish" vol. 29, Perry, S. F. *et al.* eds. Academic Press, p. 25-80.
Becker, T. *et al.* (1997) J. Comp. Neurol., **377**: 577-595.
Becker, T. *et al.* (1998) J. Neurosci., **18**: 5789-5803.
Bencan, Z. *et al.* (2009) Pharmacol. Biochem. Behav., **94**: 75-80.
Blank, M. *et al.* (2009) Neurobiol. Learn. Mem., **92**: 529-534.
Bretaud, S. *et al.* (2007) Neuroscience, **146**: 1109-1116.
Chapouton, P. *et al.* (2006) Development, **133**: 4293-4303.
Eriksson, K. S. *et al.* (1998) Eur. J. Neurosci., **10**: 3799-3812.
Facchin, L. *et al.* (2009) Philos. Trans. R. Soc. Lond. B Biol. Sci., **364**: 1021-1032.
Grandel, H. *et al.* (2006) Dev. Biol. **295**: 263-277.
Kalueff, A. V., Cachat, J. M. eds. (2011) "Zebrafish models in neurobehavioral research" Springer Verlag Gmbh.

Larson, E. T. *et al.* (2006) Behav. Brain Res., **167**: 94-102.
Levin, E. D., Cerutti, D. T. (2009) "Methods of Behavior Analysis in Neuroscience" 2nd Ed., Buccafusco J. J. ed., CRC Press, Chapter 15.
Levin, E. D. *et al.* (2006) Psychopharmacology (Berl), **184**: 547-552.
Lillesaar, C. (2011) J. Chem. Neuroanat., **41**: 294-308.
Liu, K. S. *et al.* (2003) J. Neurosci., **23**: 8159-8166.
López-Patiño, M. A. *et al.* (2008) Physiol. Behav., **93**: 160-171.
Mueller, T. *et al.* (2004) Brain. Res., **1011**: 156-169.
Ninkovic, J. *et al.* (2006) J. Neurobiol., **66**: 463-475.
Peitsaro, N. *et al.* (2003) J. Neurochem., **86**: 432-441.
Pradel, G. *et al.* (1999) J. Neurobiol., **39**: 197-206.
Reimer, M. M. *et al.* (2008) J. Neurosci., **28**: 8510-8516.
Rink, E., Wullimann, M. F. (2004) Brain Res., **1011**: 206-220.
Salas, C. *et al.* (2006) Zebrafish, **3**: 157-171.
Schmidt, J. T. *et al.* (2004) J. Neurobiol., **58**: 328-340.
Topp, S. *et al.* (2008) J. Comp. Neurol., **510**: 422-439.
Veldman, M. B. *et al.* (2007) Dev. Biol., **312**: 596-612.
Webb, K. J. *et al.* (2009) Genome Biol., **10**: R81.
Wullimann, M. F., Mueller, T. (2004) J. Comp. Neurol., **475**: 143-162.

6章

Chen, J. N., Fishman, M. C. (2000) Trends Genet., **16**: 383-388.
Childs, S. *et al.* (2002) Development, **129**: 973-982.
Ebert, A. M. *et al.* (2005) Proc. Natl. Acad. Sci. USA, **102**: 17705-17710.
Gering, M. *et al.* (2003) Development, **130**: 6187-6199.
Hassel, D. *et al.* (2008) Circulation, 117: 866-875.
Huang, C. C. *et al.* (2003) Dev. Biol., **264**: 263-274.
Huang, C. C. *et al.* (2008) BMC Dev. Biol., **8**: 31.
Jin, S. W. *et al.* (2005) Development, **132**: 5199-5209.
Langenbacher, A. D. *et al.* (2005) Proc. Natl. Acad. Sci. USA, **102**: 17699-17704.
Lawson, N. D., Weinstein, B. M. (2002) Nat. Rev. Genet., **3**: 674-682.

Lawson, N. D. *et al.* (2001) Development, **128**: 3675-383.

Liu, F., Patient, R. (2008) Circ. Res. **103**: 1147-1154.

Liu, F. *et al.* (2008) Curr. Biol., **18**: 1234-1240.

Mably, J. D., Childs, S. J. (2010) "Fish Physiology: Zebrafish" vol. 29, Perry, S. F. *et al.*, eds, Academic Press, p. 249-287.

Molina, G. *et al.* (2009) Nat. Chem. Biol., **5**: 680-687.

Pham, V. N. *et al.* (2007) Dev. Biol., **303**: 772-783.

Poss, K. D. *et al.* (2002) Science, **298**: 2188-2190.

Rottbauer, W. *et al.* (2001) Dev. Cell, **1**: 265-275.

Santoro, M. M. *et al.* (2009) Mech. Dev., **126**: 638-649.

Schoenebeck, J. J., Yelon, D. (2007) Semin. Cell Dev. Biol., **18**: 27-35.

Schoenebeck, J. J. *et al.* (2007) Dev. Cell., **13**: 254-267.

Stainier, D. Y. R. (2001) Nat. Rev. Genet., **2**: 39-48.

Stainier, D. Y. R. *et al.* (1993) Development, **119**: 31-40.

Stainier, D. Y. R. *et al.* (1996) Development, **123**: 285-292.

Staudt, D., Stainier, D. (2012) Annu. Rev. Genet., **46**: 397-418.

Wilkinson, R. N. *et al.* (2009) Dev. Cell, **16**: 909-916.

Zhong, T. P. *et al.* (2001) Nature, **414**: 216-220.

川原敦雄（2011）生化学, **83**: 379-387.

7章

Berghmans, S. *et al.* (2005) Proc. Natl. Acad. Sci. USA, **102**: 407-412.

Chen, J. *et al.* (2007) Leukemia, **21**: 462-471.

Childs, S. *et al.*, (2000) Curr. Biol., **10**: 1001-1004.

Hurlstone, A. F. L. *et al.* (2003) Nature, **425**: 633-637.

Langenau, D. M. *et al.* (2003) Science, **299**: 887-890.

Langenau, D. M. *et al.* (2005) Blood, **105**: 3278-3285.

Lieschke, G. J., Currie, P. D. (2007) Nat. Rev. Genet., **8**: 353-367.

Moore, J. L. (2006) Genetics, **174**: 585-600.

Omran, H. *et al.* (2008) Nature, **456**: 611-616.

Patton, E. E. *et al.* (2005) Curr. Biol., **15**: 249-254.

Paw, B. H. *et al.* (2003) Nat. Genet., **34**: 59-64.

Peterson, R. T. *et al.* (2004) Nat. Biotechnol., **22**: 595-959.

Piotrowski, T. *et al.* (2003) Development, **130**: 5043-5052.

Roman, B. L. *et al.*, (2002) Development, **129**: 3009-3019.

Shepard, J. L. *et al.* (2005) Proc. Natl. Acad. Sci. USA, **102**: 13194-13199.

Sun, Z. *et al.*, (2004) Development, **131**: 4085-4093.

Wang, H. *et al.* (1998) Nat. Genet., **20**: 239-243.

Waugh, T. A. *et al.* (2014) Hum. Mol. Genet., **23**: 4651-4662.

Wienholds, E. *et al.* (2002) Science, **297**: 99-102.

Xu, C., Zon, L. I. (2010) "Fish Physiology: Zebrafish" vol. 29, Perry, S. F. *et al.* eds., Academic Press, p. 345-365.

Yoruk, B. *et al.* (2012) Dev. Biol., **362**: 121-131.

別表

Bradley, K. M. *et al.* (2007) Genome Biol., **8**: R55.

Kimmel, C. B. *et al.* (1995) Dev. Dyn., **203**: 253-310.

Nüsslein-Volhard, C., Dahm, R. eds. (2002) "Zebrafish: A Practical Approach" Oxford University Press.

Shinya, M., Sakai, N. (2011) G3 (Bethesda), **1**: 377-386.

Westerfield, M. ed. (1995) "Zebrafish Book: A guide for the laboratory use of zebrafish (*Danio rerio*)" ver. 3, University of Oregon Press.

# 索　引

## 数字

2Aペプチド 99
2R仮説 8
3世代スクリーニング（法） 43, 46

## A・B

*ascl1a* 106, 119
BAC 52, 60, 74
bHLH-Orange（bHLH-O）型転写因子 108, 156
bHLH転写因子 106, 155
BMP 105, 125, 130, 158
　——シグナル 155
BSA法 56

## C

cadherin 106, 130
Cas9 91, 92
CEL1 93, 94
Chordin 104
CHORI 42, 175
Cre-Loxシステム 82
Creリコンビナーゼ 82
CRISPR/Casシステム（法） 91

## D

Delta 108
dpf 14
Dronpa 97

## E

*ebf2* 106
Ensembl Genome Browser 40
ENU 45
ephrin-Ephシグナル 20
ERT2 80
EST 52
Ets転写因子 155
evagination 117
eversion 117
EVL 16

## F

$F_2$ファミリー 47
*Fez* (*fez*) 114
FezF2 125, 139
FGF（シグナル） 87, 114, 130, 160
Fgf8 75, 77, 109, 112, 145, 149
Forkhead転写因子 155
Fucci 97

## G

GABA 132
　——作動性ニューロン 114, 119, 122, 126, 127, 144
GAL4/UASシステム 81
*gbx1* 112
*gbx2* 112, 114
G-CaMP 99
GEPRAs 97

## H

HMG型転写因子 158
Hox 20, 111, 127
hpf 14

## I

*in situ* hybridization 39, 49, 61, 133, 168
IRES 97
IR-LEGO 103
I-*Sce*I 72

## K・L

Kaede 97
LGE 116, 118, 121
Loss-of-function実験 82
loxP配列 82
LTP 140

## M

MDO 114
MGE 116, 118, 121
MHB 23, 75, 109, 110, 112
microRNA 76
Mullerグリア細胞 146

## N

NBRP 42, 174
NCS 76
*neurogenin1* (*neurog1*) 106, 114, 119, 124, 129
NHEJ 88
NMDA受容体 140, 143
Nodal 104, 125
Noggin 104
Notch 108
　——シグナル 30, 107, 108, 143, 145, 156
*N*-エチル-*N*-ニトロソウレア 45

187

## O

Olig2　125
Optogenetics　101
*otx2*　112, 114

## P

PACベクター　52, 59
PAM配列　93
PCP経路　106
PIP Maker　76
PSB　119
PThE　21
PTU　39, 173
P因子　72

## R

RB細胞　115, 129
Red/ET相同組換え法　74
RGC　143, 146
RNAi法　7

## S

sgRNA　91
Sonic hedgehog (Shh)　110, 123, 125, 130, 156, 158
Sox3　105
SSLP　54, 56, 58

## T

TALEN法　89
T box型転写因子　163
TILLING法　93, 165
Tol2　73
T字型迷路　141

## V

VEGA　40, 174
VEGF　156, 158, 160, 168

VISTA　76, 77

## W

Wnt　109-114, 125
　——シグナル　114, 167

## Z

ZFIN　40, 174
ZGC　42, 174
ZIRC　40, 174
Zona limitans intrathalamica (ZLI)　21, 110, 112, 114, 123

## あ

アセチルコリン（ACh）133
　——エステラーゼ　139
アフリカツメガエル　6
アマクリン細胞　133, 135
アンチセンス法　83
アンチセンスモルフォリノオリゴ　83

## い

イオンチャネル　101, 152
磯貝純夫　28
一次血管芽　29, 30
一次神経管形成　19
一次神経形成　118
一次ニューロン　22, 106, 115
遺伝学的マッピング　54
遺伝子導入　69
遺伝子トラップ　73
遺伝子ノックイン　82, 103
遺伝性出血性毛細血管拡張症　163
イトヨ　11

移入　18
囲卵腔　14
咽頭弓　24, 25, 31, 32, 163
咽頭弓動脈　27, 28, 32
咽頭歯　32
咽頭内胚葉　24
インドールアミン　133
インバースPCR　62

## う

ヴィーシャウス　5
上菱脳唇　126
うきぶくろ　27
運動ニューロン　22, 108, 115, 135, 146

## え

エピスタシス解析　64
エピボリー　17
炎症　167
エンハンサー　71
　——スクリーニング　164
　——トラップ　73

## お

オープンフィールドテスト　142
岡本仁　136
オフターゲット効果　88

## か

外側外套　117, 118, 122
外側基底核原基　121
外側縦束　131
外側前脳神経束　120
外側縫合　31
外転神経　126
外套　117
外套・外套下部境界　119

索 引

外套下部 117
外套下部―外套水平移動流 121
海馬 118, 122, 140
外胚葉 16, 18
　――性頂堤 25
外翻 117
下顎 32
化学変異原 45
核移行シグナル 97
顎弓 31
顎口類 8
角鰓節 32
角鰓軟骨 31, 32
学習 121, 132, 135, 137, 139
覚醒 135
覚醒中枢 133
角舌軟骨 31, 32
下鰓軟骨 31
下索 158
下垂体窓 31
滑車神経 111, 126
カテコールアミン 133
　――作動性ニューロン 133
下縫線核 132, 135
亀井保博 103
顆粒細胞 126, 127, 145
川上浩一 46, 73
感覚性プラコード 129
感覚伝達経路 131
感覚ニューロン 22, 115, 129
感覚有毛細胞 129
感丘 25, 129
環境適応 11
感染 167
完全機能欠失 45
肝臓 27, 167

間脳 20, 24
がん発症モデル 166
顔面神経 111, 127, 129

き

記憶 136, 139, 145
鰭芽 25
機械感覚性細胞 115
菊池 潔 11
基鰓軟骨 31
鰭条間血管 159
基舌軟骨 31
基底核 117, 121, 122
基底交通動脈 28
機能獲得実験 78
機能亢進 45
機能低下変異 155
基板 21, 123
基板軟骨 31
逆遺伝学 1, 165
嗅覚 122, 131
嗅球 119, 131, 133, 144
キュビエ管 27
強制発現 78
峡部 24, 112
局所オーガナイザー 109-111
キラーレッド 102
筋小胞体 152
筋節 24

く

空間記憶 140
口 30
クッパー胞 13, 23
組換え率 59
グリシン 132
　――作動性ニューロン 127, 144

グルタミン酸 132
　――作動性介在ニューロン 114
　――作動性ニューロン 119, 126, 144

け

茎突舌骨 31
血液循環 27
血管芽細胞 150, 155, 158
血管再生 159
血管新生 28, 152, 159
血管叢 159
血管内皮細胞 150, 155
血管壁細胞 159
血球血管芽細胞 150, 155
血球前駆細胞 24, 155, 158
血島 24
ゲノタイピング 48
ゲノム解析 2, 40
ゲノムプロジェクト 10, 41, 76, 174
ゲノム編集 88
ケミカルスクリーニング 168
原因遺伝子 52
原基分布図 32
原始心筋管 26
原始内頸動脈 27, 28
原腸胚 18
顕微注入 65

こ

口蓋方形軟骨 31
交感神経 130
攻撃性 142
後結節 119, 122, 125
広樹状突起細胞 128
後主静脈 27, 159

189

抗生物質 67
後大脳静脈 28
後天性疾患 166
後頭蓋底縫合 31
後脳 20, 24, 105, 116, 126
交配用水槽 35
候補遺伝子 61
後方化 109
　——シグナル 110
後方ひれ 24
古賀章彦 73
黒質 125, 133
骨髄肝性ポルフィリン症 162
骨髄性プロトポルフィリン症 162
コーディン 104
コリンアセチルトランスフェラーゼ 135
コリン作動性ニューロン 122, 135
ゴルジ細胞 127
コンストラクト 69-71
コンティグ 59
近藤寿人 52

## さ

鰓弓 32
最後野 133
鰓糸 32
細胞周期チェックポイント 165
細胞自律性 80
細胞非自律的 80
鰓裂 32
サプレッサースクリーニング 164
サルコメア 152
サンガー研究所 40, 76, 95, 174
三叉神経 111, 115, 126, 129
　——核 132
　——節 22, 107, 130
　——プラコード 24

## し

視蓋 21, 24, 125, 132
視蓋前域 20, 119, 122
視覚 125, 131, 143
視覚性逃避テスト 141
時間的記憶 140
糸球体前核 131
糸球体前核領域 125
始原後脳連絡路 28
始原中脳連絡路 28
視交叉上核 123
篩骨 31
視索上核 124
視索前野 21, 119, 123
視床 20, 114, 119, 123
視床下部 20, 116, 119, 123
視床隆起 120
雌性発生 51
四足類 8
下オリーブ核 126, 127
疾患研究モデル 161
室傍核 124
シナプス可塑性 143, 144
耳胞長 25, 171
ジャンクDNA 10
重症複合免疫不全症 165
集団交配 35
終脳 20, 23, 116, 118
終脳室 116
終脳背側野 117, 118, 119
　——外側部 118, 140
　——後部 118, 122
　——中心部 117, 118, 122
　——内側部 117, 118, 140
　——背側部 118, 119
終脳腹側野 117, 118, 119
　——背側部 118
　——腹側部 118
収斂伸長 18
受精 14
シュペーマン 68
　——のオーガナイザー 18
腫瘍形成 166
順遺伝学 2
循環系 27, 32
循環式システム水槽 34
消化管 27
松果体 24
条鰭類 8
条件性場所嗜好性テスト 138
上鰓プラコード 129
ショウジョウバエ 2
情動 136, 138
情動記憶 139
小脳 21, 24, 126, 127
小脳糸球体 127
小脳体 128
小脳弁 128
小脳様構造 128
上縫線核 135
静脈 156
静脈洞 27
植物極 14
ショルプ 111, 114
シーラカンス類 8
自律神経系 130
心筋前駆細胞 149
心筋層 26, 148
ジンクフィンガーヌクレアーゼ 88

# 索引

神経管　19
神経幹細胞　109, 145
神経キール　22
神経再生　145
神経前駆細胞　108
　　──プール　106
神経調節　132
神経堤　3
　　──細胞　23, 129
神経伝達物質　132
神経頭蓋　31
神経胚　19
神経板　19
神経誘導　104
神経ロッド　22
心血管疾患　147
人工飼育水　35, 173
人工授精　38
人工ヌクレアーゼ　88
真骨魚類　5
心室　27, 149
心室細胞　149
心臓　24, 27, 147
腎臓　24, 163
心臓管前駆体　149
心臓血管系　147
　　──変異体　153
心臓再生　160
心臓ルーピング　150
浸透度　62
心内膜　26, 148
深部小脳核　128
心房　27
心房細胞　149

## す

髄脳　23, 25
水平筋中隔　24
睡眠　124, 133, 135

頭蓋軟骨　31
スタニエ　152
ステーブル発現　75
ストライジンガー　3
ストライプ模様　27
ストレス　142
スプライシング阻害モルフォリノ　84

## せ

星状細胞　127
成体神経形成　145
生体防御システム　167
青斑核　133
生物学的利用能　168
赤核　125, 132
蜥形類　8
脊索　18, 158
脊索前板　18, 125
脊髄　22, 23, 116
脊髄損傷　146
脊椎動物　1, 8
舌咽神経　127, 129
舌顎軟骨　31, 32
舌骨弓　31, 32
摂食　124, 133, 135
ゼブラフィッシュ　3, 5
　　──遺伝子コレクション　42
　　──国際リソースセンター　40
セロトニン　133
全ゲノム重複　7
前主静脈　27
線条体　21, 117, 121, 122
染色体ウォーキング　59
染色体地図　54
前腎　23
前腎管　23

前大脳静脈　28
線虫　2
前庭　115, 132
前庭外側葉　128
先天性疾患　161
先天性赤血球異形成貧血　164
前頭蓋底縫合　31
前脳　20, 116
前方化シグナル　110
前方神経境界　110

## そ

相同組換え法　74
挿入突然変異　46
総排泄腔　24
相補群　54
相補性テスト　53
創薬　168
ゾウリムシ　37
側線からの機械刺激情報　131
側線原基　25, 39
側線神経　127
側線の感覚受容器　25
側線プラコード　129
外側背側大動脈　27, 159

## た

第3脳室　120, 123
第4脳室　24
大規模変異体スクリーニング　2, 4
苔状繊維　127
体性局在　144
体節　19
体節間血管　30, 159
体節間静脈　30
体節間動脈　30

体節形成（期）19
大脳 118
大脳基底核 117, 118, 136
大脳脚 125
大脳皮質 117, 118, 136
大脳皮質—基底核回路 136
対立遺伝子 47, 49, 53
　——スクリーン 49
多型マーカー 52, 54, 175
武田俊一 95
武田洋幸 163
手綱 21, 122
多発性囊胞腎 163
タモキシフェン 80
単為発生2倍体スクリーン 51
探索的攻撃テスト 141
淡蒼球 21, 117, 121, 122

## ち

チャネルロドプシン 101
中隔 117, 122
中間細胞塊 24
中期胞胚変移 16
中大脳静脈 28
中内胚葉 33, 104
中脳 20, 23, 24, 116
中脳間脳オーガナイザー 114
中脳後脳境界 109, 110, 112
中脳室 120
中胚葉 16, 18, 33
聴覚 125, 131
聴覚前庭システム 115
長期記憶 138, 140
長期増強 140
チルドレンズホスピタルオークランドリサーチセンター 42

チロシンヒドロキシラーゼ 133

## て

ディ・ジョージ症候群 163
ティンバーゲン 11
データベース 40
デスモソーム 17
デュシェンヌ型筋ジストロフィー 162
デルタ 108
転写調節カスケード 64
転写調節領域 71, 76, 81
電動マイクロインジェクター 67
点突然変異 45

## と

動機付け 121, 133, 138
凍結保存 38, 93
登上繊維 127
藤堂 剛 95
逃避行動 25, 115
逃避反応 115
頭部感覚神経節細胞 129
動物極 14, 15
頭部胴部角 25, 171
動脈 156
毒性試験 168
トゲウオ 11
ドーパミン 133
富田英夫 9
ドミナントネガティブ遺伝子 84
トラフグ 10
トランジエント発現 74
トランスポゼース 73
トランスポゾン 46, 72
ドリーバー 4, 43

トリカイン 38, 173
トリプトファンヒドロキシラーゼ 135

## な

内頸動脈後方部 28
内頸動脈前方部 28
内耳神経 111, 115, 127
内耳プラコード 24, 129
内臓頭蓋 31
内側外套 117, 118
内側基底核原基 121
内側縦束核 122, 132
内胚葉 16, 18, 27
内部細胞層 16, 18
仲村春和 112
ナショナルバイオリソースプロジェクト 42, 174
成瀬 清 11
軟骨魚類 8
軟骨形成 32

## に

肉鰭類 8
二叉心臓 149
二次感覚ニューロン 143
二次血管芽 29
二次神経管形成 22
二次神経形成 118
二次前脳 20, 116
二次味核 131
ニトロレダクターゼ 102
乳頭体 21
ニュスライン＝フォルハルト 3, 43
ニューレギュリン 129
ニューロジェニック遺伝子 108
ニューロメア 20, 111

索 引

## ね・の

ネッタイツメガエル 6
脳海綿状血管奇形 163
脳下垂体後葉 124
脳下垂体前葉 124
脳下垂体中葉 124
脳下垂体ホルモン 125
脳脊髄液 106, 143
ノギン 104
ノーダル 104
ノックダウン 83, 84
ノッチ 108, 143
ノード 23
ノルアドレナリン 130, 133

## は

胚環 18
胚環期 18
肺魚類 8
背根神経節 129
胚循 18
背側外套 117, 118
背側大動脈 27, 159
胚盤 15
胚盤周縁部 15
胚盤葉 17
　　──下層 18
　　──周縁部 18
　　──上層 18
排卵 14
破傷風毒素 103
場所嗜好性テスト 141
バソトシン 124, 142
バソプレシン 124, 142
発芽 30, 152
発生遺伝学 1
発生制御ネットワーク 8
ハプロイドスクリーン 51

ハロロドプシン 101
半円堤 21
盤割 15
ハンクス液 38, 173

## ひ

尾芽 19
被蓋 120, 125, 133
被蓋核 125, 135
尾芽期 18
光遺伝学 101
光受容体 143
尾静脈 27
ヒスタミン 133, 140
非相同末端結合 88
尾動脈 27
ヒートショックプロモーター 81
日比正彦 127
被覆 17
被覆層 16
非翻訳保存配列 76, 77
標準飼育温度 15
標的配列検索 175
ひれ原基 25, 30
ひれ再生 48, 159
貧血性変異体 162

## ふ

ファイロティピック段階 25
ファウンダー魚 47, 75
不安 135, 142
フィッシュマン 5, 56, 152
フェニルチオウレア 39, 173
フォークト 95
孵化 27
孵化期 24, 27
孵化線 18

副交感神経 129, 130
副松果体・手綱回路 139
副腎皮質刺激因子 124
腹側外套 117, 118
腹側後方クラスター 107
腹側視床 21, 114, 123
腹側大動脈 27
腹側被蓋核 133, 139
腹側被蓋野─黒質系 125
部分的機能低下 45
ブラインシュリンプ 35
プラスミド注入法 69
ブラント 112
プルキンエ細胞 126, 127
古谷-清木 誠 52
プロソメア 20, 123
プロニューラル遺伝子 106
プロニューラルクラスター 106
プロファージ法 74
分子層 126, 127

## へ

ペアメイティング 35
平行繊維 126, 127
米国国立衛生研究所 40
扁桃体 21, 118, 140

## ほ

方形軟骨 32
報酬 133, 138
膨出 117
傍脊索血管 29
縫線核 127, 140
胞胚 16
胞胚期 16
胞胚腔 16
包埋 40
ポジショナルクローニング

193

52, 60
母性情報 51
母性変異体スクリーニング 51
ボディプラン 3
哺乳類 5, 8
ホプキンス 46
堀 寛 73
ポルスター 18
翻訳阻害モルフォリノ 84

## ま

マイクロインジェクター 68
マイクロサテライト 54
マイクロマニピュレーター 65
マイネルト基底核 122
マウス 6
マウスナー細胞 115, 143
マウスナーニューロン 22
膜局在配列 97
麻酔 38, 39
麻酔液 173
末梢神経系 129
マリンス 52

## み

味覚 125, 131
ミドリフグ 10
未分節中胚葉 18

## む

無顎類 8
胸びれ 25, 30
無羊膜類 115

## め

明暗サイクル 35

迷走神経 127, 129, 130
迷走神経堤 130
命名法 40, 47, 176
メガヌクレアーゼ 72
メソメア 20
メダカ 6, 9
メチルセルロース 39
メッケル軟骨 31, 32
メラノサイト 25
免疫細胞 165, 167
メンデルの分離法則 62

## も

網膜神経節細胞 143
網様体 125, 127, 132
網様体脊髄路ニューロン 115
モザイクアイ・アッセイ 164
モノアミン作動性ニューロン 132

## や

野生型系統 172
山本時男 9

## ゆ

優性変異スクリーン 50
有頭動物 8
有羊膜類 8, 115
弓場俊輔 103

## よ

翼状突起 31
翼板 21, 123
予定運命図 32

## ら

ラジアルグリア細胞 120,

145
卵黄顆粒 14
卵黄細胞 15
卵黄伸長部 23
卵黄多核層 16
卵殻除去 68
卵核胞 13
卵割 15
卵割期 14
卵成熟 13
卵母細胞 13

## り

隆起部 21
両生類 6, 8
梁軟骨 31
菱脳 20
菱脳節 20, 126
リンガー液 173

## る

ルー 68
ルシフェラーゼ遺伝子 76
ルーベンスタイン 20

## れ

レスキュー 60, 64
レチノイン酸 97, 109
レポーターアッセイ 71, 74
連鎖解析 54

## ろ・わ

ローダミンデキストラン 68
ローハン・ベアード細胞（ニューロン）22, 107, 115
ロンボメア 20
ワインスタイン 28

### 著者略歴
## 弥 益　恭
やます　きょう

1959年　山口県出身
1982年　東京大学理学部動物学教室卒業
1987年　東京大学大学院理学系研究科博士課程修了
1987年　帝京大学生物工学研究センター助手
1990年　埼玉大学理学部生体制御学科助手
1996年　埼玉大学理学部生体制御学科助教授
2006年より埼玉大学大学院理工学研究科生命科学部門教授　理学博士

### 主な著書
「生物の実験―基礎と応用―」（裳華房，1992，共著）
「目でみる生物学（三訂版）」（培風館，2006，共著）
「ウィルト発生生物学」（東京化学同人，2006，共訳）
「生物の事典」（朝倉書店，2010，共著）

---

新・生命科学シリーズ　ゼブラフィッシュの発生遺伝学

2015 年 9 月 25 日　第 1 版 1 刷発行

検　印
省　略

定価はカバーに表示してあります。

著作者　　弥　益　　恭
発行者　　吉　野　和　浩
発行所　　東京都千代田区四番町 8‐1
　　　　　電　話　03-3262-9166（代）
　　　　　郵便番号　102-0081
　　　　　株式会社　裳　華　房
印刷所　　株式会社　真　興　社
製本所　　牧製本印刷株式会社

社団法人
自然科学書協会会員

JCOPY〈(社)出版者著作権管理機構 委託出版物〉
本書の無断複写は著作権法上での例外を除き禁じられています．複写される場合は，そのつど事前に，(社)出版者著作権管理機構（電話03-3513-6969，FAX 03-3513-6979，e-mail: info@jcopy.or.jp）の許諾を得てください．

ISBN 978-4-7853-5864-8

Ⓒ 弥益　恭, 2015　　Printed in Japan

## ☆ 新・生命科学シリーズ ☆

|  |  |  |
|---|---|---|
| 動物の系統分類と進化 | 藤田敏彦 著 | 本体 2500 円＋税 |
| 植物の系統と進化 | 伊藤元己 著 | 本体 2400 円＋税 |
| 動物の発生と分化 | 浅島 誠・駒崎伸二 共著 | 本体 2300 円＋税 |
| ゼブラフィッシュの発生遺伝学 | 弥益 恭 著 | 本体 2600 円＋税 |
| 動物の形態 －進化と発生－ | 八杉貞雄 著 | 本体 2200 円＋税 |
| 植物の成長 | 西谷和彦 著 | 本体 2500 円＋税 |
| 動物の性 | 守 隆夫 著 | 本体 2100 円＋税 |
| 脳 －分子・遺伝子・生理－ | 石浦章一・笹川 昇・二井勇人 共著 | 本体 2000 円＋税 |
| 動物行動の分子生物学 | 久保健雄 他共著 | 本体 2400 円＋税 |
| 植物の生態 －生理機能を中心に－ | 寺島一郎 著 | 本体 2800 円＋税 |
| 動物の生態 －脊椎動物の進化生態を中心に－ | 松本忠夫 著 | 本体 2400 円＋税 |
| 遺伝子操作の基本原理 | 赤坂甲治・大山義彦 共著 | 本体 2600 円＋税 |

（以下 続刊）

|  |  |  |
|---|---|---|
| エントロピーから読み解く 生物学 | 佐藤直樹 著 | 本体 2700 円＋税 |
| 図解 分子細胞生物学 | 浅島 誠・駒崎伸二 共著 | 本体 5200 円＋税 |
| 微生物学 －地球と健康を守る－ | 坂本順司 著 | 本体 2500 円＋税 |
| 新 バイオの扉 －未来を拓く生物工学の世界－ | 高木正道 監修 | 本体 2600 円＋税 |
| 分子遺伝学入門 －微生物を中心にして－ | 東江昭夫 著 | 本体 2600 円＋税 |
| しくみからわかる 生命工学 | 田村隆明 著 | 本体 3100 円＋税 |
| 遺伝子と性行動 －性差の生物学－ | 山元大輔 著 | 本体 2400 円＋税 |
| 行動遺伝学入門 －動物とヒトの"こころ"の科学－ | 小出 剛・山元大輔 編著 | 本体 2800 円＋税 |
| 初歩からの 集団遺伝学 | 安田徳一 著 | 本体 3200 円＋税 |
| イラスト 基礎からわかる 生化学 －構造・酵素・代謝－ | 坂本順司 著 | 本体 3200 円＋税 |
| しくみと原理で解き明かす 植物生理学 | 佐藤直樹 著 | 本体 2700 円＋税 |
| クロロフィル －構造・反応・機能－ | 三室 守 編集 | 本体 4000 円＋税 |
| カロテノイド －その多様性と生理活性－ | 高市真一 編集 | 本体 4000 円＋税 |
| 外来生物 －生物多様性と人間社会への影響－ | 西川 潮・宮下 直 編著 | 本体 3200 円＋税 |

裳華房ホームページ　http://www.shokabo.co.jp/　2015 年 9 月現在